航天科技图书出版基金资助出版

深沉的脉搏

——航天专业所/厂重组与创新的思考

王　巍　刘俊利　马雪梅　著

中国宇航出版社

·北京·

图书在版编目（CIP）数据

深沉的脉搏 ： 航天专业所/厂重组与创新的思考 / 王巍， 刘俊利， 马雪梅著. -- 北京 ： 中国宇航出版社， 2025. 6. -- ISBN 978-7-5159-2566-0

Ⅰ. V4-242

中国国家版本馆CIP数据核字第20253BW784号

责任编辑　侯丽平　　　**封面设计**　王晓武

出　版 发　行	中国宇航出版社		
社　址	北京市阜成路 8 号　**邮　编**　100830 (010)68768548	**版　次**	2025 年 6 月第 1 版 2025 年 6 月第 1 次印刷
网　址	www.caphbook.com	**规　格**	710×1000
经　销	新华书店	**开　本**	1/16
发行部	(010)68767386　(010)68371900 (010)68767382　(010)88100613（传真）	**印　张**	23.25
		字　数	344 千字
零售店	读者服务部 (010)68371105	**书　号**	ISBN 978-7-5159-2566-0
		定　价	128.00 元
承　印	北京厚诚则铭印刷科技有限公司		

本书如有印装质量问题，可与发行部联系调换

航天科技图书出版基金简介

航天科技图书出版基金是由中国航天科技集团公司于 2007 年设立的，旨在鼓励航天科技人员著书立说，不断积累和传承航天科技知识，为航天事业提供知识储备和技术支持，繁荣航天科技图书出版工作，促进航天事业又好又快地发展。基金资助项目由航天科技图书出版基金评审委员会审定，由中国宇航出版社出版。

申请出版基金资助的项目包括航天基础理论著作，航天工程技术著作，航天科技工具书，航天型号管理经验与管理思想集萃，世界航天各学科前沿技术发展译著以及有代表性的科研生产、经营管理译著，向社会公众普及航天知识、宣传航天文化的优秀读物等。出版基金每年评审 2 次，资助 30~40 项。

欢迎广大作者积极申请航天科技图书出版基金。可以登录中国航天科技国际交流中心网站，点击“通知公告”专栏查询详情并下载基金申请表；也可以通过电话、信函索取申报指南和基金申请表。

网址：http ://www. ccastic. spacechina. com

电话：（010）68767205，88530006

序

从中国航天事业创建初期至今，不论是在计划经济体制下的国防部第五研究院和第七机械工业部时期，还是改革开放后的航天工业部、中国航天工业总公司、航天两个集团公司时期，核心专业技术始终处于非常关键的重要位置，受到高度重视。重视基础、重视专业是航天系统一直以来践行的核心理念之一，也是系统工程思想的重要体现。作为中国航天事业的中坚力量，航天专业所厂承载着推动专业技术创新发展的使命与重任，有着光荣的历史和传统。为推动中国航天不断向前发展，航天专业所厂发挥了不可替代的关键作用，做出了十分重要的贡献。多年来，通过型号牵引和专业推动，航天专业所厂不断加强科技创新，推动航天核心技术和重点专业学科的自立自强，促进了航天事业的可持续和高质量发展。

回顾过去，计划经济时期航天研究设计所与制造厂分置，科研生产由上级统一安排，分工明确，在保障国家任务完成方面发挥了积极作用。在市场经济条件下，研究设计和生产单位因工作分工、导向不同及队伍结构等问题，业务协调复杂，制约着专业发展。从20世纪90年代开始，为满足现代化的研制生产一体化要求，航天系统逐步推行所厂合并、整合创新，旨在实现研究设计所和生产制造工厂一体化管理。进入新时期，面对当前错综复杂的内外部环境，不断改革和创新是推动航天专业所厂实现高质量发展的重要发力点，可以说，创新引领和改革重组是航天专业所厂前进的动力，也是破解难题、保持专业持续领先的有效手段，是开启时代新篇章的历史必然。

习近平总书记指出："探索浩瀚宇宙，发展航天事业，建设航天强国，是我们不懈追求的航天梦。"进入新发展阶段，中国航天肩负着建设航天强国、保证国家战略安全的重大使命，航天专业所厂要深入落实党中央各项指示精神和战略部署，要站在新的历史坐标、新的时代高度和新的创新视角，做出更大的贡献。

看到王巍等同志撰写的这本《深沉的脉搏——航天专业所/厂重组与创新的思考》，十分高兴，阅读后也很有感触。全书既有理论阐述，也有实践总结；既有对航天专业所厂创新引领的系统思考，也有对航天专业所厂改革重组如何破局的战术方法；既能对航天专业所厂改革创新工作的细节给予具体的实操建议，也能见微知著，一览航天专业所厂重组和创新的全局。全书还穿插了不少来自实践总结的案例，生动、实用，可借鉴性也很强。

王巍同志长期在科研生产一线从事惯性导航等航天核心专业技术创新和工程研制工作。当选院士后，他担当了主持航天13所和230厂改革重组的重任，带领所/厂干部职工进行了大量的改革尝试，稳步推进了专业重组和流程再造，以技术创新引领发展，形成增量、带动存量，逐步实现了"统一经营管理、优化资源配置、调整产业结构和统筹规划建设"的目标。这一重组创新工作在航天发展历程中也是一项很有意义的具体实践，为航天专业所厂深化改革进行了试点探索，积累了有益经验。他牵头撰写的这本书系统回顾了航天专业所厂的发展历程，总结了航天专业所厂发展的经验、历史贡献和作用，在梳理企业改革和重组相关理论的基础上，以13所与230厂的重组改革为典型案例，并结合其他单位重组改革经验，剖析了新时期航天专业所厂发展中存在的问题、面临的挑战，提出了推动航天专业所厂改革重组和创新发展的措施及建议，对航天专业所厂创新发展如此系统而全面的阐述尚属首次，很有意义。希望本书能够对航天领域的经营管理和科研工作人员有所启发，对航天专业所厂的改革和创新工作有所借鉴，从而为推进航天强国建设做出新的贡献。

是为序。

原中国航天工业总公司总经理
国际宇航科学院院士
2025 年 4 月

目　录

引 言

专业化是现代科技工业发展的基本规律之一，是科技工业分工细化和市场机制共同作用形成的一种先进的工业组织形式，是最大化利用专业研发能力、技术能力、设备能力的关键路径，从而提高产品质量、降低成本、提升效益与效率，促进技术与专业持续发展。纵观中国航天近 70 年的发展历程，作为航天系统内承担核心专业技术研发和分系统单机（部件）研制生产的型号配套单位，航天专业所 / 厂[1]为我国航天事业的发展做出了重大的支撑性、关键性贡献。航天专业所 / 厂的创建和发展是中国航天事业发展的时代缩影，无论面临怎样的发展环境、面对怎样的困难和压力，专业所 / 厂始终与航天事业的发展休戚与共，在机制与体制变革、技术与产业创新中奋勇当先。从创建阶段国防部第五研究院（简称国防部五院）军事化管理体制，到第七机械工业部（简称七机部）、航天工业部政府主导型体制，再到引入市场竞争的企业化运作体制，直到今天新时期社会主义市场经济条件下完全市场主体的现代企业制度，航天专业所 / 厂为研制与生产交付航天型号装备、持续

① 为表明研究所与制造厂的平等性和相应重组关系，本书均用“/”表示，统一表述为“专业所 / 厂”。

创新与发展航天重点专业学科和核心技术、维护国家航天领域专有重点基础设施、履行相关社会责任等，做出了大量卓有成效的工作业绩。新时期新阶段，面对前所未有的挑战和机遇，对标责无旁贷的使命和职责，要实现高水平科技自立自强，早日建成航天强国、科技强国，强化航天核心专业建设十分迫切，航天专业所 / 厂的改革创新任重道远。

航天专业所 / 厂大多诞生于国防部五院时期，有着光荣的奋斗历史。航天科技工业部门的专业分工继承和延续了中国航天事业创建初期的专业设置，统筹考虑了各专业门类本身的体系结构及发展规律，建立了覆盖航天各领域的相对齐全的专业体系。在近 70 年的征程中，伴随外部环境的变化和自身发展的需要，我国航天科技工业不断改革和重塑，形成了集团公司、研究院、部 / 所 / 厂（含公司，下同）的三级科研组织结构。其中，航天专业所 / 厂是承担型号分系统、配套单机、基础部件、元器件以及共性基础专业技术研究和产品研制的基层组织，是航天科技工业体系的主体组成部分，是航天事业的基石和生命线。

当前，中国航天正在从跟跑、并跑向并跑、领跑转变，推动中国由航天大国向航天强国迈进。习近平总书记在 2024 年全国两会上明确提出，要优化航天布局，重塑我国航天体系。党的二十届三中全会从党和国家事业发展全局的战略高度出发，重点研究进一步全面深化改革、推进中国式现代化问题，擘画了新时代新征程推进中国式现代化的时代新蓝图。在这一时代背景下，航天专业所 / 厂如何坚守初心和使命，扛起时代重任，在航天强国建设的征程中发挥更大的作用？如何做强专业技术实力，重塑核心能力？如何在信息化、数字化、网络化、智能化的时代浪潮中行稳致远？这些问题值得深思。以人工智能、量子技术、新能源、新材料、微电子、光电子、互联网为代表的现代科学技术日新月异，航天型号装备向集成化、数字化、体系化、智能化发展，技术体系、产品体系、科研生产管理模式正在发生深刻变化，航天发展面临许多新的问题和挑战。一方面，“基础”和“专业”被提到一个前所未有的高度，成为影响航天发展尤其是持续发展的关键因素和核心竞争力；另一方面，外部环境的变化对航天专业所 / 厂的改革和发展提出了新的要求，航天专业所 / 厂迫切需要改革重组以适应新形势。围绕航天专业所 / 厂重组与改革，一系列关乎航天创新发展的重大问题更加值得深入研究，例如：如何认识航天系统总体与专业之间的关系？如何理解总体院所与专业院所的关系？研究所与制造厂这两者间的关系在新时期发生了哪些变化？如何认识工业部门的科研院所与高校、中国科学院的关系，以及航天专业所 / 厂与国防同行科研院所的关系？等等。这些问题在新的历史时期都需要重新进行认真梳理和系统研究，对航天专业所 / 厂改革重组的研究应当放在一个更加宏大的历史背景下去审视，即在具有中国特色的社会主义市场经济条件下，航天专业所 / 厂的经营活动承受着来自集团公司及院纵向管理和本专业横向行业市场化竞争的双重压力，改革和创新既有市场经济体制的一般共性，也有国有企业尤其是国防军工科技体制本身的特点。

深入推进航天专业所 / 厂战略性重组、改革和专业化整合是建设航天强国、提升航天核心竞争力的必然要求。通过改革与重组，航天专业所 / 厂资源配置效率大幅提升，在服务国家战略、推动科技引领、实现创新发展、畅通产业循环等方面的支撑作用不断彰显。在集团公司、研究院、部 / 所 / 厂三级管理体制大框架下，不断深化航天专业所 / 厂改革与重组，通过内部深入改革，激发活力，增强实力，提高竞争力，在量变引发质变的过程中，实施创新驱动发展战略，实现“统一经营管理、统一资源配置、统一产业调整、统一规划建设”，实现实质性的跨越式发展，为航天高质量发展提供有力保障。

回顾中国航天科技工业发展史上的历次调整改革，均取得了业界瞩目的成就。在计划经济体制的大背景下，专业所 / 厂的任务分工由行业主管部门和总体单位统筹，主要的人、财、物调整均属国家行为，有关的调整改革整体上是顺畅的，也是有效的。21 世纪以来，随着社会主义市场经济体制的深度发展，随着航天科技工业体系的改革调整，情况出现新的变化，原有专业企事业单位内在禀赋和内外部环境已经发生深刻的改变。以美国 SpaceX 公司为代表的航天企业以其大胆的创新和快速迭代的研发模式，正在世界范围内引领航天技术的革命性发展。因此，中国航天也需要从技术创新、市场需求和组织架构等角度对行业分工和专业定位重新进行梳理，必须以新的使命担当和认知理性实施专业重组，取长补短、统筹规划。新时期，专业所/厂的重组改革，通常需要重点关注几个方面：战略管理、流程再造、市场化运营、技术创新、质量管理、队伍建设及安全稳定等。

航天专业所/厂因改革创新而兴、因改革创新而强。不同于一般市场化科技公司、纯生产性企业或运营性企业，航天专业所/厂有其特殊性和代表性，同时肩负国防安全和航天工业体系中专业技术发展的双重使命，肩负国家赋予的重要责任和任务，这些都使得航天专业所/厂的改革重组工作呈现出新的特点。本书力求运用系统观念和辩证思维，从航天科研机构专业建设和发展、航天专业所/厂在国家和航天领域的战略地位、航天专业所/厂发展的独有特征、航天专业所/厂发展的经验和制约因素等方面系统地梳理，研究航天专业所/厂重组与创新的基本特点，从实践中总结提炼出可借鉴的有效方法和经验教训。本书主书名之所以命名为《深沉的脉搏》，首先在于“脉搏”一词反映了专业（血脉）与系统总体（生命体）之间的紧密有机联系，专业是对系统功能和性能起关键支撑、有时甚至是决定性作用的技术基础，是国家基础工业能力的重要体现，唯有核心专业强，航天发展才有源源不断的动力和持久蓬勃的生命力；其次，一直以来，航天专业所/厂都是航天发展的重要支撑力量，是隐没在航天系统总体“荣光”之下的深沉脉搏，是航天事业的幕后英雄和大部队；同时，“深沉的脉搏”也反映了专业的深沉基础和支撑作用，表征了航天专业的创新发展是航天工业持续发展的“生命律动”，映射着航天专业所/厂科研队伍对航天事业和专业的深沉挚爱。面对新机遇、新挑战，航天专业所/厂必须准确把握科学技术发展趋势和市场经济规律，必须保持战略思维和长远眼光，坚持内涵式发展道路，在更高起点上负重拼搏，充分发挥专业技术优势，激发创新发展活力，使中国航天的生命力更加蓬勃、永葆青春，在新征程上做出新的更大贡献。

全书以改革重组为主线，以航天专业所/厂重组创新、科技引领、产业发展的实践为出发点和落脚点，采用“系统思维”与“解剖麻雀”相结合的方式，基于航天专业所/厂改革重组的理论与实践，结合实际工作感悟和学习心得，揭示在挑战与机遇并存、体制机制深度变革、新旧文化观念碰撞交织的历史条件下，航天专业所 / 厂的生存之道、创新之径、发展之路。在撰写本书的过程中，尽可能将六个突出的重点理念融会贯通于全书：一是突出航天专业所 / 厂改革重组的必要性；二是突出把“重组”当作机遇，主动进行创新,而不是把重组当成工作负担；三是突出资源“动态”调整来克服“静态”化的大企业病，克服求稳怕变的心态和观念；四是突出永攀高峰、永争一流，追求高标准、高目标、高愿景，谋求真正意义上的高质量发展；五是突出基于系统工程思想的改革举措“组合拳”；六是突出先进理念和文化的引领及示范作用。

作为航天专业所 / 厂培养的科技工作者和管理人员，作者见证和深度参与了航天 13 所与 230 厂的组织管理体制改革和资源重组活动，在各级领导和总体单位的关心支持下，有幸和所 / 厂干部职工队伍一起成为航天专业所 / 厂改革重组的探索者、实践者。近年来，在深入学习习近平新时代中国特色社会主义思想的过程中，在学习研究航天科技工业发展历史、航天科技工业专业体系和科技战略规划的过程中，深感“抓战略和执行”“抓流程和组织”“抓市场和经营”“抓创新和增量”“抓质量和工艺”“抓人才和作风”是航天专业所 / 厂改革与重组的几个重点事项，是航天专业所 / 厂领导班子和主要负责人应当率先示范、亲力亲为、真抓实干的重点工作。由此，对这些内容的思考和认识也作为基本的逻辑线和内容线贯穿于本书，论述中的许多观点、方法也是实践中的深切体会和集体智慧。“智莫大于知来，来何以能知？据往事以为推而已矣。”新老交替既是岁月的更迭，更是使命的接力。当前，正值航天科技工业系统重构、能力重塑的关键时期，希望这本夹杂着火热一线“炮声和硝烟”（任正非语）的粗浅总结，能为改革探索的进程留下些许记录和思考，也为新一代航天人提供些许参考和启发。

第一章

航天专业所/厂对中国航天事业的贡献与作用

航天专业所/厂是指承担具有国家使命的科研生产任务，为强化国家国防和航天科技力量，从事航天某一专业领域核心技术研究和装备产品制造，并具有独立法人资格的研究所或制造厂。航天专业所/厂均是由国家出资设立或控股，在计划经济时代，同时具有事业性和营利性双重属性，是独立开展航天科研生产活动的基层组织，是中国航天事业发展的根基，也是航天事业赖以生存、发展和壮大的重要依靠力量。航天专业所/厂的创建和发展对于建立和完善我国独立、自主、完整的航天科技工业体系具有重要的战略意义。

第一节　航天专业所/厂发展历程

我国航天科技工业自1956年在十分薄弱的工业基础上创

注：本书在涉及各科研院所及专业所/厂的表述中，遵循简洁性原则，在确保指代明确的情况下，对相关机构名称采用业界通用简称。

建以来，在经济贫弱、技术条件长期落后的不利条件下，历经多年艰苦奋斗，先后取得了“两弹一星”、载人航天、北斗导航、嫦娥探月、天问探火等一系列举世瞩目的成就，使我国成功跻身世界航天大国之列。在推进航天科技工业体系建设的过程中，一大批特色鲜明的航天专业所/厂相继建成。这些专业所/厂的管理体制、机构设置、人员配备等，大都以开展某一专业技术领域的研究、生产制造工作为依据，其创建和发展基本与中国航天事业同步。可以说，中国航天事业发展的历程也是航天专业所/厂不断探索、不断变迁、不断创新的历程。在不同历史时期，依照不同的内外部环境和国家战略需要，基于当时的科技水平，航天专业所/厂为航天事业发展提供了强有力的支撑和保障。

1956 年，钱学森起草《建立我国国防航空工业意见书》①（简称《意见书》），提出了我国火箭、导弹事业的组织方案、发展计划和具体措施，为我国火箭和导弹的研制提供了极为重要的实施方案，同时也为航天专业所/厂如何设置、布局和建设给出了最初的意见。在《意见书》中，钱学森建议将航天工业组织结构按研究、设计和生产三个部分进行设计，研究、设计和生产三面并进。在开始时，重点放在生产，继而兼及设计，然后兼及研究。研究部门是长远及基本研究的单位，是研究及设计新型火箭导弹等的机构，它的任务是研制生产新型成品，包括试制及试飞阶段在内。工厂负责新品研制和大量生产，包括金属及非金属原料工厂、各种零件制造厂、电器制造厂、导弹制造厂以及燃料工厂等。钱学森一方面在国防部五院按照预先研究、型号设计与地面试验需要，组建各类火箭导弹的研究、设计机构，担负“为设计而服务的研究”以及开展型号设计、试制与试验工作；另一方面，安排中国科学院力学研究所负责“长远及基本研究”，并让其与国防部五院的型号研究与设计工作衔接起来，以建立导弹科研与型号设计机构之间的协作关系。《意见书》为航天专业所/厂建设提供了根本指导。中国航天事业创建初期，我国航天专业所/厂正是按照《意见书》蓝图，以开展某一核心专业技术领域的研究、生产和制造工作为依据，相继建立起来。这是航天专业所/

① 钱学森当时用“国防航空工业”代替了“火箭导弹”一词。

厂发展的起步阶段。

1956 年 11 月，国防部五院按导弹研制流程和技术分工设置了 10 个研究室：六室（总设计师室），七室（空气动力研究室），八室（结构强度研究室），九室（发动机研究室），十室（推进剂研究室），十一室（控制系统研究室），十二室（控制元件研究室），十三室（无线电研究室），十四室（计算机技术研究室），十五室（技术物理研究室）。这些研究室的建立标志着我国航天核心专业独立建制的从无到有、从 0 到 1。1957 年 11 月，为加强型号抓总能力，在原来 10 个研究室的基础上正式设立一分院和二分院。一分院（现中国航天科技集团有限公司第一研究院前身），以原国防部五院总设计室、空气动力研究室、结构强度研究室、发动机研究室和推进剂研究室五个室为基础，设置了总体设计、结构强度、空气动力、发动机、冲压发动机、推进剂、材料、测试 8 个研究室，主要负责导弹总体与弹体、结构和动力系统等设计研究。二分院（现中国航天科工集团有限公司第二研究院前身）设置了控制系统、防空系统和情报传递系统、陀螺仪和自动驾驶仪、电子计算机、雷达设备、无线电通信设备、控制元件和程序装置、遥测设备和显示设备、侦察干扰设备、无线电波、理化、无线电测试标准仪器 12 个研究室和 1 个试制工厂，主要从事导弹的控制系统研制。

1958 年 3 月，为进一步解决型号任务日常繁杂的协调问题，又对一分院和二分院做出了调整，将一分院下属的几个设计室，扩大为设计部和独立直属室：第一设计室组建为地地导弹总体设计部（第一设计部），第四设计室组建为液体火箭发动机设计部（第三设计部），从地地导弹总体设计部分出成立有翼导弹总体设计部（第二设计部），独立直属室有六室（结构强度研究室）、七室（材料工艺研究室）、八室（传感器研究室）；将二分院下属机构调整为地地导弹的控制制导设计部（第一设计部 / 一支队），地空、海防、空空等有翼导弹的控制制导设计部（第二设计部 / 二支队），地空、海防、空空等有翼导弹雷达与无线电设备的无线电测量设计部（第三设计部 / 三支队），所有导弹型号的惯性器件与自动驾驶仪设计部（第四设计部 / 四支队）；计算机 / 仿真机 / 电波传播 / 遥测 / 半自动化防空体系的计算机设计部

（第五设计部/五支队）和电子电气器件设计部（第六设计部/六支队）[①]。这一时期，中国航天初步建立起了系统总体和支撑性专业有机结合的航天科研生产体系，型号科研实现了从无到有，从仿制到自主设计制造的转变，任务分工实现了由专业分院向型号分院的转变。

为充分调动和运用好当时国家十分紧缺的科技资源，中国科学院也成为航天事业建设的一支重要力量，中国科学院力学研究所、自动化研究所、长春光学精密机械与物理研究所（简称长春光机所）等相继组建成立，为航天事业做出了重要贡献。1958 年 6 月 3 日，中国科学院党组向中央呈上由钱学森主持起草的报告，列出了中国科学院十年内要做的三件大事，其中第一件大事是人造卫星上天。聂荣臻副总理责成中国科学院和国防部五院组织专家，拟定人造卫星发展规划，任务代号为“581”。1958 年 8 月 15 日，由力学所牵头，中国科学院宣布中国科学院第一设计院（1001 设计院）正式成立，设总体设计部、发动机部、非标准设计部和风洞部，负责卫星运载火箭总体设计。同年，中国科学院组织中国科学院化学研究所、大连化学物理研究所、长春应用化学研究所、上海有机化学研究所成立“推进剂研究任务领导小组”，研究液体和固体高能推进剂。此外，还在北京中关村建立了气体站，生产氧气、氢气、氮气，物理所低温实验室探索了氢的液化技术。这些都作为国防部五院科研力量的有力补充。1958 年 11 月，党中央研究决定拨款 2 亿元人民币支持中国科学院研制卫星。中国科学院经慎重研究，决定建设用于高能推进剂和发动机研制，以及高能推进剂试验研究的怀柔基地；建设用于空气动力试验的中国第一座超声速风洞试验基地；建设用于实验室仪器研发、半导体研究、温控涂层材料研制以及高空环境模拟的四个实验室以及四个配套工厂。据此，中国科学院在北京、上海、山西先后建立了 3 个科学仪器厂，承担卫星结构、有效载荷和无线电跟踪设备的研制生产。

为充分利用上海的工业力量，1958 年 11 月，中国科学院第一设计院的主体部分（含技术部门总体部、发动机部以及行政系统）40 余人由北京迁到上海，对外称上海机电设计院，由中国科学院力学所与上海市委双重领导，

① 陶家渠. 为中国航天奋斗［M］. 北京：中国宇航出版社，2022.

专门研制探空火箭。该院设置了总体室、结构室、自动控制室和发动机室等，并将部件生产加工下达给上海柴油机厂、上海机床厂、空军13修理厂等，生产加工协作链条较为完整，由此形成了稳定的探空火箭研究联合体。1961年8月，上海市第二机电工业局成立，负责上海导弹试制技术基地建设和导弹产品试制。所属第一批骨干工厂——上海有线电厂、上海广播器材厂、上海仪表厂、上海新新机器厂等，由民用工厂改建、扩建，试制和总装红旗一号地空导弹。1961年9月，三分院在原一分院、二分院的基础上正式成立，主要承担特种战术导弹的研制任务，主要负责空气动力研究与试验，液体火箭发动机与冲压发动机的研制与试验，以及全弹试车等任务。1963年1月，上海机电设计院从中国科学院划归国防部五院（后改称508所），但它与中国科学院研究所的协作关系一直保持稳定。

1964年12月，第七机械工业部（简称七机部）成立，负责统一管理火箭导弹工业的科研、设计、试制、生产和基本建设等工作。七机部将原来的分院调整扩充为型号研究院：第一研究院负责地地导弹和运载火箭研制，后称中国运载火箭技术研究院（航天科技一院）；第二研究院负责防空导弹研制，后称中国航天科工防御技术研究院（航天科工二院）；第三研究院负责海防导弹研制，后称中国飞航技术研究院（航天科工三院）；第四研究院负责固体火箭发动机研制，后称航天动力技术研究院（航天科技四院）；第七设计院（航天科工七院），从事航天基本建设工程的设计与建设；上海机电二局负责运载火箭和地空导弹研制，后称上海航天技术研究院（航天科技八院）。至此，中国航天初步建立起了包括导弹技术研究、型号研究与设计、试制生产与试验的科研及工业体系。七机部成立后，颁发了所属单位的名称与代号。原来的分院改为院，即一院、二院、三院等。而原来老五院和各分院下属的全航天系统共用的基础专业研究所，如空气动力研究所、环境试验研究所、材料应用研究所、遥测研究所、计算研究所、情报研究所、标准化研究所、工艺研究所、地面设备设计所的编号，都一律冠以7字头，如701、702、703、704、706、707、708、710、771所等，研究业务面向全航天系统各研究院。七机部时期，中国航天实现了由研究院向工业部门的转变，逐步建立起独立完整、前后方相互策应的航天工业体系。除固体火箭发动机作为当时的新兴专业外，各专业所 / 厂均在以“院”为基本集群的体系中。以“院”进行型号科研统筹管理抓总，建立了专业化的所、厂、站，形成了航天大科技工业体系下的“板块级托拉斯”（即科研生产联合体）。

1965 年年初，党中央批准研制人造卫星，代号“651”工程，我国首个人造卫星工程开始起步。1968 年 2 月，国防科委五院①（现中国空间技术研究院前身）正式成立，钱学森兼任院长，负责人造卫星和载人飞船的研制。截至 1968 年年底，国防科委五院辖有总体设计部、空间控制技术研究所、空间电子技术研究所、空间物理及探测技术研究所、电火箭研究所、宇宙医学与工程研究所、真空技术研究所、北京科学仪器厂、上海科学仪器厂等 12 个专业所 / 厂，覆盖航天器总体设计、卫星载荷、航天器结构与机构设计、航天器姿态动力学和控制、热控制、航天器电源、航天器测控、航天器回收、控制系统仿真、环境模拟、抗辐射加固、航天器制造、卫星应用、空间搭载试验、航天器材料等重点专业。1970 年 4 月 24 日，我国成功研制并发射了中国第一颗人造地球卫星——东方红一号，开创了中国探索外层空间的新纪元。1973 年 7 月 24 日，国防科委五院正式划归七机部。

1965 年起，根据中央关于加强战备、加强三线建设、建立巩固的战略大后方的决策和指示，七机部开始加强三线基地的勘察选址工作。三线基地建设是由七机部一、二、三、四研究院对口包建，北京、上海、天津等城市承担部分包建任务，且按地区成套原则建设，即在一个地区有几个主机厂，又有若干辅机厂，形成了三线军工企业特殊的体制——基地。七机部第一研究院负责包建位于四川的 062 基地（后称四川航天工业总公司、四川航天技

① 1968 年 2 月 20 日，以中国科学院卫星设计院、自动化研究所、力学研究所分部、应用地球物理研究所、电工研究所、西南电子研究所、生物物理研究所、兰州物理研究所、北京科学仪器厂、上海科学仪器厂、山西太谷科学仪器厂、第七机械工业部第八设计院、军事医学科学院第三研究所等单位从事空间飞行器研究的力量为基础进行组建，正式成立了国防科委五院。

术研究院，现为航天科技七院）、位于陕西的067基地（后称航天推进技术研究院，现为航天科技六院）。第二研究院包建位于贵州的061基地（现为航天科工十院）。第三研究院包建位于四川成都的064基地（后与062基地合并）和位于湖北西部的066基地（后称中国航天三江集团有限公司，现为航天科工四院）。第四研究院包建位于陕西南部的063基地（后演变为航天动力技术研究院，现为航天科技四院）。1964—1968年期间，三线地区的专业所/厂规模和数量不断扩大，建设起了大大小小重要军工产品科研生产单位40多个。至此，七机部辖有四个研究院、上海机电二局，三线单位含061、062、063、064、066、067、068基地以及307厂、349厂、519厂、289厂、111厂、139厂、119厂、254厂、719厂、824厂、825厂等直属企业，以及各地管理机构（山西七机局、四川七机局、江苏七机局、湖南七机局等）。随着国家三线建设的战略布局的推进，我国不断地调整航天工业的布局和资源分布，形成了以北京为中心，涵盖上海、江苏、陕西、四川、贵州、湖南、湖北等多地的航天工业格局，建设了一大批一流的航天科研机构和工厂，这对于建立和保护独立自主完整的航天科技工业体系具有不可磨灭的历史性作用。

党的十一届三中全会后，国内外形势发生重大变化，军品任务锐减，军工企业和军工科研院所适时走上"军转民"发展道路，航天科技工业资源开始积极投入经济建设主战场，服务国民经济建设。航天专业所/厂也在积极转型升级，市场经济规律对航天专业所/厂的影响也越来越深。1982年4月，国务院决定撤销七机部，成立航天工业部，进一步明确了其在国家航天事业发展中的地位与职能。这时，中国航天工业体系形成空前规模。科研生产联合体有第一、二、三、四、五、八等研究院，三线基地有061、062、064、066、067、068等基地，地方有四川七机局、上海七机局、云南七机局、江苏七机局、河南七机局、陕西七机局等，此外还包括707、708、710所等直属事业单位。1986年起，随着中国航天准备进入国际市场，航天工业体制也做了调整，成立了中国长城工业总公司，其他地方建立的七机局也变成航天局。这一阶段，在市场经济条件下，航天专

业所 / 厂开始逐渐调整、融合。

1993 年 6 月，国家撤销航空航天工业部，成立中国航天工业总公司，进行企业制度和产权制度的改革，推进管理体制由计划经济向市场经济转变，型号研制有了更大的发展，取得了前所未有的成就，建设了一批具有一定规模、配套设施完整的研发生产基地。总公司下辖第一、二、三、四、五、八等研究院，061、066、067 等基地，四川、云南航天工业总公司，上海、湖南航天局所属单位，江苏、四川、河南、陕西航天局，长城、航科、供销、广宇、测控等公司，以及第七设计院等直属企事业单位。按照政企分开、军民结合、适度竞争以及科研力量相对集中的原则，1999 年 7 月 1 日，中央决定将核、航空、航天、兵器、船舶工业等五大军工总公司，改组为十大军工集团公司。航天系统的体制从国家一个政府部门转变为国务院下属的国有特大型军工企业集团。中国航天工业总公司经过改组成立中国航天科技集团公司和中国航天科工集团公司（初期称中国航天机电集团公司），这是航天工业历史上一次深刻的变革。

进入 21 世纪以来，航天工业布局和管理模式也按照市场化规则不断进行动态调整，各基地都转变为研究院，新组建成立了若干专业院，如信息技术研究院（航天科工一院）、发动机技术研究院（航天科技六院、航天科工六院）、航天电子技术研究院（航天科技九院）、空气动力技术研究院（航天科技十一院）等。按产业板块成立若干院级和所 / 厂级公司，部分转制为股份有限公司并上市，开辟了军工产业市场化运作的新局面。

第二节　航天主要核心专业及专业所 / 厂分布状况

历经近 70 年的演变，中国航天工业建立了覆盖航天各领域的专业领域相对齐全、专业所 / 厂设置相对合理、特点和优势相对突出、具有航天特色的专业技术和科技工业体系。

一、航天主要核心专业

航天主要核心专业包含总体专业，动力与推进专业，导航、制导与控制专业，计算机专业，电子与通信专业，遥感（探测）专业，材料与制造专业等。

（一）总体专业

总体专业是利用系统工程方法，综合集成相关多学科的技术，研究如何科学地协调总体与分系统之间的关系，开展总体结构设计和分系统功能分配、技术指标分解，以满足整体性能要求，包括地地导弹、防空导弹、海防导弹等总体技术，运载火箭、人造卫星以及其他航天器总体技术等。

（二）动力与推进专业

动力与推进专业重点研究如何利用固体或液体化学推进剂作能源为航天飞行提供动力和控制力的各类推进技术，主要分为固体推进技术、液体推进技术及其他推进技术。动力与推进专业主要进行各种航天发动机及专用推进剂的研究、生产和试验。

（三）导航、制导与控制专业

导航、制导与控制专业主要研究控制系统、惯性导航技术、伺服技术、末制导、卫星动量轮技术等。飞行器控制系统是用于测量和确定飞行器轨迹运动和姿态运动状态参数，引导飞行器飞抵预定目标或预定轨道，控制飞行器的姿态（姿态机动和姿态稳定）的重要分系统。

（四）计算机专业

计算机专业主要研究弹箭星船载控制计算机、单机用嵌入式计算机、软件工程与应用等技术，包括信息的获取、表示、存储、处理、传输和利用等方面的方法和技术。计算机技术的应用使得航天器更加自动化、精准化和智能化。

（五）电子与通信专业

电子与通信专业主要研究综合电子技术、雷达技术、通信技术以及遥测、遥控等技术。综合电子技术又包括各种元器件、集成电路及集成电子系统的技术。

（六）遥感（探测）专业

遥感（探测）专业主要研究如何利用搭载在人造地球卫星、探测火箭、宇宙飞船、航天飞机、深空探测器等航天平台上的遥感器对地球和太阳系其他行星进行探测和识别。

（七）材料与制造专业

材料专业主要研究原材料的设计、选用、试验、使用以及专用、特种原材料制备等方面的技术。制造专业主要研究将原材料、半成品、零部件、仪器设备加工或组装成产品，并进行测试、试验以验证符合技战指标的方法、技术等。

（八）环境工程专业

环境工程专业主要研究热环境和热防护技术、力学环境工程、电磁环境工程和空间环境工程，涵盖设计技术、专用材料技术、环境适应性测试和试验技术及专用装备等。

（九）测试试验专业

测试试验专业主要研究测量技术与试验技术，是针对特定的应用领域，研究相关的测试手段和工具，构造针对待测系统的性能测试方法、功能验证方法和实现技术，以及相关标定、计量、故障诊断等技术。

（十）空气（水）动力学专业

空气（水）动力学是力学的重要分支，是研究飞行器与空气（水）发生相对运动时，气（液）体的流动规律和所产生的力、热以及伴随发生的物理化学变化的学科，为空中飞行、水下发射总体设计提供专业技术支撑。

（十一）空间科学专业

空间科学指利用航天器研究空间（即发生在日地空间、行星际空间乃至整个宇宙空间的物理、天文、化学及生命等自然现象及其规律）的科学。空间科学专业以航天技术为基础，包括空间飞行、空间探测和空间开发等几个方面。

（十二）航天其他专业

航天其他专业包括弹头与突防技术、地面支持与发射技术、航天火工品、航天电器，以及可靠性技术等。弹头与突防技术是研究导弹毁伤作战指标，以及导弹在地面和飞行过程中对抗敌方的破坏和摧毁的理论与技术。地面支持与发射技术是对导弹和航天运载器发射方式及其地面支持设备系统和发射工程设施进行研究、设计、制造、试验及使用的理论与技术。航天火工品是装有一定量火药或炸药的、可用预定的刺激量激发并以爆炸或燃烧产生的效应完成规定功能（如点燃、起爆及作为某种特定动力源等）的一次性作用元件及小型装置。航天电器是指实现对导弹、运载火箭、航天器及其配套地面测控设备进行控制、调节、信号传递、切换、检测及保护等作用的各类元器件、电工装置及单机设备。可靠性技术是研究航天产品（含硬件与软件）研制、生产和使用等全寿命周期阶段产品故障机理与规律，以及预防、控制和纠正故障的一门专业学科。

二、不同类型的航天专业所／厂分布

结合航天专业所／厂发展特点，我国航天专业所／厂可分为3类：分布在总体院内的专业所／厂；分布在专业院内或直属总公司（集团公司）的专业所／厂；运用公司化模式推动相关专业领域发展的专业公司。这里以航天科技集团为例，简要介绍相关专业所／厂的布局情况。

（一）分布在总体院内的专业所／厂

分布在总体院内的专业所／厂大多是相关专业领域里历史较长、优势突出的航天专业所／厂。

中国运载火箭技术研究院（一院）是我国最大的导弹武器和运载火箭研究、设计和制造基地，下设北京宇航系统工程研究所、北京临近空间飞行器系统工程研究所、北京航天自动控制研究所、北京航天长征飞行器研究所、北京航天发射技术研究所、北京精密机电控制设备研究所、北京航天长征科技信息研究所、北京航天计量测试技术研究所、北京强度环境研究所、航天材料及工艺研究所、首都航天机械有限公司、长治清华机械厂等专业所／厂。

中国空间技术研究院（五院）是中国主要的卫星、飞船、空间站、深空探测器等空间技术及其产品研制基地，下设北京空间飞行器总体设计部、北京控制工程研究所、航天恒星科技股份有限公司、西安空间无线电技术研究所、北京空间机电研究所、兰州空间技术物理研究所、北京空间科技信息研究所、山东航天电子技术研究所、北京东方计量测试研究所、钱学森空间技术实验室、北京卫星环境工程研究所、通信卫星事业部、天津航天机电设备研究所、北京卫星制造厂、中国航天宇航元器件工程中心等专业所／厂。

上海航天技术研究院（八院）业务领域覆盖防务装备、运载火箭、应用卫星、空间探测等，下设上海机电工程研究所、上海卫星工程研究所、上海航天精密机械研究所、上海无线电设备研究所、上海航天控制技术研究所、上海航天电子通讯设备研究所、上海宇航系统工程研究所、上海航天动力技术研究所、上海精密计量测试研究所、上海航天计算机技术研究所、上海空间电源研究所、上海卫星装备研究所、上海航天测控通信研究所、上海航天设备制造总厂等专业所 / 厂。

（二）分布在专业院内或直属总公司（集团公司）的专业所 / 厂

分布在专业院内或直属总公司（集团公司）的专业所 / 厂也可分为 3 类：以四院、六院、七院为代表的分系统级专业院及其所属专业所 / 厂；以九院为代表的单机、元器件级专业院及其所属专业所 / 厂；以十一院、十二院为代表的提供配套专业服务的直属共性专业院所。

1. 以四院、六院、七院为代表的分系统级专业院及其所属专业所 / 厂

（1）航天动力技术研究院

航天动力技术研究院（四院）是从事运载火箭、战略战术导弹、卫星、载人飞船等航天产品固体火箭发动机研究、设计、生产和试验的专业研究院，下设湖北航天化学技术研究所、西安航天复合材料研究所、陕西电器研究所、西安航天动力测控技术研究所、西安航天动力机械厂等专业所 / 厂。

（2）航天推进技术研究院

航天推进技术研究院（六院）是从事导弹、火箭、卫星及飞船等航天产品 60 余种液体火箭发动机研究、设计、生产和试验的专业研究院，下设西安航天动力技术研究所、北京航天动力研究所、北京航天试验技术研究所、西安航天动力试验技术研究所、西安航天计量测试研究所、上海空间推进研究所、西安航天发动机厂等专业所 / 厂。

（3）四川航天技术研究院

四川航天技术研究院（七院）是以重大装备制造、精密机械加工、电子控制仪器设备、液压伺服机构、电液控制系统、火工装置等技术为特长的专业配套的科研生产联合体，近些年研制开发了远程制导火箭弹等装备级产品。下设四川航天系统工程研究所、川南机械厂、长征机械厂、燎原无线电厂 / 四川航天电子设备研究所、烽火机械厂 / 四川航天机电工程研究所、四川航天计量测试研究所、重庆航天机电设计院等专业所 / 厂。

2. 以九院为代表的单机、元器件级专业院及其所属专业所 / 厂

中国航天电子技术研究院（九院）是航天电子专业大型科研生产联合体，传统优势专业主要包括惯性导航、综合电子信息系统、遥测遥控、航天计算机及软件、微电子、机电组件等，近年来研制开发了无人机系统等装备级产品，下设北京航天无人机系统工程研究所、北京航天控制仪器研究所（含北京航天兴华科技有限公司、北京航天时代光电科技有限公司、北京航天时代激光导航有限公司）、北京遥测技术研究所、北京微电子技术研究所、西安微电子技术研究所、西安航天精密机电研究所，以及北京光华电子技术有限公司、陕西航天导航设备有限公司、上海航天电子有限公司、桂林航天电子有限公司、杭州航天电子技术有限公司、郑州航天电子技术有限公司、重庆航天火箭电子技术有限公司等专业所 / 厂。

3. 以十一院、十二院等为代表的提供配套专业服务的直属共性专业院所

中国航天空气动力技术研究院（十一院）是我国第一个大型空气动力研究与试验基地，主要从事航空航天飞行器研制所需的气动力 / 热研究和试验工作，近年来自主研制了彩虹系列无人机。下设特种飞行器总体技术设计部、空气动力理论与应用研究所、空气动力实验与工程应用研究所、风洞工程技术研究所等专业所 / 厂。中国航天系统科学与工程研究院（十二院）核心专业包括战略咨询、科技情报、知识产权、信息化与软件测评等。中国航天标准化与产品保证研究院（原航天标准化研究所）是航天标准化和质量与可靠性专业研究机构，设有标准化、质量管理、可靠性与安全性、紧固件研究与检测、信息技术应用等专业。

（三）运用公司化模式推动相关专业领域发展的专业公司

航天科技集团下属中国卫通集团股份有限公司（中国卫通）、中国乐凯集团有限公司（中国乐凯）、中国四维测绘技术有限公司（中国四维）以及北京神舟航天软件技术股份有限公司（神软公司）等，是专业特点鲜明的专

业化公司。中国卫通从事卫星运营服务业，是我国唯一拥有通信卫星资源且自主可控的卫星通信运营企业，被列为国家一类应急通信专业保障单位。中国乐凯的前身是始建于1958年的国家“一五”计划重点项目——保定电影胶片厂，是我国重要的图像信息材料、印刷影像材料和光学膜材料生产基地。中国四维从事卫星遥感和地理信息产业。神软公司是航天科技集团控股的从事专业化工程软件开发和信息系统集成的上市企业。

三、航天专业所／厂的特点和优势

航天事业创建初期，大多数航天专业所／厂的定位就是国家主导下的科研机构，国家对航天的领导和管理是直接的，许多航天专业所／厂在当时无形中拥有直接与高层对话的通道和话语权，事实上享有航天相关专业发展的领导者地位，是相关专业学科发展的尖兵和领头羊，一定程度上代表着中国航天科技工业的专业技术领域权威，有着其他系统科研院所不具备的基础、特点和先发优势，是稀缺且不可复制的宝贵资源。

（一）形成了系统配套的专业能力体系

以型号院为依托，组建若干板块化的科研、生产、试验联合体，是航天科技工业部门一以贯之的基本组织架构。其突出特点是将型号任务分解，按照总体、分系统的分工，组成配套研制的研究所、工厂以及协作单位。根据型号研制生产的需要，院、所／厂两级建立总指挥、总设计师负责的行政和技术两条指挥线（简称两总），提高了科研生产活动的组织管理效率。迄今已形成专业齐全、功能配套、设施完备的航天专业体系，从大型试验、型号产品、单机系统，到航天基础产品、高端元器件、专用原材料、先进工艺，乃至标准计量、科技情报、成果管理与推广、质量与可靠性，基本实现了专业化、体系化。

（二）形成了型号牵引专业的能力格局

1957 年 11 月起，国防部五院将扁平化的“块状”（10 个平行的研究室）科研模式，逐步改造成以型号任务为纽带的“串型”（每个分院辖总体设计、动力装置、控制系统、元件材料等机构）模式，实现了从专业院到型号院的转变。1965 年根据中央确定的“型号为纲、地区配套”的方针，分别在三线地区建设了若干导弹研制生产基地，有关省市也相应建立了管理机构。1982 年起，经历了从研究院到工业部再到大型企业集团的转变，逐步形成了集型号总体、总装、总测、总试以及重要配套产品研制生产于一体的组织结构，以及总体为牵引、专业为支撑的能力格局。

（三）形成了高度建制化组织运行机制

建制化是指某种科学的社会活动或社会事业形成一定的科学组织和制度，并根据这些制度运行的过程。近代科学技术发展史表明，“有组织的科研”即建制化是一项重大工程，是一个科学领域、一类研究群体组织能够良好发展的关键。高度建制化为航天专业所 / 厂带来了突出的发展优势，推动专业所 / 厂短期内快速形成能力和基础，并直接促成、维持和发展了航天专业所 / 厂的历史地位。一是在组织化和制度化的航天科研梯队中，多数专业所 / 厂占据了第一梯队的骨干位置，型号任务和技术需求牵引相对稳定和持续，这些专业所 / 厂以国家目标和国家利益为使命，以解决影响制约航天发展全局和长远利益的重大科技问题为己任，开展有组织的多学科、多领域长期持续的基础性、战略性和前瞻性的专业技术研究；二是依托专业所 / 厂汇聚了一批顶尖科技专家和一大批优秀的科技工作者，以及高水平的技能大师和产业工人，形成了一支高素质的航天人才队伍，这是航天事业得以成功的重要保证。

第三节 对航天专业所 / 厂发展历程的思考与启示

从航天专业所 / 厂发展历程可以看出，航天专业所 / 厂的设立和发展始终坚持战略导向、目标导向和问题导向，在不同时期都对航天科技工业的发展起到了推动总体技术进步的支撑作用，对整个航天产业体系都产生了重大影响。

一、遵循科技发展规律设立航天专业所 / 厂

1956 年，党中央发出了“向科学进军”的伟大号召，我国政府先后制定出发展科学技术的“十二年规划”和“十年规划”，新中国科技事业进入了一个有计划的蓬勃发展新阶段。两个规划的实施催生了以“两弹一星”为代表的一大批科技成果，促进了一系列新兴工业部门和产业的诞生，国家科技实力显著提升。航天专业所 / 厂的组织化、建制化发展也体现出中国航天创建初期对近代科学技术发展规律的深刻认知。一是航天事业创建之初，就高度重视科学研究，把科学研究、设计开发、生产制造等环节置于同等重要的位置，系统性设计和谋划航天科研与工业体系，并按此组建体系完整、分工明确、相对独立、相互合作的从事科学研究、设计开发的院所和负责生产制造的工厂；二是充分发挥航天专业所 / 厂建制化组织作用，有组织推进科研和生产活动。航天系统较为完整的学科体系、科研队伍以及科研创新平台，是航天专业所 / 厂具备开展“有组织科研”的属性特点和先决条件。

二、始终坚持正向设计和动态调整专业设置

中国航天的发展一直受到国外严密的技术封锁，促使航天专业所 / 厂独

立、自主发展，形成了体系相对完整、专业齐全的航天科技工业体系，促进了具有航天特色的“正向设计”理念的形成，也在很大程度上促进了航天专业所 / 厂自主的技术创新与进步。同时，不同时代阶段的专业所 / 厂基本上都是根据当时特定的时代特点、时代需要而不断设立、调整变化的，具有明显的动态演化的特点。例如，1956 年设立的固体发动机专业和 1959 年设立的计算机专业，在当时应该是很超前的，是紧盯国际前沿设立的专业，这些专业安排在当时几乎是和世界水平“并跑”的。

三、充分借鉴和改进苏联所 / 厂分离模式

在苏联的国防科技工业体系中，针对研究所和制造厂在航天和国防领域的设立、定位和要求通常遵循以下模式。在设立思路和定位上，研究所（设计局）主要负责进行科学研究、技术开发和飞行器的设计，致力于解决国防领域的关键技术问题，推动新型飞行器的研发和设计，如火箭、导弹、卫星、飞机等；制造厂则执行设计局或研究所提供的设计方案，负责实际的制造和生产。研究所需要有高水平的科学家、研究人员和设计师团队，具备进行前沿技术研究的能力。制造厂则需要有先进的生产设备、工程师团队和技能工人队伍，负责生产制造、设计验证并反馈研究所改进。研究所和制造厂之间存在密切的合作关系，二者之间会有频繁的沟通和协作。作为国家战略的重要组成部分，这些研究所和制造厂的设立和发展通常是由政府或相关国防部门牵头，严格遵循国家的军工发展计划和指导方针，需要经过政府的批准并提供资金支持，以确保其顺利运行并为国防事业做出贡献。在“所 / 厂分立”模式下，研发、生产部门更加独立和专注。我国早期的航天专业所 / 厂建设在一定程度上借鉴了苏联的所 / 厂分设机制，在组织和管理模式上确实有一定的相似之处。

我国航天科技工业初创时期主要借鉴了苏联高度集中的计划管理模式。这种管理模式对于集中全国的人力、物力、财力于重点工程建设，发挥了重大作用。但随着专业发展，高度集中的计划经济管理模式的弊端逐步显现。

20 世纪 60 年代我国“试办托拉斯”[①] 的实践，是新中国工业管理体制上一次卓有成效的新探索，积累了中国工业经济专业化集约管理的经验[②③]。航天科技工业体系的建立和演变一定程度上也受到“试办托拉斯”实践的影响。

航天专业所 / 厂正是在科研生产综合体（研究院）架构下，以一个科研和试制生产单元为类型而不断产生和发展的，对于当时的航天科技工业发展模式是适应的、可行的。而且，凡是同一专业而所 / 厂分设的单位基本都是核心专业，在当时都是航天领域内技术先进、工艺复杂且组织复杂或高精尖的研究所或制造厂。可以理解为，专业所 / 厂设置的出发点就是要合理分工、相关队伍集中精力做好核心专业，例如，钱学森等第一代航天领导者们早年设置的以火箭发动机、惯性制导、伺服机构、遥测遥控、雷达探测、计算机为代表的专业所 / 厂定位都是要既抓好当前，又抓好长远，这类专业研究所在过去也都是学术上具有很高地位或特种优势的（改革开放后也大多设置了研究生学位点）。

四、以型号类型建院，实行三级次管理模式

根据航天工业发展总体需要，为提高研制质量和效率，航天科技工业在摸索和实践中，创设了以型号类型建院并实行三级次管理的发展模式，明确了按型号建院、以型号为主线的管理方式，建立了相应配套的专业所 / 厂，形成了比较完备的科研与生产相互配套的组织体系，并逐步衍生成为今天的航天科研生产联合体（综合体）。航天领域研究机构的设置按照型号研制和

---

① 1964 年 8 月 17 日，中共中央和国务院原则同意并批转了国家经委党组《关于试办工业、交通托拉斯的意见报告》，报告确定了中央各部试办的第一批托拉斯名单，共有 12 个。其中全国性的 9 个，分别是：轻工业部所属的烟草公司和盐业公司，第一机械工业部所属的汽车工业公司，农业机械工业部所属的拖拉机、内燃机配件公司，纺织工业部所属的纺织机械公司，冶金工业部所属的制铝工业公司，化学工业部所属的橡胶工业公司和医药工业公司，地质部所属的地质机械、仪器公司。地区性的有 3 个，即煤炭工业部所属的华东煤炭工业公司，水利电力部所属的京津唐电力公司，交通部所属的长江航运公司。

② 林超超 . 20 世纪 60 年代中国工业托拉斯的兴起及其体制困境［J］. 中国经济史研究，2015.

③ 剧锦文 . 托拉斯：我国工业管理体制改革的一次尝试［J］. 党史文汇，1994（4）：37-39.

任务分工更加完善，有利于集中科研力量，在重点领域实现突破，有利于快出型号、多出型号。在这种管理模式下，火箭、导弹等复杂的大规模航天工程系统研制中的技术协调一般不需要跨院进行，有利于统筹协调、集中突破。

回望过去，计划经济时代以型号类型建院的组织体制总体上是有效的，也是高效的。在整个航天科技工业体系框架下，专业院所与总体院所紧密耦合，总体院所牵引和带动着专业院所不断向前发展，一个显著的规律是：专业院所与总体院所联系越紧密，其专业能力越强；同时，专业院所的发展也助推总体院所越来越强。两者相互牵引和推动，共同发展和壮大。反之，一些核心专业所 / 厂离开总体院后，其专业能力、技术发展等都逐渐地疏离系统总体，核心专业地位和能力逐步下滑，与总体院的蓬勃发展非线性地拉开了距离，少数则由“举足轻重”渐渐变为“无足轻重”，甚至成为制约专业和总体发展的“困难户”。进入新时期，模块化、系统化、矩阵化发展趋势日益突出，加强专业应该被放在更加关键的位置上予以高度重视。总体很重要、专业也很重要。总体院所和专业院所都应与时俱进、共同发展，航天事业才能核心在手、基业长青。

五、预研先行、型号系统集成创新的专业发展路径

加强预先研究，方能为独立研制创造必需的物质技术基础。预先研究、技术储备是航天工程实施的重要技术、物质基础。重视预研和基础研究是我国航天创新发展中的宝贵经验，雄厚的技术储备是航天不断取得重大成就的动力源泉。从航天创建之初到 20 世纪 80 年代开展的基础研究和预先研究，为 20 世纪 90 年代之后 30 余年中国航天的快速发展奠定了坚实的基础。早在 20 世纪五六十年代，一些主管“两弹一星”研制的领导者和科学家就敏锐关注到预先研究的重要性并加以实践。对此，聂荣臻元帅提出了按“三步棋”安排的原则①，即在同一时间内，至少有三个不同层次的型号。随着

① 用聂荣臻自己的比喻，就是：“手里干一个，眼里看一个，脑子里想一个”，即在同一时间内，至少要看三步棋，有三个层次的型号：一种是在探索研究的，一种是正在设计和试制的，一种是定型后小批生产的。

航天研制生产经验不断丰富，又逐步将“三步棋”发展为“四个一代”，即“探索一代、预研一代、研制一代、生产一代”，使得航天型号研制工作形成一个完整的从储备积累到跨越发展的总体创新进程。

六、航天专业所/厂发展中运用的系统工程理念

航天工程是一个在系统总体思想指导下，多学科、多专业有机结合的综合技术体系，是典型的大规模复杂巨系统。回顾中国航天发展史，中国航天在技术创新和工程实践的摸索中不懈发展，创新提出了一系列航天系统工程的基本理念、体系与科学方法，为航天事业发展奠定了管理部分的理论基础。随着工程实践经验的不断积累，航天系统工程管理日臻完备，并发展成为一种全方位组织管理航天工程系统的科学体系与方法，在发展规划制定、计划管理、大型复杂航天型号工程管理等工作中发挥着重要作用。

实践表明，系统工程理念和方法是组织管理重大工程、重大项目的强有力方法，是航天工程顺利实施的前提和基础，也是指导航天专业所/厂建立和运行的重要方法。一直以来，航天科技工业都非常重视系统工程和顶层设计，重视和加强总体能力。在航天专业所/厂的发展过程中，不仅其自身发展需要秉持和运用系统工程理念和方法，做好航天总体与专业的协同也得益于系统工程理念的指导。随着科学技术的发展以及外部环境的变化，在始终强调重视总体的基础上，应更加关注和加强专业，以及总体与专业的协同创新。诚如“两弹一星”功勋奖章获得者王希季院士所言：“要防止只有工程系统（Engineering System），而没有或缺乏系统工程（System Engineering）的问题。系统工程理念需要航天专业所/厂重视与总体紧密相连的专业技术，唯有吃透专业技术，深刻认识到总体和专业间的紧密联系，才能熟谙系统工程的核心要义。”新的时期也对航天专业所/厂提出了更高要求，系统总体的设计者需要补充专业学科素养，各专业的技术研发人员也需要补充系统总体的知识，共同在补短板、消隔阂上下功夫，有机结合、协同攻关、迭代优化，这才是真正意义上的系统工程。

第四节 航天专业所 / 厂的贡献、定位及作用

航天专业所 / 厂源承航天领域国家科技创新的历史资源和基础，拥有相关领域雄厚的创新平台和人才队伍，始终是航天事业发展的重要力量，为推动中国航天从无到有、从小到大发挥了不可替代的关键作用。

一、航天专业所 / 厂的历史贡献

作为航天科技工业体系的基础单元，航天专业所 / 厂对促进航天科技进步、推动航天科技工业发展做出了重要的历史性贡献。

（一）短期内建立起专业建制的航天科技工业体系

建立一个完整的航天科技工业体系是开国领袖和全国人民的夙愿，是科技发展的必然结果，更是大国航天科技战略必须实现的核心目标[①]。新中国成立初期，毛泽东明确指出“没有完整的工业体系，就不能说有了社会主义工业化巩固的基础”[②]，并提出“中国一定要建立自己的独立的完整的工业体系和国民经济体系，实现经济独立，以保障政治独立”[③]。中国航天科技工业体系的建设，经历了从研究院、工业部到集团公司，从导弹、运载火箭到人造卫星的发展过程，形成了涉及研究、设计、试制、试验、生产全链条的比较完整配套的体系，形成了以北京为中心，覆盖上海、江苏、陕西、四川、贵州、湖南、湖北、甘肃等地，前后方备保、广泛大协作的

---

① 王巍，郭世亮，唐琼 . 深远的起飞——新中国航天事业创建的启示［M］. 北京：科学出版社，2022.

② 毛泽东 . 毛泽东选集（第五卷）［M］. 北京：人民出版社，1991.

③ 中共中央文献研究室 . 建国以来重要文献选编［M］. 北京：中央文献出版社，1994.

相对完备、自成体系的航天工业格局，为航天事业打下了雄厚的物质、技术、人才和文化基础，实现了中国航天科技从自力更生到自主可控再到自立自强的蝶变。

（二）建立了覆盖航天各领域的相对齐全的学科和专业体系

航天创建初期，根据“服务以‘两弹一星’为代表的尖端国防科学技术发展”的要求，统筹考虑学科门类本身的体系结构及发展规律，初步建立了覆盖航天各领域的相对齐全的学科和专业体系，体现出“兼顾长远、系统完整”的理念。在以任务为牵引的背景下，按照国防科技发展要求，航天专业可分为核心学科和辅助学科两大类。当时规划中的核心学科，即发展原子弹、导弹等尖端武器装备所涉及的专业和学科，属于完成“两弹一星”任务的“核心”学科或工具，要求与国防科技需求紧密联系，既包含基础的理论学科，也包括对应的应用学科及技术学科。综合当时“两弹一星”研制任务要求，核心学科体现为物理学、力学、电子学等学科。辅助学科主要为核心学科提供技术支撑，涉及知识门类广泛，既包含基础学科，也包含应用学科和技术学科。辅助学科更偏向于应用工具类科目，可以划分为以下几类：第一类，“通用”学科，不仅能够完成核心学科的辅助工作，还可运用于其他门类学科，普适性较强；第二类，“任务牵引性”学科，为完成任务的学科，专业性较强，用于完成具体科研任务的辅助工作，普适性较弱但应用场景更加丰富；第三类，保障类学科，如天文学、地球物理等，以及延伸交叉类学科，如生物学等①。随着现代科学技术的进步，核心学科和辅助学科的内涵和外延也在发生变化。总体来看，物理（如力、电、磁、光、声、量子等）、化学（如新材料、新能源、生化等）和数学（如算法、人工智能等）等基础学科前沿研究仍是引领尖端科技的“核心”，应用基础学科和技术类的重要支撑学科也还有较多的难题需要攻克，同等重要、不可或缺。

航天专业和学科体系发展至今，大致可以分为总体专业（飞行器总体、

---

① 保障类学科虽然与国防科技需求关系较远，但这些学科的进步关系着核心学科成果的完成度，从某种意义上讲，辅助学科与核心学科同样重要。

轨道 / 弹道工程、结构力学等）、骨干支撑性专业（动力、导航制导与控制、遥测遥控、有效功能载荷、雷达与无线电、通信与网络、集成电路与计算机软件等）、专业性基础专业（如空气 / 水动力学、测试、试验等），以及情报、计量、可靠性等共性基础专业。

（三）建立了总体和专业有机协同的航天科研组织体系

在不同的历史时期，因不同的外部环境、国家利益诉求以及自身发展的需要，我国适时调整航天科技工业的科研组织布局，业已建立了总体院所和专业院所有机协同、互相支撑的创新体系，是在系统总体理念指导下，多学科有机结合的综合技术体系，为促进国家安全、航天发展提供了强有力的保障。尤其是在航天事业创建初期，总体院所和专业院所被置于同等重要的位置，重视总体院所建设的同时，也极为重视专业院所的建设和发展。

（四）建立了服务航天的完整配套的大型试验能力体系

中国航天事业创建伊始，党中央就下决心建立属于我国自己的、独立的航天工业体系，这一目标的实现需要具备与航天系统工程相匹配的生产能力，以及作为后盾的复杂力学环境和空间环境的试验设施设备等。随着航天事业的不断发展，中国航天试验技术在实践中得到了长足发展，并逐步形成了一整套从零件、元器件到部组件，从单机到整弹、整箭、整星的系列化的、独立完整的试验能力体系①，成为当今部署配套齐全、系统完备、功能先进的现代化航天试验设施体系的基础。随着航天装备向更快、更远（深空）、更深（水下）、更恶劣环境（力磁热声光电）发展，试验技术也不断更新迭代，试验能力体系在航天事业中的重要地位和作用愈加显现。

（五）建立了支撑航天事业发展的专业技术人才队伍

纵观航天专业所 / 厂人才培养体系，专业所 / 厂学科“工具化”和

① 张钧 . 当代中国的航天事业［M］. 北京：中国社会科学出版社，1986.

“专门化”特点十分明显，以服务于确定任务为目标，集中体现在“专”“全”“高”。在人才培养模式方面，坚持“理论联系实际”，“长学制、打基础、重实践”是中国航天人才培养方式的三大突出特点，体现在理论和实际并重，既要理论基础扎实，也要解决实际问题能力强。“两弹一星”工程实施期间，大中专院校毕业生的职业生涯起点往往从生产一线开始，与一线工人同学习、同工作、同生活。在充分了解生产运作流程后及时补充到尖端科技发展的重要岗位上，弥补了新中国成立之初我国尖端科技发展人才的缺口。这些当时的高校毕业生，很多人在我国科技发展历程中留下了浓墨重彩的一笔，成为新一代科技专家、国防科研战线上的领军人物。

二、航天专业所 / 厂的时代定位

航天专业所 / 厂的不断改革、创新和发展，奠定了航天专业所 / 厂在航天科技发展史上的历史地位。正如美国第三任总统托马斯·杰弗逊（Thomas Jefferson）所言：“每一代人都需要一次新的革命。”[①] 进入新时期，中国航天事业肩负着建设航天强国的重大使命，面临着更为复杂的多重考验。航天专业所 / 厂要深入落实党和国家进一步全面深化改革的战略部署，站在新的历史方位和新的视角对自身发展进行再认识，努力在新时期做出更大的贡献。

（一）航天专业所 / 厂是型号研制生产的主力军和“基层部队”

航天型号装备属复杂大系统，通常由数以万计的零部组件构成，无论是型号研制生产涉及的配套产品数量，还是人员构成、资源规模，专业所 / 厂都占大头。航天型号装备战术技术性能的实现，很大程度上取决于配套产品的性能和可靠性。历史表明，专业所 / 厂始终是型号研制生产的主力军和“大部队”，是新时期航天科技工业的基石和底座。

① ［美］托马斯·杰弗逊. 致乔治·华盛顿的信［Z］. 1787.

（二）航天专业所 / 厂是支撑航天科技工业长远发展的关键基础

航天产品对精度、寿命、可靠性、环境适应性等的高要求，通常需要尖端技术、特殊工艺予以实现。航天事业发展依靠基础专业持续创新，核心基础专业技术的突破对企业自身和行业发展及国民经济都有长远支撑作用。例如，结构及飞行动力、耐热及热控、火工品、传感器、信号传输及数据处理、自动控制等设计技术，以及基础材料、改性材料、精细化工、精密加工、特种加工、光学加工、精密成型、精密装配、精密连接、电子装联、无损检测等制造技术。新时期，航天专业所 / 厂必须瞄准科技和产业发展制高点，强化基础和应用基础研究，前瞻布局原创性、引领性科技攻关，持续夯实专业基础，保障核心专业和航天事业的长远发展。在和平时期，涉及国家安全的专业产品可以依靠社会分工协作。但在对抗博弈时期，尤其作为后发国家，还将长期处于被封锁、被打压的地位，应在发挥市场经济规律作用的同时，在战略支撑性、基础性核心专业技术上坚持自力更生、自立自强的原则，有组织有计划地保留一批应对可能的“惊涛骇浪”的保底性、种子性专业所 / 厂，确保航天核心专业和航天事业的长远发展。航天专业所 / 厂面向行业细分市场，以高端和特殊应用的定制化、小批量生产为主。在市场充分竞争的情况下，更要持续不断地加强专业基础发展，充分发挥好专业所 / 厂的原创基地作用、拓展主业作用、学科带动和引领作用。

（三）航天专业所 / 厂是先进技术链、产业链的关键环节和社会化协作的纽带

在航天工程型号系统中，单个所 / 厂的产品占比不大，但不可或缺。任何一个环节的缺失，都会直接影响整个工程的实施进度；任何一个环节的疏漏，都可能造成箭星俱焚的灾难性后果。航天专业所 / 厂的技术门类多，与产业链上下游企业联系紧密。既受上下游企业的制约，又对上下游企业形成技术和产品需求牵引。专业基础技术的突破，支撑和推动型号总体研制，对上游企业的牵引主要体现在材料、通用部件、元器件、计算机软件、基础工

艺等方面。航天专业所/厂的核心竞争力首先取决于技术的先进程度，其生存发展更依赖于技术的不断创新和产品的持续迭代，需要持续的高强度研发投入。

（四）独特的航天专业所/厂文化是航天精神的重要代表

航天专业所/厂广大科技工作者秉承识大体、顾大局，胸怀祖国、放眼未来，淡泊名利、以苦为荣的情怀，随着岁月的沉淀和积累，形成了独特的航天专业所/厂文化，成为航天精神谱系的重要分支。一是奋斗精神。“惟安贫者能成事，故曰咬得菜根，百事可做。”自力更生，把事业的立足点放在自我奋斗上，奋发图强，锲而不舍，锚定事业的目标和方向，形成干事创业的激情担当；艰苦创业，越是艰难逆境，越发斗志激昂，越挫越勇、历久弥坚，这是航天专业所/厂深入骨髓的精神动力，为航天专业所/厂呈现的蓬勃生机提供了无坚不摧的磅礴力量。二是责任意识。航天专业所/厂大多是在基础条件差、投入少、任务重、包袱重的情况下建立、生存和发展的，正是延续传承着与生俱来的高度责任感，使航天科研生产能力迅速提高，也形成了航天专业所/厂核心价值观的精髓。三是奉献观念。无私奉献是军工人的共同价值观，是航天核心价值观的鲜明特征，航天专业所/厂更是甘当配角和幕后英雄，用默默无闻的无私奉献体现了对航天事业的价值追求。四是报国情怀。航天专业所/厂从建设之初，始终怀抱着强烈的报国情怀，始终把国家利益放在首位，肩负着报国的历史使命，也执着地为党、为国家、为人民不断做出贡献。忠贞报国是航天专业所/厂的立身之魂、原始动力、深沉挚爱。

三、航天专业所/厂的关键作用

聂荣臻元帅曾经把新型原材料、电子元器件、仪器仪表、精密机械、大型设备、测试技术、计量技术，称之为科研“开门七件事”，这集中体现了发展专业基础技术的极端重要性。新时期，航天专业所/厂应进一步充分发挥其专业支撑、创新引领、市场主体等作用，这不仅是航天专业所 / 厂作为支撑航天科技工业长远发展的关键基础的重要体现，也是中国航天科技工业内涵式发展的关键。

（一）航天专业所 / 厂的专业支撑作用

航天核心专业是航天科技工业体系中的核心支撑要素和环节。核心专业的确立，应贯彻上下联动的原则。自上而下，就是从科学技术发展趋势和系统总体需求出发，将系统构成要素分解到核心专业和基础产品层面，根据其对系统性能整体最优的贡献度进行排序。自下而上，就是从核心专业和基础产品自身的技术发展趋势进行分析，对不同技术路线的产品应用前景进行全面评估，为系统总体设计提供基础数据和决策依据。自上而下是国家需求牵引，自下而上是专业技术驱动，上下联动方能做到整体最优。强化核心专业地位，不只是争取型号任务和预研经费方面对专业技术的扶持，更要注重发挥核心专业对应用技术持续创新的支撑和引领作用，赋能专业所 / 厂对核心技术研究必要的自由裁量权、对总体方案设计的参与话语权、对分系统和单机研制技术路线的部分选择权。

航天专业所 / 厂的专业支撑作用主要体现在其是核心专业技术发展的实施载体。在资源有限的条件下，秉承并强化中国航天“突出重点、基础先行”的发展理念，加强基础专业建设先从核心专业抓起的思想，越是基础，越要先行。航天人在长期实践中创造了针对型号系统“动力先行”，针对分系统“元器件先行”，针对共性基础技术“材料先行”的工作方法。新型号研制应是充分利用已有的基础技术研究成果，把重点放在技术集成，即系统功能性能实现，而不是“临时抱佛脚”，把时间和精力用在总体设计与专业技术同步攻关上。

型号研制中的产品配套关系并不代表技术和学科的从属关系，跟随式研究永远改变不了被动地位。航天专业所 / 厂唯有奋发图强、主动作为、自立自强，才能获得总体的认可和技术的尊重。实现这一目标，需要专业所 / 厂超前布局，对本专业技术发展趋势做出科学判断，确保投入强度。总体单位要全面掌握专业基础技术研究进展和预期取得的成果，对系统集成拟采用的新技术和验证场景提前做出安排，预留兼容或拓展应用接口。如美国的“先进动力”等基础研究早于型号应用 10 ～ 15 年，并持续迭代；华为公司提前 10 年以上布局操作系统、基础芯片和 5G/6G 技术的最基础、最核心技术，随着研究的深入和应用的进展，逐步拓展研究广度、增大技术难度、加大投入强度。

（二）航天专业所 / 厂的创新引领作用

航天专业所 / 厂具有科研机构和企业的双重身份和属性，是引领航天科技创新和产业创新的重要力量。作为前沿技术与应用基础研究、尖端技术应用研究和成果应用的排头兵，航天专业所 / 厂具有很强的创新能力、创新实力和创新优势，有能力、有条件在创新引领方面有更大作为。

长期以来，航天专业所 / 厂以长远发展利益和国家利益为重，坚持“打基础”和“追前沿”并举，承担着引领专业技术发展、创造人类航天文明的使命，努力掌握专业和行业的“话语权”，履行好国家战略科技力量的责任和使命，当好创新攻坚的“特种兵”、新型举国体制的“主力军”，奋力攻克航天工程中的“老大难”“卡脖子”问题,着力解决影响发展的底层技术卡点、痛点、难点问题，为专业和产业发展提供源源不断的创新动能，成为夯实国防安全、科技安全、产业链安全的战略基石。

面对国外对我国先进科技发展的严酷遏制和产业链封锁，面对时代赋予的实现高水平科技自立自强、建设航天强国的新使命，面对新材料、新能源、物联网等新兴技术和产业的迅猛崛起，面对数字化制造、智能制造等新模式掀起的新一轮工业革命，以及人工智能、量子技术等颠覆性技术带来的严峻挑战，航天专业所 / 厂必须彻底摒弃“守摊子”“抄老路”思想，从跟随式、被动式创新向原创性、主动性创新转变，超前布局、前瞻研究，努力引领专业技术前沿。

（三）航天专业所 / 厂的市场主体作用

航天专业所 / 厂是航天最具活力的市场主体力量的重要组成部分，对推动航天领域市场化运行和改革发挥着基础性和引领性的支撑作用。在改革和实践中，“如何尊重市场法则”“如何用市场手段解决专业所 / 厂发展问题”，以及“如何让市场在专业所 / 厂的资源配置中起决定性作用”，是促进专业所 / 厂成为我国航天产业发展的重要参与者和技术进步的有力推动者需要思考的问题。但当前专业所 / 厂仍一定程度存在对市场规律的研究和掌握不深、不透，对运用市场化手段配置资源的水平不够高、不够丰富，应对激烈竞争的核心竞争力不够强、不够实，产业规模和自我良性发展的产业基础不够大、不够牢，市场化主体作用发挥的程度不够充分等问题。

新时期，进一步强化专业所 / 厂的市场主体作用是时代所需。面对外部复杂的环境和激烈的市场竞争，航天专业所 / 厂要想充分发挥市场主体作用、谋求长远发展，既要充分借力，主动推动体制机制等发展环境转变，补齐短板、提升能力；还要立足自我，做好自身在创新链和产业链上的定位，主动走向市场，直面挑战和竞争；又要卧薪尝胆，练好内功，不断优化内部运行机制，增强活力，强化内生动力；更要敢为人先、拥抱改革、先行先试，积极探索吸引社会投资改善经营困境、利用社会资源开展核心关键技术攻关的途径。

发挥航天专业所 / 厂的市场主体作用，还需把握好几个主要原则：一是科技引领、创新驱动。航天专业的使命和特色就在于高科技特征，其长期可持续发展的根本动力在于不断创新。二是深耕专业、突出主业。领域跨度越大，管理的复杂度越高，战线过长反而影响经营效能。三是形成拳头、快速迭代。一旦决定进入某个产业领域，就要集中力量打歼灭战，毕其功于一役，切忌蜻蜓点水。瞄准蓝海市场和新兴市场发力，力戒盲从赶时髦、追热点。四是勇于改革、积极开拓。奋力实现跨越发展、突破发展。五是专业互补、夯实基础。发挥企业的创新主体作用，充分利用外部优质资源，与高等院校、科研机构等联合开展专业基础和应用技术攻关，实现优势互补。

第二章 企业重组的理论与实践

易者，变化也。变动是事物发展的永恒主题，静止则意味着消亡。研究航天专业所/厂的重组问题，就是研究航天专业所/厂改革、发展和变化的规律，研究航天专业所/厂如何在内外形势变化中始终保持并增强优势。“重组”问题并非只存在于航天专业所/厂，它是组织或机构运行一段时间后，为了适应社会和经济发展新环境变化都需要做的变革和调整，这是各行业、各领域发展中的共性问题。

认识和把握航天专业所/厂的重组问题，需要从理论和实践两个维度入手。在理论维度，系统梳理与重组相关的管理学主流理论，提炼这些理论对航天专业所/厂重组的指导和借鉴意义，形成可以对指导航天专业所/厂重组和创新具有普适性的理念和方法论；在实践维度，借鉴现代企业成功重组的实践案例，与中国特色航天工业发展经验以及新时期航天强国使命相结合，思考新时期航天专业所/厂的定位和作用及重组的重要意义，探讨航天专业所/厂重组与创新过程中需要重点解决的若干关键问题，总结航天专业所/厂重组的本质内涵与规律，提出新时期航天专业所/厂重组与创新的主要思路和举措。

第一节 与重组相关的基础知识

企业战略重组是企业提高竞争力并获得、保持竞争优势的重要途径[①]。重组或企业重组[②]（Restructuring）是现有企业对目标、资源、组织体制的重新定位、重新配置、重新构造和调整，以适应内外部环境变化，逆境求生，保持和创造竞争优势的过程。公司重组围绕业务、地域、资本和组织四个维度开展一系列的扩展、收缩与调整，通过一系列的创建、并购、剥离、分立、分拆、置换等活动构造新的业务组合、财务结构与组织体制[③]。企业在战略层面通过对业务、组织结构以及财务等方面的战略调整实现企业全面变革，促进企业机制转换与结构转换，化解企业的生存危机，重塑企业的竞争优势，为企业构筑起持续增长的平台[④]。企业重组按内容可划分为业务重组、财务重组和组织结构重组，业务重组和组织结构重组是战略管理领域对企业重组进行研究的内容[⑤]。

一、企业重组的概念内涵

目前，学术界对于组织重组的定义尚未达成共识，主要表现为工商管理学和公共管理学对于概念的理解存在差异。工商管理学的主要研究对象

---

① 崔世娟，孙利，蓝海林．企业战略重组理论综述［J］．江苏商论，2008（10）：110-112.

② 本书中企业、组织、所 / 厂、单位、公司等都泛指具有独立法人资格的企事业基层单位，为与不同领域常用术语表达习惯一致，在不同的语境中采用不同的称谓。

③ 毛蕴诗．全球公司重组：案例研究与中国企业战略重组［M］．大连：东北财经大学出版社，2004.

④ 毛蕴诗．加快国有企业战略重组［J］．决策与信息，2005（6）：33-34.

⑤ SCHENDEL D. Introduction to the summer 1993 special issue on “corporate restructuring” ［J］. Strategic Management Journal. 14，1993.

是企业，因此组织重组（Organizational Restructuring）通常作为公司重组（Corporate Restructuring）的一种概念加以讨论。美国管理学教授爱德华·H. 鲍曼（Edward H. Bowman）和哈比尔·辛格（Harbir Singh）认为组织重组是指“通过组织结构的重大变革来提升公司的效率和效果”①。以弗雷德里克·莫舍、莱斯特·萨拉蒙、许南雄等为代表的公共管理学学者对于组织重组则有着不同的见解。弗雷德里克·莫舍认为组织重组是“当组织落后且不合时代或组织间相互关系无法以循序渐进的方式进行改变时，其所进行的结构性变革，包括职位的增加、任务的重新安排、现职人员的变动和预算的增减”②。萨拉蒙将组织重组定义为“机关组织结构或程序在组织中地位的改变”③。许南雄则认为组织重组即“改变组织结构、体制与职能运作方式，……行政机关的组织重组涉及组织法的修正，包括裁撤、合并、升格、缩编、隶属关系改变、职权调整等组织设计的问题”④。综合以上学者的理解，组织重组是指有计划地在整个组织内部对于不合时宜的结构、任务、程序和关系做出的变革。因此，组织重组的内涵应包括以下四点⑤：一是从动因上看，组织根据其内部和外部环境变化选择重组；二是从内容上看，组织主要从结构调整、任务变更、程序转变和关系协调四个方面进行重组；三是从范围上看，组织重组的涉及范围较为广泛，多为整个组织范围内的重组；四是从结果上看，组织重组带有一定的预期目标或目的。

组织重组的促动因素是学者们研究的重点。美国企业史、战略管理学家

---

① BOWMAN E H，SINGH H. Corporate restructuring：reconfiguring the firm［J］. Strategic Management Journal，1993（14）：6.

② MOSHER F C. Government reorganizations：cases and commentary［M］. Indianapolis，IN：Bobbs-Merrill Company，1967（15）：494-496.

③ SALAMON L M. The question of goals［M］//Peter Szanton（ed.）. Federal reorganization：What have we learned? Chatham NJ：Chatham House Publishers，1981：59.

④ 许南雄 . 行政学术语——公共行政、公共管理、公共政策词汇［M］. 5 版 . 台北：商鼎文化出版社，2010.

⑤ 姜泉旭，马晓娟 . 组织重组理论视域下美国国防情报局历次重组的促动因素分析［J］. 情报杂志，2022，41（12）：16-23.

艾尔弗雷德·D. 钱德勒（Alfred D. Chandler，Jr. 1918—2007）[①]在分析美国企业重组活动时，提出如下观点："在20世纪70年代和80年代，重组已成为美国工业中主要的活动——通过重组来缓解早些年无约束多样化的压力，同时也使许多美国企业得以轻装上阵去迎接不断强化的竞争。通过削减分布的数量，并将其资源集中于企业具有最强生产、销售和研究能力的产品和工艺，旨在结束高层经理与执行经理的分离。这种重组是作为长期战略规划的一部分而进行的。"[②]弗雷德里克·莫舍认为导致组织重组的因素包括：组织规模发生变化；组织面临的问题和需求出现改变；政府的管辖权出现调整；技术的使用；专业人员资格条件的提高；机关采取新的政策[③]。巴里·博兹曼（Barry Bozeman）[④]等认为组织重组的原因包括追求经济性和效率、政策的调整、政治上的回应、政治的象征和司法介入[⑤]。

西方管理学的企业重组理论以追求利润最大化为根本目标，更侧重于资本重组、经营模式重构，中国航天专业所 / 厂重组则以核心专业发展的国家利益和社会责任为重，兼顾自身发展利益，更侧重于专业能力和资源整合。两者既有一定的借鉴性和相似性，也有实质的差异性和特殊性。本书航天专业所 / 厂重组既包括研究所和工厂两类主体的整合重组，也包括研究所或工厂内部的资源重组，以及研究所与研究所、工厂与工厂、公司与公司间的分立、合并等。

---

① 艾尔弗雷德·D. 钱德勒（Alfred D. Chandler，Jr. 1918—2007），美国企业史学家、战略管理领域的奠基者之一。其代表作包括《战略与结构：美国工商企业成长的若干篇章》《看得见的手：美国企业的管理革命》《规模与范围：工业资本主义的原动力》等。

② 艾尔弗雷德·D. 钱德勒. 战略与结构：美国工商企业成长的若干篇章［M］. 北京天则经济研究所，北京江南天慧经济研究有限公司，选译. 昆明：云南人民出版社，2002.

③ MOSHER F C. Government reorganizations：cases and commentary［M］. Indianapolis，IN：Bobbs-Merrill Company，1967（15）：494-496.

④ 巴里·博兹曼（Barry Bozeman），美国亚利桑那州立大学技术政策与公共管理教授。

⑤ BOZEMAN B，STRAUSSMAN J D. Public management strategies：guidelines for managerial effectiveness［M］. San Francisco， CA：Jossey-Bass，Inc，1990：145.

二、企业重组经典理论及其对航天专业所/厂重组的借鉴意义

（一）经典理论回顾

20世纪，全球企业重组的实践与成功引发了学者们对企业重组的理论、动因、内容、方式、效果进行研究的热潮，为研究航天专业所/厂重组和创新提供了有益参考，有助于对航天专业所/厂重组的重要性、必要性及其内涵和外延等给出更全面、深刻的界定和系统性思考。

1. 边界理论

英国经济学家罗纳德·科斯（Ronald H. Coase）等学者用“边界”来分析企业的存在、解释企业性质问题。1937年，科斯首先提出用交易成本概念诠释企业的存在及其边界问题。他认为，“市场的运行是有成本的，通过形成一个组织，并允许某个权威‘企业家’来支配资源，就能节约某些市场运行成本。……在这个组织中，他可以以低于他所替代的市场交易的价格得到生产要素”①，“采用一种替代性的经济组织形式能以低于利用市场时的成本而达到同样的结果……在企业内部，生产要素不同组合中的讨价还价被取消了，行政指令替代了市场交易……只要企业的行政成本低于其所替代的市场交易的成本，企业活动的调整所获的收益多于企业的组织成本，人们就会采用这种方式”②。

科斯认为企业的边界取决于企业内部边际组织成本与市场交易的边际交易成本的对比。当企业内部成本高于市场交易成本时，企业边界将趋于缩小；反之，企业得以存在或扩充边界。现实中，企业经常面临兼并、收购、剥离、出售等资产重组问题。一方面，企业兼并重组可以迅速扩大企业规模，从而使企业获得规模经济、范围经济等产业优势；另一方面，企业兼并重组带来的企业规模过度扩张，又会使企业出现成本过高、效率低下的情况。从企业

① COASE R H. The nature of the firm［J］. Economica，1937（4）：368-405.

② 科斯. 财产权利与制度变迁：产权学派与新制度学派译文集［M］. 上海：三联书店，1994.

边界视角来看，企业战略重组的实质就是企业优化有效规模边界的过程，是企业系统适应复杂多变的环境自我演化的结果。换言之，企业重组的最终极限就是企业有效边界的尽头。战略重组是企业边界变化的原因，同时又是边界变化的结果①②。

边界理论也同样适用于航天专业所 / 厂。通过重组，航天专业所 / 厂（含内部部门和实体）的有效边界（业务分工、职责界面）不断得到优化，重组的完成可以看作是航天专业所 / 厂新的有效边界的形成，是其为适应内外部条件和环境变化而进行的自我演化的过程。

2. 委托代理理论

委托代理理论，亦称“经理的企业”理论，是有关所有权与控制权关系的理论。现代公司理论重点研究出资者、经理以及其他利益相关者之间的关系，特别是解释现代公司上层经理的行为，以及在此基础之上形成的如何使公司经理能够对公司资源的其他贡献者负责任的问题，即相应的现代公司治理问题。

由于企业所有权与经营权相分离，所形成一定的委托代理关系会产生代理成本。这种所有权和经营权的分离是要在一定的契约条件下进行的，而订立、执行和监督合约是有成本的③④，成本包括：1）构造一系列合约的成本；2）委托人对代理人行为进行监督和控制的成本；3）保证代理人进行最优决策，否则将就次优决策的后果保证委托人予以补偿的契约签订成本；4）剩余损失，即由于代理人的决策和委托人福利最大化的决策间发生偏差而使委托人遭受的福利损失。剩余损失还可能是由于合约的完全履行成本超过其所能带来的收益而造成的。

---

① 王昶 . 企业集团战略重组决策研究［D］. 长沙：中南大学，2005.

② 张子健 . 企业边界的重构：兼并与分拆［D］. 湘潭：湘潭大学，2006.

③ 于克信 . 国有企业改革过程中的管理重组研究——一种打破并重构组织惯例的理论模型与实证分析［D］. 上海：复旦大学，2004.

④ 陈泷 . 我国上市公司并购重组的理论分析及实证研究［D］. 北京：对外经济贸易大学，2004.

当前，航天专业所/厂重组与创新的时代背景之一是计划经济体制下积累至今的弊端逐渐显现，突出表现为具有较为明显的大企业病，以及管理层和职能人员的行政化。航天专业所/厂的管理者是由出资者（国家）通过管理层级任命，市场经济体制下，委托代理与任命制间的协调性和职业伦理问题逐渐凸显。针对委托代理问题，航天专业所/厂改革和重组应从建立现代企业制度、完善公司治理结构、优化激励机制、推行职业经理人和经营层契约制考核等入手，在选人用人、授权与监督等方面深化推进市场化经营和改革，从而使航天专业所/厂真正成为市场的主体。

3. 资源观及核心能力理论

资源观认为企业资产与公司是相联结的，资产包括：能力、组织过程、公司特性、信息以及知识（Barney，1991）。企业的物质资产与企业战略性结合，就会产生战略的以及运作的协同（Chatterjee and Wernerfelt，1991；Hill et al.，1992；Hoskisson and Hitt，1988）。重组可以促进公司资源的协同效应（Donald D. Bergh，1998）。按照核心能力理论的观点，企业内部真正的核心在于创造核心能力的那一部分，而那些不体现核心能力的部分可以放到企业的边缘，其生产活动可以部分或全部交由市场进行组织。战略重组是企业获取资源和快速积累能力的现实选择。企业通过收购、剥离非核心业务或与非核心有关的职能而实现规模或范围的重组，并在核心能力方面重新认识自己，使企业资源之间形成协同①。

资源基础理论认为各种生产要素都是企业的资源，并把企业资源分为企业内部资源和外部资源，而企业能否获取持续竞争优势关键就在于能否具有资源优势。而企业获取资源的途径无外乎两种：一是挖掘企业内部资源潜力，二是通过外部并购来提升资源水平。能成为持续竞争优势的来源的资源具有4个属性：1）必须是有价值的，即能利用资源环境中存在的机会和（或）化解环境中的威胁；2）必须是稀缺的，这种稀缺性在企业所面临的当前竞争和潜在竞争中都是一贯的；3）必须是不可能完全模仿的；4）必须能被企业

① PRAHALAD C K，HAMEL G. The core competence of the corporation［J］.Harvard Business Review，May-June 1990.

的组织过程加以开发利用[①]。这些属性被看作是企业资源在多大程度上是异质性的和难以流动的指标，因此也是了解这些资源在多大程度上能对创造持续竞争优势有所贡献的指示器。

核心竞争力是一个企业能够长期获得竞争优势的能力。印度战略管理学者查卡尔·凯·普拉哈拉德（C. K. Prahalad）和美国战略管理学者加里·哈梅尔（Gary Hamel）认为核心竞争力是公司所拥有的一项资源，这项资源由整个组织共有，并不归属于组织内部的个人或某个小范围团体；公司核心竞争力的形成包含内部技能与技术，但并不是技能和技术的堆砌，而是技能、技术进行协调和整合达到最优配合方式的结果。这种协调和整合的实现需要催化剂的加入，包括科学的管理技术、有计划的市场调研、新技术的开发、对生产过程的控制、行之有效的营销体系和方法。整合的结果是确保向市场提供了具有竞争优势的产品或服务，突出了核心竞争力构成要素的技术性。

从资源观及核心能力理论看重组问题，可以对航天专业所 / 厂重组和创新有更深层次的认识。重组是航天专业所 / 厂获取资源和快速积累能力的现实选择。通过创新，运用管理手段将资源进行协调、整合、优化，以形成或增强核心能力。一个航天专业所 / 厂重组是否成功，可以通过在重组过程中航天专业所 / 厂是否具备了具有竞争力的资源和核心能力优势来判断。

4. 企业成长理论

企业成长的理论思想可以追溯到古典经济学的分工和专业化理论，古典经济学认为分工和专业化提高了劳动生产率，也促进了企业生产规模的扩大，而这又进一步促使劳动分工的细化，如此循环从而不断促进企业成长[②]。

1959 年，美国经济学家伊迪丝·彭罗斯（Edith Penrose）出版了《企业成长理论》一书，该书堪称是企业成长理论的开山之作，彭罗斯也被公认为是企业成长理论的奠基人。彭罗斯认为，企业就是资源的组合，企业成长是企业资源与管理职能有效协调的结果。因此，在企业成长理论看来，并购重

① ［美］杰伊·B. 巴尼，［新西兰］德文·N. 克拉克 . 资源基础理论——创建并保持竞争优势［M］. 张书军，苏晓华，译 . 上海：格致出版社，2011.

② ［英］亚当·斯密 . 国富论（上）［M］. 杨敬年，译 . 西安：陕西人民出版社，2001.

组既是企业获取外部资源的有效途径，也是企业成长的必然选择。正如彭罗斯所言："如果是一个具有进取精神的大企业，它将一直投入部分资源，努力调查从有利可图的扩张中可能得到的收益，因为以往的经验证明在这充满竞争的世界，扩张是必然选择，而且一定存在能给公司带来利润和成长的机会。"另一方面，企业扩张的动机除了获取资源外，还会源于企业内部生产性服务尤其是管理服务能力的增长。随着时间的推移，从企业的运营中获得的经验导致了知识的增加，这一过程也产生了许多生产性服务，但如果企业无法扩张，就无法利用这些业务。这些服务既为扩张提供了一个内部诱因，同时也为扩张提供了新的可能性①。由此可见，企业为了获取成长经济，有效地利用和配置生产资源，竭力地发挥内部生产性服务能力，重组是企业的理性选择，也是企业成长的必由之路。

航天专业所 / 厂的成长是其有效利用和配置生产资源、有效协调资源与管理职能的结果。在企业成长理论看来，重组与创新既是航天专业所 / 厂发挥内部潜力、获取外部资源的有效途径，也是专业所 / 厂成长和长远发展的必然选择。

5. 协同效应理论

协同效应理论最早由美国著名企业战略管理家伊戈・安索夫（Igor Ansoff）提出。安索夫认为企业各部门价值之和并不等同于企业的整体价值。通俗地解释协同效应就是"1+1>2"的问题。这一理论主要应用于以合并、兼并为手段的企业重组当中。协同效应理论包括管理协同、经营协同和财务协同三个方面。

一是管理协同。管理协同效应是指对两个管理能力不同的企业进行重组，重组后可以提升原本管理效率低的一方的效率，又不会拉低管理能力强的一方的效率水平。管理协同效应表现为：当并购企业和目标企业在管理能力上存在差别，在企业发生并购重组时，企业隐藏的剩余管理能力就会得到充分的利用，在之后的企业融合过程中，双方的管理能力都会得到提升。

① ［英］伊迪丝・彭罗斯 . 企业成长理论［M］. 赵晓，译 . 上海：格致出版社，2007：39，61.

二是经营协同。经营协同效应是指企业进行重组活动所带来的生产经营效率的提高和经营收益的增加要大于重组前企业各自能够达到的收益增长的算术和。经营协同效应在企业并购中主要表现为规模经济。首先，企业在生产环节包含许多设备、技术等相关的固定成本，随着企业生产规模的扩张，会逐渐降低单位固定生产成本；其次，企业可以通过对本企业生产环节上游、下游企业的并购，降低进料成本、运输成本、销售成本和其他流转环节的成本。

三是财务协同。财务协同效应是指企业经过兼并收购等方式的重组后，拥有更多的优质投资机会，企业内部资金流动更为合理，从而增加投资的收益。这种收益是由于税法、会计处理惯例和证券交易等相关规定的作用而为企业带来的财务上的收益。

航天专业所 / 厂改革和重组过程中也一定程度存在不同主体、不同要素的协同问题，既包括西方理论中的管理协同、经营协同和财务协同，还包括在中国尤为重要的文化协同，改革和重组必须要补劣势、强优势，充分发挥融合、协同、创新的持续放大效应。

6. 生命周期理论

生命周期理论将产品生命周期划分为开发、成长、成熟、衰退四个不同阶段，与之对应的企业生命周期也分为起步、发展、稳定、衰落四个阶段，呈现 S 型曲线。企业在不同的阶段所采取的经营策略应该根据该阶段的阶段特征做出调整。

企业周期理论重点研究的是企业发展、稳定和衰落这三个阶段。企业在发展期，市场认可度和市场份额逐步扩大，促使企业加大研发费用、不断扩大规模、提升经营管理能力、提高筹资能力，企业快速发展。当企业进入稳定期之后，市场份额将不再增加，销售收入也开始冲高回落，造成企业整体利润水平下降，在这种情况下，企业可能有五种选择：第一，无所作为或无法有所作为；第二，通过技术创新延续产品的生命周期；第三，开发全新的产品或服务；第四，原有产品向未开发的市场转移；第五，将没有市场前景的业务进行剥离。其中后三种情形都属于业务重组范畴。企业进入衰落阶段的时候，企业财务状况恶化，内部管理混乱，为了能够确保企业继续生存以及长远战略的发展，应该对组织结构进行重组，整合企业资源。企业要避免企业（产品）生命的终结，就应在发展期，最迟也必须在衰落的初期，就积极发展新的、有发展前景的业务（产品），不断跨越 S 型曲线[①②]，实现二次创业。

企业生命周期理论不只是指导航天专业所 / 厂重组和改革工作的一个理论方法，也是其发展过程中问题的诊疗工具。一方面，由于航天专业所 / 厂的发展都会遵循生命周期的基本规律，故可以参照其所处生命周期阶段的普遍特点找出其存在的问题。另一方面，遇到类似问题的专业所 / 厂可能因为处理方式不同，得到不同的结果，故航天专业所 / 厂可以参照效果好的处理方式解决自身问题，而避免效果差的处理方式，以减少试错成本。

7. 组织和流程再造理论

美国管理学家迈克尔·哈默（Michael Hammer）首次提出了彻底的流程再造的概念，他认为再造不是自动化改造而应该是推倒重来。Hammer 与 Champy（1993）合著的《再造企业——企业革命的宣言》一书被认为是业务流程重组（Business Process Reengineering，BPR）的经典论著。书中定义流程再造是对企业业务流程进行根本性的再思考和彻底性的再设计，以使企业在成本、质量、服务和速度等衡量企业绩效的关键指标上取得显著性的进展。Davenport 和 Stoddard（1994）指出，流程再造应该具有更多的选择。Davenport（1995）提出，流程再造不应该是一项一蹴而就的革命，而应该是循序渐进的演变革新，与其采用公认统一的方法，不如因地制宜从企业自身的实际需要出发。

21 世纪初，Hammer（2001）推出的《企业行动纲领》和 Champy（2002）出版的《企业 X 再造》引入了跨组织流程再造的思想，突破传统

---

① ［英］查尔斯·汉迪 . 第二曲线：跨越 S 型曲线的二次增长［M］. 苗青，译 . 北京：机械工业出版社，2017.

② ［美］纽恩斯，布锐恩 . 跨越 S 曲线：如何突破业绩增长周期［M］. 崔璐，译 . 北京：机械工业出版社，2013.

意义上的企业边界，不仅仅局限于企业内部，而是企业与上下游厂商在预测、生产、存货采购、订单履行、财务会计、人力资源、销售客服等流程的整合。

关于企业流程再造的研究不仅仅停留在理论上，众多学者对究竟如何进行流程再造进行了思考。企业不断寻找新的工具技术和策略进行流程再造方面的试验，诸如全面质量管理（TQM）、持续质量改进（CQI）、质量功能展开（Quality Function Deployment，QFD[①]）、六西格玛管理、卓越绩效等。在梅绍祖和 James J. T. Teng（2003）出版的《流程再造：理论、方法和技术》中，重点介绍了 S-A 框架下各个阶段的技术工具，有流程优先矩阵、质量功能展开、流程描述技术、创新技术和 IDEF 模型、作用力场分析技术、成本分析技术（Activity-Based Costing，ABC）。目前关于流程再造的理论和实践探索还在进一步深化中。

新时期对中国航天科技工业提出了新需求，呈现新的发展特征，大批量、规模化、快迭代、低成本研产成为航天装备研制的要求，原有的小批量、多品种、以成本定价的科研模式已然不适应。现代科技特别是信息技术、人工智能技术的快速发展使人们的学习、工作和生产方式发生历史性的变革。航天专业所 / 厂长期分立发展形成的不少固有理念、流程、方法等很不协调，需要进行深度的融合、全面的统一和系统的提升。亟需对组织和流程进行全面的再造，这既是航天专业所 / 厂重组的重点，也是关键手段。

8. 康德拉季耶夫周期理论

康德拉季耶夫周期理论是考察资本主义市场经济历时 50 ～ 60 年的周期性波动的理论，于 1925 年由苏联农业经济学家尼古拉·康德拉季耶夫（Nikolai D. Kondratiev）在美国发表的《经济生活中的长波》一文首先提出。从科学技术是生产力发展的动力来看，康德拉季耶夫周期是生产力发展的周期，这种生产力发展的周期是由科学技术发展的周期决定的。科学技术是一

① 质量功能展开（Quality Function Deployment，QFD）是把顾客或市场的要求转化为设计要求、零部件特性、工艺要求、生产要求的多层次演绎分析方法，它体现了以市场为导向，以顾客要求为产品开发依据的指导思想。

个完整的体系，对这个体系进行适当的划分是分析的出发点。康德拉季耶夫根据美国曾经出现3个通货膨胀及通货紧缩的经济周期波动，认为西方资本主义经济盛衰的长期循环，倾向于重复一种持续50～60年的扩张与紧缩的周期，自此以后经济学界一般称之为“长波理论”。事实上，从西方工业革命近200年来的经济盛衰周期看，可以发现它与科技发展兴衰相当吻合，一些研究周期的学者把这一现象区分为四个阶段，每个阶段大致为50～60年，分别是：1798—1853年，棉花阶段；1853—1908年，铁路阶段；1908—1959年，汽车阶段；1959—2010年，计算机信息阶段。另外，在康德拉季耶夫以前，人们已经注意到经济发展过程中长时段的繁荣与萧条的交替存在着某种规律性。早在中美洲的玛雅文明及古以色列的历史文献中，都记载了灾难和恢复大约为50～60年周期。康德拉季耶夫的贡献在于用大量经验统计数据检验了长周期的设想，从而使之成为一种比较系统的周期理论。因此，1939年经由约瑟夫·熊彼特提议，世界经济学界都接受了用“康德拉季耶夫周期”这一术语指称经济成长过程中长时段的波动。

受康德拉季耶夫周期理论的启发，由于科技发展等的周期性特点，我国航天科技工业和航天专业所/厂发展或许也可能存在一个50～60年的长周期和25～30年的半长周期特点，这个周期由技术创新、资源配置和航天发展态势等多种因素共同驱动。每一个50～60年的周期，由于新科技变革和生产方式的重大变化，就应该考虑进行根本性的改革，而每半长周期（25～30年）则应该做阶段性改革调整，才有可能永葆长盛不衰。

（二）企业重组理论对航天专业所/厂重组的借鉴意义

按照国有资产和国防工业管理要求，结合以上与重组相关的基础理论，对照航天专业所/厂的实际特点和历史经验，运用系统工程方法，有以下几点思考。

1）航天专业所/厂的重组和创新，无论是与西方军工企业、先进科技企业相比，还是与国内以比考机制为核心的高校和中国科学院等学术科研机构、以财富机制为核心的民营企业、以权力机制为核心的政府和行业管理部门相比，在目标、出发点和理念上都有重要的区别，必须走具有中国航天特色之路。

2）在航天专业重组的目标、途径设定等方面，要多学习、吸收和采纳现代重组理论采用的方法论和工具，以便于对航天专业所 / 厂重组中存在的深层次问题给出更科学、全面的剖析。

3）航天专业所 / 厂的重组与改革，有其社会和科技大空间尺度、大时间长度上的历史必然性和规律性，也可以看作是航天专业所 / 厂新的创业，是挑战也是机遇，目标是可持续高质量发展，要在转方式、调结构、提质量、增效益等方面有所作为。要强化市场理念，不断解放思想，以强烈的市场观念和行动力为航天专业所 / 厂高质量转型和持续发展提供动力。

4）准确认识和把握“资源”的含义，对什么是航天专业所 / 厂的“资源”要重新认识和定义。对资源的广义性要有充分的认知，建立动态化、弹性化的资源管理模式。人是最重要的资源，重组和创新要以人为本，以市场为龙头，以科技创新为根本，以组织和流程变革为抓手，全面推进业务、资产、机构、人员、文化等整合与融合，有效解决重复建设、恶性竞争、力量发散等问题，实现融合放大的协同效应。

5）权与利、职与责、管与理再定位、再分配和动态优化是航天专业所 / 厂重组的“牛鼻子”，与西方的边界理论、委托代理理论、资源观及核心能力理论、企业成长理论、生命周期理论、组织和流程再造理论等均有相通和相互借鉴之处。抓好“责任制”及其真闭环落实与企业制度文化建设，把企业中千头万绪的工作同成千上万的人对应地联系起来，做到“事事有人管、人人有专责”，实现行政化人治向组织化自治转变。

三、重组的范围和方式

对于企业重组的分析有不同的方式，所以从不同的角度对企业重组有着不同的分类方法。《公司法》规定的企业重组方式主要有合并、收购、控制权转让、剥离、分立和破产等方式，重点是规范和强化企业治理结构，以委托代理理论为基础，以资产重组为主线。航天专业重组在主体、路径上也有迹可循，大体上可分为战略性重组、产业链上下游整合、专业化整合 3 种重组方式，以“横向合并”强化规模效应，以“纵向联合”实现优势互补，以专业化整合优化资源配置。根据企业重组的内容和形式，又具体划分为业务重组、财务重组、资产（源）重组、组织结构重组、人力资源和企业文化重组，这些形式在企业重组过程中可能单独存在，也可能同时存在，它们相互影响、相互配合，使企业重组工作能够达到预期的目的和效果。

（一）业务重组

业务重组就是从企业经营的业务入手，以企业长远战略目标为出发点，对企业的业务范围进行调整和重组，运用企业重组的手段，将目前亏损的或不适合企业长期发展战略的业务剔除，从而将精力与资源投入到符合长期战略的业务中去，形成新的企业业务组合。业务重组通常使用的手段为收购、剥离、分立等。

业务重组又分为收缩重组、扩张重组以及改变管理方式的重组。收缩的业务重组即采用剥离的方法，缩减企业业务，将一些交易成本高、市场占有率较低的业务售出，将出售获得的资金用于投资其他业务。扩张的业务重组是通过兼并收购等手段，扩展企业业务范围，这里可以是原有业务范围的规模扩大，也可以是新业务的展开。改变管理方式的业务重组是保留业务但将业务形成一个独立核算的单位，采用分立、分拆等手段。

（二）财务重组

财务重组主要涉及企业资产重组与债务重组以及财务政策的改变。财务重组实际上是为业务重组服务的，随着业务的调整通常需要企业资产债务和财务政策做出及时的调整，形成适应业务的财产组合。财务重组的手段包括资产的置换、资产切离、股权切离以及与资产有关的兼并。

（三）资产（源）重组

资产（源）重组分为内部重组与外部重组，内部重组是对企业内部资源进行优化组合、重新调配，从而发挥现有资源的整体效益。内部重组过程仅为企业内部资源配置或管理机制的变化，并不发生资产所有权的转移，如生产线重组。相比来讲，外部重组就是企业买卖部分资源（含技术、人），取得或丧失部分资产控制权。

（四）组织结构重组

组织结构重组旨在解决设立哪些组织机构，具备哪些职能，机构间的相互关系如何处理、协调，管理层人选如何调整等问题。组织结构重组包括两方面：一是对管理结构、管理方法的改变；二是对人员的重组。企业组织结构的重组既服务于业务重组，同时也是业务重组的结果。企业要在日益激烈的竞争环境和变幻莫测的市场中，对各种突如其来的变化做出最迅速的反应，就需要尽可能采用扁平化的管理结构。紧缩型重组在规模过大、管理层级垂直、效率低下的企业中尤为重要。同时，信息技术的广泛应用使得企业可以减少冗员，从而节约大量的人力和管理成本。

（五）人力资源和企业文化重组

人是企业重组的难点和重点，稳定是航天企业重组的重中之重。既要通过组织结构和人员重组，激发人力资源活力，也要采取周全措施和细致工作妥善安置人员，避免发生重大不稳定事件。从表层上看，企业重组主要是对资源的重新配置，但究其本质，重组工作涉及企业利益相关者的利益变动，以及利益相关者在面对利益变动的情况下做出的价值取舍反应，而影响这些价值取舍行为的是以价值观为核心、企业长期经营活动中所形成的企业文化。企业重组（过程中）不可避免地伴随着大量的文化碰撞和磨合。过往对企业重组的研究多集中在对企业的业务、财务和结构上，往往忽视了作为企业软实力的企业文化。对企业文化的重构实际上是针对结构重组进行的，也是为结构重组服务的。许多企业重组失败并不是因为重组的方式错误，而是忽视了企业文化的重要作用。

企业重组后员工是否能够适应新的组织结构，原有的企业文化与新的组织结构是否协调，这都是企业重组过程中需要思考的重要问题。如果企业文化与组织结构产生冲突（员工不接受企业文化），可能造成企业重组达不到预期效果甚至导致企业重组失败。

第二节　航天工业创新研发与制造变革面临的形势要求

进入 21 世纪以来，新一轮科技革命正在孕育兴起，世界科技发展呈现新的大趋势。2021 年，习近平总书记在两院院士大会、中国科协第十次全国代表大会上的讲话中指出：世界科技强国竞争，比拼的是国家战略科技力量。国家实验室、国家科研机构、高水平研究型大学、科技领军企业是国家战略科技力量的重要组成部分。2024 年，全国科技大会上更是明确指出，要培育具有影响力和竞争力的科技领军企业，要聚焦人工智能、新能源、空天等关键领域，鼓励和支持一批科技领军企业联合大学、科研院所的力量，协同攻克科技前沿和新兴领域“卡脖子”关键核心技术，要让央企、国企勇挑重担，敢打头阵，争创原始创新策源地。习近平总书记对人民军工更是明确提出了“坚守强军首责，聚焦主责主业，突出自主创新，优化体系布局，打造人才高地”的总要求。航天专业所 / 厂应当勇当科技领军企业的典型代表和国家科技自立自强的中坚力量。

一、新一轮创新范式变革引发企业科研组织方式产生重大变化

当前，全球科技创新进入空前密集活跃期，各学科领域深度交叉融合，基础性、原创性、颠覆性技术不断涌现，多点突破、群发性突破态势愈发明显。新一轮科技创新范式变革期正在到来，新一轮科技革命背景下“科学—

技术—产业”的创新演化规律愈发突出和明显。科研范式变革和科研组织方式变革是推动科学中心转移的根本力量。新范式代替旧范式，就会开辟新赛道。同时，科研组织方式的演变与范式变革的联系越来越紧密。

（一）面向未来，人工智能驱动的科学研究模式正在演化成为一种新型的科研范式

随着大数据、云计算、人工智能等当代先进信息技术的迅猛发展，科学研究变得越来越自动化和智能化。人工智能技术以其基础性、通用性和革命性特点，已全面融入科学研究的各个环节，既显著提高了科研效率，还确保了科研要求的精确性，成为科学发现的强大助推器。以生物领域为例，AlphaFold 系统已经成功预测了超过 100 万个物种的 2.14 亿个蛋白质结构，几乎涵盖了地球上所有已知的蛋白质，为生物学研究打开了全新篇章。而在芯片工程领域，中国科学院计算所利用人工智能技术实现了芯片的全自动设计，使设计周期大幅缩短至传统设计方法的千分之一，极大加速了研发进程。更为引人注目的是，2024 年度诺贝尔物理学奖与化学奖均与人工智能技术赋能科学研究有关。物理学奖授予了约翰 · J. 霍普菲尔德（John J. Hopfield）和杰弗里 · E. 欣顿（Geoffrey E. Hinton），表彰他们在使用人工神经网络进行机器学习方面的基础性发现和发明，而化学奖授予大卫 · 贝克（David Baker）、戴米斯·哈萨比斯（Demis Hassabis）和约翰·M. 江珀（John M. Jumper），以表彰他们在蛋白质设计和蛋白质结构预测领域做出的贡献。他们开发了一种名为 AlphaFold 2 的人工智能模型，这种模型解决了一个已有 50 年历史的难题。AI for Science 带来的颠覆性变革，打开全新的科学研究范式，从而推动科学发现和技术创新。这些科学突破充分表明，智能化科研正在成为一种新的研究范式。

（二）创新模式也正在从线性模式向协同式、生态式创新演进

在新科研范式驱动下，数字化、网络化、智能化浪潮席卷而来，这一

转变过程中，基础研究与应用研究的界限逐渐模糊，科技创新链条和周期大幅缩短，创新方式也由点状转变为多维螺旋式跃升。通过构建创新网络，创新主体、信息和资源被紧密连接在一起，为技术奇点的涌现提供有力支撑。比如，大模型技术的快速发展正是新型创新模式的典型体现，自 2017 年 Transformer 基础理论模型发布以来，通过构建大规模训练数据、GPU 算力、算法等生态体系，短短 5 年便催生出一个年均复合增速超过 50% 的革命性产业，大模型正在赋能千行百业，将为全球经济贡献万亿美元级的增长空间。

（三）创新联合体是新质生产力的重要组织形式

平台化组织将是新质生产力科技创新的重要载体，通过建立开放、共享、协同的创新服务机制，打破了传统组织的时空界限，实现了创新要素的有效汇集和资源的优化配置。不同背景的创新主体优势互补、相互促进，不仅能够加速科技成果的转化应用，还能够促进与产业链的深度融合。当前，国家已对加强创新资源统筹和力量组织作出部署，有利于推动范式变革。以我国建设的一批高水平新型研发机构为例，这些机构通过实施“建设主体多元化、运行机制市场化、用人机制灵活化”的新举措，在突破关键核心技术、推动产学研转化方面取得了瞩目成就，未来将在更多的前沿技术、现代工程技术、颠覆性技术等领域发挥越来越重要的作用。

（四）科研组织方式不断进行优化和调整

从科研的流程来看，目前的研究工作已不再是单纯的线性模式。随着社会发展速度的加快，技术需求变得越来越强烈，迭代速度也越来越快，这产生了更多以技术需求倒逼科学研究的模式，以及科学研究和产业应用共同推进的研究模式。

新时期科技发展日新月异，变革不再是偶发的涟漪，而是层叠的浪涌，固守陈规、拒绝变革则会与时代脱轨。航天专业所 / 厂必须深刻理解并主动拥抱这一时代特征，将每一次变化视为推动自身成长与进步的宝贵契机，具备敢于挑战传统、质疑现状的勇气，保持敢于提出新颖见解、不懈追求创新方案的精神，构建一种自上而下、深入骨髓的创新思维方式和文化，以改革和重组为契机，主动适应创新范式的变革，推动企业科研生产和组织模式的优化、调整和重塑，从而持续地创造价值、满足市场需求，并在激烈的市场竞争中保持优势地位。

二、以 SpaceX 为代表的商业模式与技术创新引领航天企业变革

在当今科技和产业领域，美国高科技企业家埃隆·马斯克（Elon Musk）的名字被人们用“创新狂人”来诠释其勇于并善于变革性创新的风格。马斯克旗下的特斯拉公司，凭借其领先的电动汽车技术和创新的商业模式，成为全球新能源汽车市场的领头羊。特斯拉不仅销售汽车，还提供了自动驾驶、能源存储等多元化服务，为用户创造了全新的出行体验。SpaceX[①] 是马斯克另一张亮眼的名片。他将太空探索商业化，推出了猎鹰系列运载火箭和可重复使用的猎鹰重型火箭，大大降低了太空旅行的成本。未来，随着太空旅游和太空资源开发的兴起，SpaceX 有望在这一领域创造更多商业价值。

（一）始终坚持运用第一性原理来观察世界和解决问题

第一性原理（First principle thinking）又叫首要原则，是一种思维模式，它要求从最基本的原理出发，通过逻辑推理，找出问题的本质和解决方案，而不是依赖于类比或经验。马斯克是第一性原理的忠实实践者和成功践行者，他曾经说过:“我倾向于从物理框架来研究事物。我们运用第一性原理，而不是类比思维去思考问题，是非常重要的。”马斯克在面对电池成本问题时，没有接受现状，而是回归到问题的本质。通过第一性原理

① 太空探索技术公司（SpaceX），是埃隆·马斯克于 2002 年 6 月建立的太空运输公司。2024 年 4 月，SpaceX 在 2024 胡润全球独角兽榜单中排名第 2。2024 年 9 月，SpaceX 在“改变世界的公司”榜单中排名第 1。

的思考方式，将一个传统行业中的高成本问题转化为一个创新机遇，他深入分析了电池的每一个组成部分，从原材料的采购到生产过程中的每一个环节，甚至包括了运输和供应链的效率问题。这种深入的分析揭示了传统电池制造中的多个成本中心，比如依赖第三方供应商、原材料的多次转手以及生产效率低下等。他意识到，要实现电池成本的实质性降低，就必须从源头上进行改革。因此，特斯拉投资建立了自己的电池工厂“超级工厂”（Gigafactory），这是一个规模宏大的生产设施，旨在整合电池的生产流程，从原材料的处理到电池组的组装，都在一个巨大的工厂内完成，不仅大幅降低了物流成本，还通过规模化生产提高了生产效率。特斯拉还与供应商建立了直接合作关系，减少了原材料采购的中间环节，进一步降低了成本。此外，特斯拉的研发团队还不断探索新材料和新工艺，以提高电池的能量密度，增加循环寿命，同时也在探索电池回收和再利用的可能性，以实现电池生命周期成本的最小化。这一战略的成功实施，使得特斯拉的电池成本大幅下降，同时也推动了电动车的普及。特斯拉的电池革新不仅改变了电动车行业的成本结构，也为整个能源行业提供了新的思考方向。在降低火箭和卫星成本方面，大幅简化发动机和系统总体设计，采用增材制造新技术，大胆采用工业元器件 + 冗余方式替代昂贵的高等级宇航级器件（节省成本 10 ～ 100 倍），利用批量生产的标准化发动机多机并联 + 冗余方式满足火箭的大推力和变推力任务多样化需求。

（二）坚持运用颠覆性创新重塑行业格局

SpaceX 不仅引领着航天技术的前沿，更在商业模式上开创了全新的可能。传统的航天产业往往依赖政府资助和合同项目，而 SpaceX 则打破了这一模式。马斯克认为，如果能够实现火箭的回收和重复使用，就能大幅降低发射成本，从而开启太空探索的新纪元。通过开发可重复使用的火箭技术，大幅降低了航天发射的成本。这一技术革新不仅使 SpaceX 在商业发射市场上获得了竞争优势，也为其带来了可观的收入。SpaceX 投入了巨大的研发资源，开发了能够返回地面的火箭（与航天飞机不同，航天飞机可重复使用但每次返回后维护的成本很高、周期很长，甚至超过单次发射航天飞机的成本，这是航天飞机被淘汰的主要原因）。这一技术的核心在于火箭的一级助推器，它在将载荷送入轨道后，能够进行复杂的机动操作，返回地面或海上平台，实现精确回收。这一过程中涉及的技术创新包括高精度的导航控制、强大的发动机推力调节能力以及复杂的热防护系统等。SpaceX 可回收火箭技术的成功实现，不仅证明了火箭重复使用的可行性，也为 SpaceX 带来了巨大的成本优势。传统的火箭发射成本通常在数亿美元以上，而 SpaceX 的可回收火箭可以将单次发射成本降至几千万美元。其次，SpaceX 在卫星发射和运营领域也取得了显著成就。随着全球对通信和数据传输需求的不断增长，卫星发射市场潜力巨大。SpaceX 凭借其高效、可靠的发射服务，赢得了众多客户的青睐，实现了稳定的收入增长。除了直接的发射服务收入，SpaceX 还通过开发新型航天器和探索太空旅游等领域，进一步拓宽了盈利渠道。例如，SpaceX 的星际飞船项目旨在实现载人火星旅行，这一项目不仅具有极高的科技含量，也带来了巨大的商业机会。此外，SpaceX 采用了垂直整合的生产模式，自主研发了包括发动机在内的大部分火箭组件。这种模式不仅提高了生产效率，还降低了对外部供应商的依赖，进一步降低了成本。值得一提的是，SpaceX 猛禽 3.0 版发动机，颠覆了液体火箭发动机传统设计理念和专业分工，运用数字化设计和先进制造技术，实现了发动机总体结构与组合件结构的高度一体化，如将驱动氧涡轮泵的预燃室设计成环形结构，与氧涡轮泵结构融合为一体，并同时具有大轴力传力功能，省去了传递推力的发动机机架结构。相对猛禽 2.0 版，其结构大幅简化，部组件数量大幅减少，结构轻量化进一步提高，发动机推质比达到惊人的 160 以上。五年时间，三次换代，SpaceX 的猛禽发动机如今可谓是发生了翻天覆地的变化。更为重要的是，猛禽发动机在性能逐代升级的同时，竟然做到了成本不断下降，从第一代的 200 万美元成本到第三代的 25 万美元。马斯克通过 SpaceX 展示了如何通过技术创新和商业模式创新，将一个高成本、低频率的行业转变为一个低成本、高频率的新领域。

与之形成鲜明对比的是，沉疴难愈的波音公司正在考虑放弃宇航业务。这家全球航空航天巨头正在考虑诸多战略选择，出售自己与美国国家航空航天局（NASA）相关的重要航天业务，包括星际飞船（Starliner）以及国际空间站的项目。波音正在彻底输掉与SpaceX的竞争。当初NASA同时选择了波音、SpaceX和洛克希德·马丁公司研发载人飞船，负责接送航天员往返于国际空间站。按照NASA的规划，波音这个巨头老伙伴才是主力，而SpaceX只是个替补方案。然而由于波音公司的核心专业技术大多外协等一系列错误战略导向和管理策略的偏航，波音在面对SpaceX时失去了优势。波音公司宇航业务的陨落给予我国航天科技工业发展最大的启示之一，就是谨防专业技术的空心化。技术自给自足并不仅仅是为了提升专业所/厂的竞争力，更是为了保证航天科技工业的战略安全。当前全球供应链的不确定性和技术封锁趋势日益显现，专业所/厂要加大对自主创新的投入，合理统筹安排好航天企业核心技术链条的内外部布局。

SpaceX的成功推动了世界航天国家从军事航天、政府航天向商业航天转变的热潮。中国的商业航天在国家和地方政府的积极倡导和大力推动下，呈现出快速发展的勃勃生机。以航天科技、星网公司为代表的“国家队”，以航天科工（快舟）、长光卫星、中科宇航为代表的“行业队”，以蓝箭航天、星际荣耀、深蓝航天、零壹空间等为代表的“地方队”和“民间队”，掀起了百花齐放、群雄并起的商业发展热潮，大推力甲烷发动机、可重复使用火箭、低轨星链网等技术进展迅速，相关应用和产业迅速崛起。

三、颠覆性技术变革既孕育巨大机遇又带来严峻挑战

颠覆性技术被称为“改变游戏规则”“重塑未来格局”的革命性力量，对人类社会有广泛且深刻的影响：推动人类文明的演进发展，影响世界强国的更替兴衰，决定一个组织的生死存亡，改变人们的生产生活方式。当前，人类已经站在新一轮工业革命的门口，新一波密集涌现的颠覆性技术浪潮即将来临。当前，全球科技创新进入空前的密集活跃期，重要科学领域从微观

到宇观各尺度加速纵深演进，科学发展进入新的大科学时代；前沿技术呈现多点突破态势，正在形成多技术群相互支撑、齐头并进的链式变革。人-机-物三元融合加快，物理世界、数字世界、人类社会的界限日益模糊。一批重大颠覆性技术正在孕育、发展，不断创造新产品、新需求、新业态，为经济社会发展提供前所未有的驱动力，推动经济格局和产业形态深刻调整，重构全球创新版图、重塑全球经济结构。目前大量的颠覆性技术已经进入成熟期，离应用近在咫尺，获得的商业关注也越来越多，商业机构已取代政府部门成为颠覆性技术研究预测的主力。

新兴颠覆性技术方向主要集中在人工智能、量子技术、信息网络、生物科技、新能源、新材料与先进制造等领域，并且不断融合汇聚，形成了以泛在智能和绿色健康为核心的两大技术集群。这两个集群将成为未来很长一段时间经济社会发展的核心驱动力，能有力应对世界人口与经济持续增长带来的能源需求与环境压力，重塑世界格局、创造人类未来，成为人类追求更健康、更美好生活的重要保障。

从战略性来看，颠覆性技术具有改变游戏规则和重构格局的战略价值，对国家而言，关乎国家竞争潜力、安全与国际地位，对产业而言，关乎企业生存与产业的全球竞争力。我国正处于由高速增长向高质量发展的转折期，已进入需要系统考虑颠覆性技术创新的新阶段，需要从国家战略高度开展颠覆性技术战略研究，谋划变跟随路径为赶超引领轨道，为改变低端锁定困境、引领经济高质量发展、建设世界科技强国提供重要抓手。

从时代性来看，新一轮产业革命与我国经济转型融合共生，颠覆性技术处在喷薄而出的爆发前期，先发机会稍纵即逝，需要抓住当前时间窗口期加强战略研究，推动政府加快布局，并为应对新兴颠覆性技术的密集涌现提供对策。

颠覆性技术的应用扩散对传统社会生产和生活秩序会产生广泛深远的影响，其潜在风险可能会超越政府、组织、社会公众现有认知的极限，不可逆转地冲击国家治理边界与社会管理模式，且不以人的意志为转移，极易引发社会的变革与动荡，需要在国家层面对颠覆性技术应用潜在风险进行识别、判断，超前设计防范和治理机制，增强对颠覆性技术引发变革风险的预警与疏导。

四、新工业革命对制造模式和产业布局产生颠覆性影响

伴随新一轮科技革命掀起的第四次工业革命浪潮为制造业也带来颠覆性变革，在新技术革命与产业变革纵深推进、资源禀赋与力量对比深度调整、产业竞合与经济规划深入演进，国际经贸规则重构、欧美“再工业化”战略实施等多重因素交织影响下，制造业发展面临前所未有的冲击、调整与变革，制造业生态面临重塑。目前，全球制造业领域的生产技术体系、创新制造模式和市场竞争格局迎来了重大变革。以新一代信息技术的广泛应用为特征的新工业革命推动了传统生产方式和商业模式变革，促使全球产业链出现重构。以大数据、云计算、人工智能等为代表的新一代信息技术，成为了制造业发展的强大引擎。随着这些以数字化、智能化、网络化、绿色化为特征的新兴技术在产业链与供应链各个环节上的逐步渗透与融合，制造业的研发设计、生产模式、组织形态、商业模式等正在发生根本性转变。传统“微笑曲线”（Smile Curve）发生变化，“武藏曲线”（Musashi Curve）[①] 重新定义制造环节价值链（图 2-1），国际分工出现新格局。数实融合成为全球制造业竞争格局重构的核心变量，以软件定义、高频创新、以端到端终端用户为中心、进化型组织为特征的特斯拉主义正在颠覆以精益生产为核心的丰田主义 [②]。

---

① 武藏曲线是 2004 年日本索尼中村研究所的所长中村末广所创。根据该研究所对日本制造业进行的调查，发现制造业的业务流程中，组装、制造阶段的流程有较高的利润，而零件、材料以及销售、服务的利润反而较低。如此，若以利润高低为纵轴，以业务流程为横轴，将上述的调查结果绘成曲线，可以得到一个“左右位低、中间位高”的曲线，此即称为武藏曲线，此曲线与微笑曲线在特性表现上全然相反。武藏曲线之所以得名，是因为其形状与日本剑圣宫本武藏的剑术二刀流相似。宫本武藏的二刀流剑术要求剑客左右手各持一把刀剑，形成类似拱桥的形状，这与武藏曲线的形状相似，因此得名。

② ［法］迈克尔·瓦伦丁 . 特斯拉模式：从丰田主义到特斯拉主义，埃隆·马斯克的工业颠覆［M］. 陈明浩，译 . 北京：社会科学文献出版社，2019.

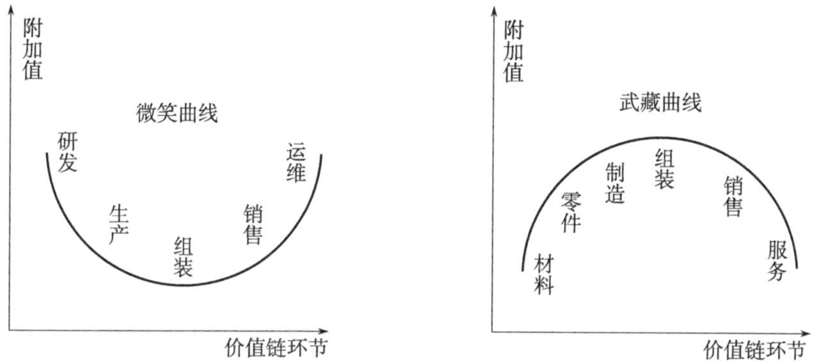

图 2-1 微笑曲线和武藏曲线

美欧主要发达国家希望借助新工业革命的机遇，改造传统生产模式、打造新的业务部门、催生新的主导产业，从而重振制造业并占据未来制造业的全球制高点。其他发达国家和发展中国家将制造业作为经济发展“脱虚向实”的重大战略取向，不仅围绕制造业进行了一系列战略部署，纷纷出台了许多产业政策措施，并且加大了对制造业的投入，以期在信息、新能源、生物等新兴产业领域占据未来产业竞争制高点，从而掀起了一轮制造业竞争热潮。

航天科技工业需要社会化工业基础的强力支撑，产业布局的重大变革会对航天产业链带来冲击，必须主动采取措施以应对可能出现的负面影响，确保产业链、科技链、供应链安全。

1. 通过以提升价值链层次为核心的质量变革，实现制造模式的重大变革

新工业革命形式上对传统生产模式、商业模式、组织模式等产生颠覆性影响，实质上将重构全球产业价值链。通过深化技术合作与自主创新，掌握核心技术，积极培育具有全产业整合能力的区域性价值链“链主”，这是决定中国迈向制造强国的关键点。

2. 通过以夯实供应链基础为主线的动力变革，实现制造模式的重大突破

美国对我国一些企业断供的事实证明，供应链能力将成为未来产业做优

和企业做强的核心竞争力。全面遏制中国高科技崛起，在美国已成为跨越党派分歧的共识，贸易战、科技战、金融战向更大范围内延伸，我国存在着较大的科技链、产业链、供应链“断链风险”，而这必然影响新技术发展，导致全球生产率下降。航天工业必须面对国家整个工业体系“缺芯、少魂、断粮、无锅、停气、阻人”（指芯片、工业软件、特种材料、工业母机、高端元器件、高端人才培养和交流）的严峻形势[①]。在发挥好航天系统长期独立自主专业体系优势的基础上，必须以骨干核心所 / 厂为主导，加大投入，加强基础性专业技术研究和攻关，进一步夯实供应链基础，切实实现科技自立自强和产业链的自主可控。

3. 通过以培育产业链生态为平台的系统变革，实现制造模式的重大创新

多领域、多学科、全方位的创新是推动中国工业化进程、现代化进程以及要素效率提升的关键。应通过系统集成建立我国产业链生态的一种新机制：围绕创新技术转化和应用来培育产业链，建立新型创新联合体，打破部门、行业、院校、企业的体制壁垒，以跨领域开放式创新平台为核心，构筑企业为主体、市场为导向、学研用联合攻关的开放式创新平台，形成“政产学研用服”协同合作的创新生态系统。

第三节　新时期航天专业所 / 厂重组的必要性和紧迫性

重组是市场经济的题中应有之义，是市场经济的常态，更是经济发展、企业成长的基本动力。黄奇帆认为，重组历来是以问题为导向的，是有明确目的的，一般在五种情况下，要启动重组的思维：一是实现超常规发展，需要重组思维；二是化解历史遗留问题，需要创新的重组思维；三是解决广泛存在的问题，需要独特的重组思维；四是遇上爆发性、危机性、冲撞性的尖

① 1999 年，时任科技部部长徐冠华在评价总结中国信息产业的挑战时提出“缺芯少魂”，特指芯片和操作系统。

锐问题时，需要重组思维；五是在社会发展中产生了新政策、新制度、新环境、新条件，企业的活动空间骤然放大，需要有重组思维①。

许多航天专业所/厂在发展中都经历过所/厂分置到合并的历程。计划经济时期，设计所与制造厂是分置的，科研生产由上级统一安排，分工和利益分配明确，所、厂间的合作总体上是顺畅的。市场经济条件下，设计和生产单位因价值取向不同，人员结构、经营理念、管理模式以及员工价值观念、理想信念等方面存在较大差异，业务协调困难，制约专业发展。20世纪90年代开始，航天系统推行专业所/厂合并重组，旨在实现设计所和生产工厂一体化管理。改革重组后专业所/厂均发生较大改观，但传统的思想、观念和行为尚未彻底根除，历史遗留问题未解决的同时又出现一些新问题：有的所/厂合并采用"一边倒"的做法，造成被"吞并"单位原有优势丧失；有的"穿新鞋走老路"，搞"一所两制"，致使内部矛盾难以根本解决，没有完成从发挥"关键少数"骨干力量到发挥全员合力的转变。这些做法既未根本性解决原有结构性矛盾，还带来利益和文化冲突等新的问题。归根结底是对重组的底层逻辑缺乏系统性思考，对重组的方法和手段缺乏体系化安排，对所/厂整合的"物理作用"向"化学作用"转化的途径缺乏整体性规划，导致事倍功半，甚至两败俱伤。

对标新时期新要求，航天专业所/厂在改革重组和科学谋划上还需要进一步总结和发力。从分置到合并重组，专业所/厂启动重组工作基本上都是环境倒逼，是时代的选择。重组，意味着脱胎换骨，意味着需要足够的勇气、责任和担当，唯有锐意改革、勇往直前，持续不断地改革和创新，才能解决问题、走出困境。

一、实现资源与能力有效配置的重要手段

为应对新一轮科技革命给航天专业所/厂带来的新机遇、新挑战，航天专业所/厂重组是实现资源与能力有效配置，打通创新链和产业链以实现价

---

① 黄奇帆. 重组与突破［M］. 北京：中信出版社，2024.

值链乘法效应，疏解结构性矛盾，解决体制性障碍以营造良好发展环境的重要手段。

（一）新一轮科技革命给航天专业所 / 厂带来新机遇、新挑战

习近平总书记在主持中央政治局二十四次集体学习时提出："当今世界正经历百年未有之大变局，科技创新是其中一个关键变量。"当前，新一轮科技革命和产业变革正在向纵深演进，创新机遇孕育在大变局中。新科技革命的核心是数字化、网络化、智能化，网络互联的移动化、泛在化，信息处理的高速化、智能化，计算技术的高能化、量子化，推动生产生活方式全面数字化，这给航天专业所 / 厂带来新挑战，也带来新任务，传统的航天专业所 / 厂能力布局已不能满足。建设航天强国，必须要重塑和强化航天专业所 / 厂核心能力。所以，航天专业所 / 厂的重组和改革不能仅看专业所 / 厂本身，还要放在更宏观的格局中，看行业的体制沿革脉络，看技术的发展演进路线，看市场的竞争格局。

（二）打通创新链和产业链，实现专业所 / 厂价值链乘法效应

重组是市场经济的基本特征和要求。在重组中以市场化为导向进行改革，适应市场化经营机制是提升竞争力的必要条件。不同的经济制度和社会体制下，企业重组行为所体现的内容和形式会有所不同，但其本质应当是相同共通的，即：重组是行为主体为了特定目的对特定要素进行的重新配置。从计划经济到社会主义市场经济的转变，是我国经济社会发展的一项根本性变革，是解放和发展社会生产力的必然选择。社会主义市场经济把资源配置的基本方式从过去的计划配置转变为市场配置，具有了市场经济基本属性。市场经济对重组具有天然的选择性，离开重组，资源配置难以实现。

针对所 / 厂分置的不同法人和经济主体之间的所 / 厂重组而言，所 / 厂重组可以看作是创造力和生产力联合的过程，可使研究（或设计）所的灵活

性和制造厂的规范性互为补充和支撑，消除设计与生产环节之间的信息流、价值流的节流效应和利益对抗，实现整体效益最大化。研究所通过生产利润反哺获得收益，开展预先研究和新技术培育，工厂通过研究所的新技术带动，不断提高产品竞争力，开拓新市场、新领域。

（三）营造良好发展环境，疏解结构性矛盾，解决体制性障碍

改革重组是社会主义市场经济条件下航天专业所／厂发展的必然选择。新中国成立初期“集中力量办大事”的计划经济优势对航天事业的快速发展发挥了重大作用。但发展中也存在一些短板：生产资源高度集中，缺少竞争，缺少灵活性和多样性；决策权高度集中，企业依赖于上级管理机关，完全按照上级指令安排生产，几乎没有独立运营的权利；经济调节主要靠行政手段，供需关系在生产调节中难以发挥作用；分配制度存在缺陷，不易体现劳动价值的区别性，企业、职工均依靠国家，存在“等、靠、要”思想等。

随着社会的不断发展进步，我国经济基础进一步夯实，在历史上发挥了重要作用的计划经济弊端越来越明显，国有企业发展过程中沉淀下来的企业冗员、不良资产、隐性债务等问题，使企业经营深陷困境。国有企业要想解决这些问题，唯一的出路就是改革，而解决问题的抓手就是通过技术和管理的全面创新，打破体制和机制的障碍，实现技术创新与转型升级。

二、建立和完善现代企业制度的重要体现

航天工业企业探寻建立中国特色的现代企业制度[①]之路已然开启，并加速逐步全面打开。对于航天专业所／厂，现代企业制度的完善，不仅有利于航天专业所／厂与市场接轨、与国际接轨，激发经营活力，还有利于航天专业所／厂深化重组工作。因此，航天专业所／厂不仅要注重产品、技术的改善，还要加强企业战略管理，在企业经营管理上实现突破。在探索建立现代企业

① 现代企业制度定义为以市场经济为基础，以企业法人制度为主体，以公司制度为核心，以产权清晰、权责明确、政企分开、管理科学为条件的新型企业制度。

制度的过程中，航天专业所 / 厂既要借鉴国际上先进成熟的现代企业制度的一般准则和规范，吸收国企现代企业制度改革试点的经验和教训；又要根据自身资源禀赋、专业产业、人文环境特点，把现代企业制度的一般原理与航天专业所 / 厂的具体实际相结合，探索一个具有自身特色和专业技术特点的高新技术企业治理模式。

（一）适应高水平社会主义市场经济发展形势

推动企业在全球产业链中向高附加值产业转型，推动产业向更高端迈进，实现经济结构的升级和经济增长方式的转变，保持竞争优势，必须推动构建高水平社会主义市场经济体制①。越高端的产业越涉及先进的技术和复杂的生产过程，对创新的要求越高，面临的风险和成本压力也越大，因此，越需要体制的护航，包括产权保护的严肃性、市场准入的开放度、公平竞争的实现程度以及社会信用体系的完善等，确保创新成果得到合理利用和保护。

（二）机制体制文化并举，主动重塑内外部环境

航天专业所 / 厂发展至今，有些单位不同程度地存在“大企业病”。一方面，员工“动”不起来，被企业困住。企业越大，分工越精细，每个人只为自己的“动作”负责，而不直接为企业的经营结果负责，典型的数据表征就是人力资源效能下降。资源“动”不起来，是静止的、沉寂的，动态性资源调配不够，导致效能发挥不足。另一方面，企业创新乏力，被外部环境“挤沉”。这两个方面对企业的负向影响不是孤立的，有相互叠加的作用。“在万死中寻得一条活路”（“窑洞对”语）的关键在于机制体制文化并举，主动重塑内外部环境。要抓住专业技术快速迭代和更新换代发展机遇，加快技术创新体系和产业格局重塑。

① 贾文静．瞭望 | 社会主义市场经济体制迈向高水平［OL］．新华社客户端，2024.9.14.

（三）有效促进航天专业所 / 厂资源配置和使用效率的提高

航天专业所 / 厂的资源，特别是形成核心竞争力的资源，是否整合到位，对航天专业所 / 厂重组的成功至关重要。资源简单累加的重组可以促进规模迅速扩大，但解决不了资源配置的有效性问题，甚至起负面的作用，降低原有资源配置的有效性。通过专业重组，将一些重要的专业通过新建、合并得以加强，一些不重要的业务、亏损的业务、缺乏前景的专业，通过剥离、分立、分拆等方式得以放弃、弱化，从而实现主业聚焦，核心竞争力提升；通过专业重组，提高航天专业所 / 厂资源的配置效率，避免重复建设、资源争夺和恶性竞争，增强航天专业所 / 厂发展的规模效应；通过专业重组，重新配置航天专业所 / 厂的发展资源，改进生产经营业务模式，有效促进整体资源利用效率的提高，从而提高盈利水平和自我良性长远发展能力。

三、实现航天高质量发展的重要抓手

航天专业所 / 厂重组是有效提升技术创新能力、打通科研生产链条、提升企业综合实力和市场竞争力，实现航天高质量发展的重要抓手。

（一）专业重组有效提升航天专业所 / 厂的技术创新能力

重组使航天专业所 / 厂在相关产业中拥有核心技术以及技术链组合，大大提高技术创新能力，从而提高其核心竞争力。主要的路径包括：积极推进产研重组，实现航天专业所 / 厂科技资源的深度整合，有效壮大研发实力；搭建创新平台，整合内部研发资源，推进研产深度融合发展；赶超和引领专业技术发展，提升国际影响力和竞争力。此外，重组也促进航天专业所 / 厂进行管理创新，而管理创新又会保持并扩大重组成果。

（二）专业重组能够对航天生产科研链条产生重大积极的影响

专业重组可以为航天专业所 / 厂带来积极的协同效应，大大节省所 / 厂之间边界交易成本，实现价值链增值的乘法效应。通过强化航天专业所 / 厂重组，突破原有界限，实现全生产科研链条范围内的重组、互动和整合，形成全链条的竞争优势。有两种方式，一是以航天生产科研链条为基础，按照上、中、下游实现整合；二是以生产科研链条不同环节为基础，对链条的某一环节进行重组。

（三）产业重组可有效提升企业综合实力和市场竞争力

通过各种途径整合专业所 / 厂的人员、技术、产品、市场以及管理等各方面，使得重组双方形成战略、经营、文化和管理等各方面协同：一是通过战略协同，形成所 / 厂一致的战略行动纲领，显著降低市场经营和研发创新的发散性，增加市场集中度，减少恶性竞争；二是通过经营协同，形成管理规范、统一协调的运营管理体系，提高资源配置效能；三是通过管理协同，提高信息流、物流、资金流的运转效率，向管理要效益；四是通过文化协同，建立积极向上的企业文化，凝聚人心，激发活力、动力和创造力。通过多方面协同效应，全面提升核心竞争力和全链条企业竞争力。

第四节　航天专业所 / 厂重组与创新的若干关键问题

矛盾是天下万事万物运动变化和发展的原生动力。“事物矛盾的法则，即对立统一的法则，是自然和社会的根本法则，因而也是思维的根本法则”。毛泽东在哲学名篇《矛盾论》[①] 中全面论述了矛盾的普遍性，这些思想对辩证看待、科学分析航天专业所 / 厂重组与创新问题具有重要指导和启示意义。当前，航天专业所 / 厂发展面临着各种机遇和挑战，不仅历史上积累起来的深层次矛盾日益凸显，还出现了许多新的不确定的问题，新旧矛盾交织、叠加、聚合，成为航天专业所 / 厂改革发展过程中不可回避的新挑战。

① 毛泽东选集（第一卷）［M］. 北京：人民出版社，1991.

一、航天专业所 / 厂发展中的结构性矛盾

在航天科技工业体系中，专业所 / 厂整体上是协同一致发展的，但在实际工作中也存在一些结构性矛盾，需要从根本上把握规律，在实际中具体地、动态地协调优化。

（一）系统总体和专业技术创新发展的结构性矛盾

总体院所侧重的系统集成创新和专业院所侧重的专业技术创新是航天科技创新发展过程中的一对结构性矛盾，呈对立统一关系。不同历史阶段，航天工业发展的主题不同，主要矛盾与次要矛盾、矛盾的主要方面与次要方面也必然不同，在特定的环境下，相互可以转化。

航天工业创建之后的快速发展期属于任务导向型，航天工业发展急需总体战略规划指导和总体设计，对系统集成创新需求高于专业技术创新。在急用先行的总原则下，系统集成创新是主要矛盾，总体院所处于支配地位，受到足够的重视，对航天工业事业的发展起着决定作用。而专业技术创新是次要矛盾，专业院所服务于总体院所。通过这一阶段的积累促使我国航天工业形成了较强的集成创新能力，但也带来了专业院所在具体型号任务上听从总体院所，在专业、产业自主发展等非型号任务中也容易依赖总体、唯总体院所马首是瞻等问题。当前，全球科技创新格局发生重大调整，中国航天迫切需要转变创新模式，加速转型升级从而实现高质量发展。这一阶段突出的问题是原创性创新能力不足、关键技术“卡脖子”和产业链自主可控问题。专业院所作为专业基础技术的主要承研单位，则应由次要矛盾逐步转为主要矛盾，注重发挥其重要的甚至支撑性乃至决定性的作用。但就目前实际现状看，对专业院所的重视程度和有效支持机制远不如总体院所，投入和保障力度很不够，导致专业院所创新动力不足，原创性成效不佳。

（二）保任务和促创新的矛盾

航天产品研究与开发所需的时间较长，设计与生产所需的周期较短，如

果研究与开发能创造充分条件，设计与生产所需的周期即可大大缩短。根据航天创新规律，应着眼于远期发展规划和创新能力提升，提早安排概念研究、探索性基础研究和预研工作。

我国前期航天创新主要是依靠型号技术的短期发展需求来牵引带动，创新动力主要是型号发展与改进，以跟踪发展为主，对未来全球航天创新发展方向的把握有待加强，对航天基础研究领域的投入与积累较少，技术储备不足，技术进步对创新发展的推动作用有限，对于未来 20 ～ 30 年的前瞻性、开拓性规划，尤其是对世界航天发展具有引领性的创新规划不足，缺乏长期持续的创新动力。

进入新时期，对创新尤其是对基础专业的原创重视不足的不利影响正在逐步显现，航天产业快速发展要求与基础研究、技术储备不足之间的矛盾正日益突出。要改变这一现状，真正实现航天大国到航天强国的跃升，建立与我国国家安全和大国地位相称的先进航天科技工业体系，在国际航天领域竞争中保持领先，仅仅依靠跟踪发展、跟着世界先进水平亦步亦趋是难以实现的，必须要将创新作为航天发展的动力源泉，以自主创新和原始创新为长期的发展动力，夯实创新发展基础。

（三）成熟技术与新技术之间的矛盾

航天专业所 / 厂从宏观上、整体上是有创新动机、创新压力和创新动力的，但微观上专业所 / 厂在科技创新中还存在不少有形或无形的阻力，使实际创新工作的成效打了折扣。

航天专业所 / 厂合理有效的创新机制和制度体系还未健全和畅通，资源配置主体在创新全链条上的动态优化能力明显不足，不少所 / 厂还依赖自上而下的行政干预推动创新。究其缘由，创新的利益格局和利益关系没有理顺：一是专业单位之间，因为利益争夺或利益关系未理顺，彼此间存在一定的矛盾，阻碍了创新行为；二是同一单位内部，因为不同群体的利益诉求存在一定的矛盾，导致创新行为在单位内部也可能受到排斥。

特别是，在新旧技术替代的过程中，因为新技术具有一定的颠覆性，往往会冲击现有的认知格局和利益格局，所以不被鼓励和认可。单位内部传统、保守的力量或既得利益团队甚至会形成有形或无形的阻力，来阻碍创新行为，迟滞创新成果应用。技术在位者将有限的资源倾斜地配置于成熟技术，抑制了新技术的发展，人为造成资源配置格局的不合理，技术难以实现快速迭代。适应新旧技术交替动态演化的资源调整机制和合适的资源疏导机制缺失，创新资源难以获得合理的再优化和再分配，暴露出多方面的不适应性。

（四）高度建制化与市场急需之间的矛盾

经过长期发展，我国已经基本建成了较为健全的航天科技工业体系，在全国范围内形成了以科研协作网、生产协作网、物资器材协作网、航天发射试验协作网为要素的航天协作网。继续依靠原来计划经济思路，在传统举国体制下以行政手段为主要方式的社会化协作，是不可持续的。因此，中国航天应积极探索不断改革，将市场的手段与计划的手段有机结合，不断完善型号配套许可制，并与供应链管理相结合，积极探索“小批量”生产的型号配套保障方式，在生产许可、技术支持、人才配备、信息共享、利益分享等方面加强引导，建立市场经济大环境下的新型举国体制，规避行政手段和市场机制双重失灵的创新链 / 产业链 / 供应链风险，使得航天科技工业与其他基础科学、工业部门协同发展、互相支撑、互相带动，共同提升创新效率。

（五）组织和资源的稳定运行与动态调配之间的矛盾

美籍奥地利政治经济学家约瑟夫·熊彼特[①]（Joseph Alois Schumpeter）认为，创新本质上是一个资源重新组合的过程。航天内外部因素不断变化，导致以往的资源配置模式不能满足新环境的诉求，迫切需要不断地调整自身

① 约瑟夫·熊彼特（Joseph Alois Schumpeter，1883—1950），是美籍奥地利政治经济学家，一直任教于哈佛大学，被誉为“创新理论”的鼻祖。其代表作有《经济发展理论》《资本主义、社会主义与民主》《经济分析史》等。其中，《经济发展理论》创立了新的经济发展理论，即经济发展是创新的结果，轰动了当时的西方经济学界。

资源、规模、能力以匹配不断变化的内外部环境。科学统筹各类资源是破解航天专业所 / 厂发展瓶颈的现实需要，而对资源的动态配置规律把握不够是制约专业所 / 厂的深层次原因之一。

1）对资源的有限性和需求的无限性这一永恒矛盾的认识不深入。虽然我国综合国力已大幅跃升，但“人口多、底子薄”仍是不容忽视的国情。新时期，国家赋予航天工业更高期望和更高要求，航天专业所 / 厂发展面临任务重、压力大的严峻态势，而这就对统筹规划、合理布局航天科研结构和能力，科学配置各类资源提出了全新的挑战。如何用最少的投入获得最大的能力，如何对航天资源进行再分配、再运筹和再使用，对航天规模、结构、布局进行再优化，切实化解航天资源配置不平衡、不充分的矛盾，从而实现效率、效益和质量目标最优化是航天强国征程中需要解决的重大问题。

2）没有充分掌握面向市场的资源动态配置规律和机制，导致配置的适应性较差。资源的有限性和稀缺性，要求航天专业所 / 厂的发展必须始终处于资源动态调整、配置和优化的状态，以争取有限资源得到充分利用，最大限度满足航天发展的需要。然而，长期计划经济形成的惯性思维定势，航天系统沿用的传统管理体制和运行机制，都导致资源配置的方式、配置规模与结构、配置的体制机制等对市场快速变化的适应性较差，忽视市场规律的问题仍然突出，资源配置速度和水平滞后，这属于外因。同时，当前航天专业所 / 厂在资源配置过程中的主体角色意识不强、市场竞争意识不强，自主发展信心、活力和动力不足，不能够很好地适应来自内外部环境的变化并及时做出调整，这是内因。

（六）所 / 厂之间文化和队伍的不同与局部诉求的矛盾

航天专业所 / 厂间的文化和队伍有着明显的差异性：研究所以专业技术专家和科技人员为主，工作更富有创造性，具体科研流程中处于上游；而工厂以工艺和技能型人才为主，工作更习惯于较强的计划性，工作流程中处于下游。双方经年累月形成的文化理念、工作习惯、利益诉求具有各自显著的特征和属性。如何团结好不同的人才队伍，如何重塑队伍，如何文化融合、更新和再造都是重组工作面临的重大挑战。

二、影响航天专业所/厂发展的几个重要辩证关系

航天专业所/厂发展涉及的要素是复杂的、多方面的，需要把握好长远与短期、整体与局部、增量与存量、质变与量变、竞争与合作，以及确保型号成功与“高压带电”作业等多个辩证关系，理顺重要关系并确定基本原则，提出化解矛盾和解决问题的新思路、新方法，从而找到通过重组突破航天专业所/厂发展困境的新方向、新出路。

（一）长远与短期的关系

辩证认识“抓长远”与“抓短期”之间的关系。短期任务是航天专业所/厂的生存之基，长远任务是专业所/厂的发展根本，战略上要立足长远，战术上要兼顾短期。

作为航天科技工业不可或缺、国家科技自立自强的中坚力量，航天专业所/厂必须要加强航天专业基础研究和应用基础研究。一方面，要将航天专业纳入国家创新体系统筹，对支撑国家重大工程、引领未来发展的优势基础专业进行重点扶持。另一方面，航天专业所/厂要加大自身的投入力度，搞好中长期布局。

妥善处理短期效益和长远发展的矛盾，还要求航天专业所/厂领导人员坚守“强军首责”，资源配置既要兼顾短期经济效益，又要高瞻远瞩，保障支撑长远发展的战略性需求。组合运用多策略，实施差异化管理和差异化绩效考核。例如，成本中心（研发）以目标考核为导向，在控制总体成本（资源）的情况下，重点关注中长期目标的实现；利润中心（事业部、车间）以费效比为导向，谋求短期效益最大化；专业公司以投资回报率为导向，采取混合所有制结构，实现个人利益和公司利益最大化。发展过程中，思想上要“戒骄、戒躁、戒怕、戒懒”，态度上要“诚心、虚心、恒心、耐心”。把握好“稳”与“快”的节奏和“破”与“立”的力度，逐步消除“时代差”，使航天专

业所 / 厂实现弯道超车，成为行业标杆，努力跻身一流行列。

（二）整体与局部的关系

推动总体和基础专业的协调发展，消除木桶效应。总体要全面布局，支持基础专业超前探索、新技术验证和应用，尊重基础专业领域专家的真知灼见，给予技术路线自由选择权。基础专业要提高自身站位，站在总体和航天事业的高度，跳出专业看专业，主动策划，积极谏言。关注局部之间的协同问题，通过协同实现整体效能最优。通过部组件的优化组合，协调提高产品性能。通过个人、团队、部门间的协同，提高管理效率。通过动态资源配置和协作，实现利益最大化。

（三）增量与存量的关系

增量与存量密切关联，相互作用、相互依存，在一定的条件下会发生转化。存量是发展的基础，增量是势能的体现。存量孕育增量的机会，增量带动存量的发展。实现可持续增长，就需要把握好资源在保存量和促增量之间平衡配置。站在当前时点，需要重新认识和发挥存量和增量的意义与作用，采取有效的政策来优化资源利用，实现改革和重组的帕累托最优①。

航天专业所 / 厂重组中要把握以增量带动存量的基本原则。特别是在重组初期，先以技术创新抓好纯增量，把增量作为推动专业所 / 厂重组和发展的主攻方向。新政策、新要求也在纯增量工作中先行先试，积累经验的同时，让干部职工在较短时间看到创新的成果，享受到改革的红利，从而建立信心、打消顾虑，主动拥抱改革。避改革阻力之锋芒，待质疑和抵触情绪衰退后，再对存量进行大刀阔斧的改造。盘活存量的同时催生新增量，实现存量和增量双促进，达到正反馈的放大效应。

---

① 帕累托最优（Pareto Optimality），也称为帕累托效率（Pareto Efficiency），是指资源分配的一种理想状态，假定固有的一群人和可分配的资源，从一种分配状态到另一种状态的变化中，在没有使任何人境况变坏的前提下，使得至少一个人变得更好，这就是帕累托改进或帕累托最优。

（四）质变与量变的关系

质量互变规律是唯物辩证法的规律之一，它揭示了事物发展的规律，贯穿于航天专业所 / 厂重组和创新中的多个方面：第一，战略规划。通过制定明确的目标和规划来实现逐步的量变，通过量变的积累促进局部质变，量变和局部质变不断叠加，进而实现整体的质变。在重组中发展，在发展中重组，重组与发展相互促进、快速迭代，逐步实现转型和升级。第二，组织结构。统筹规划，掌握节奏，分步、分部实施。“小步快跑不停歇”，多种战法综合运用，积小胜为大胜。第三，经营管理。通过精益管理提高质量水平，通过改善流程提高管理效率，通过全成本核算降本增效。在量变中孕育质变，实现信息化管理、数字化转型、智能化制造等根本性变革。第四，专业与产业。原有领域挖潜搞透，百尺竿头、更进一步。新兴领域超前布局，久久为功、勇立潮头。不断开发新产品、开拓新市场。实现技术、产品和产业转型和升级。第五，人员培养及文化建设。持续开展员工的常态化业务培训和工作作风培养，不断提升团队的整体素质和能力，优化薪酬制度，激发干部职工的创新创业热情，进而营造积极向上的、先进的企业文化氛围，打造学习型组织。

（五）竞争与合作的关系

竞争和合作是与市场经济相伴相生的两种基本形态。竞争与合作相互依存。竞争中不忘合作，合作不能没有竞争。现代市场竞争不再是你死我活，而是更高层次的竞争与合作。现代企业追求的不再是单赢，而是双赢和多赢。有远见的企业家，不仅善于同伙伴合作，还敢于同竞争对手为伍。商界有一句名言——“如果你不能战胜对手，就加入到他们中间去”。

航天专业所 / 厂处于产业链的中游，重组与改革要尤为注重与利益攸关方的合作，包括客户、关键技术拥有方、关键原材料 / 元器件供应商，乃至有互补性的竞争者，主动寻求与掌握核心技术、足以影响企业命运的“关键客户”的合作，共谋长远发展。发展利益要分享，不搞恶性价格竞争，不要利用自身的优势恶意压榨上下游合作伙伴。“先王之法，不涸泽而渔，不焚林而猎”①。不能只图眼前利益，要预留发展空间。产业链上每个环节都健康运行，才能促使产业生态良性发展，整个链条才能得以延续。

（六）确保型号成功与“高压带电”作业的关系

不断增长的航天装备战技指标、确保型号任务成功的政治责任、近乎苛刻的质量要求、压力山大的进度考核、难设上限的社会责任、四面八方的红线要求，都是航天专业所/厂管理者悬在头顶的达摩克利斯之剑。是高要求、严束缚，更是责任和担当，是对“戴着夹板跳舞者”的严酷考验。要求航天人必须练就高强本领，运用高超管理艺术，才能妥善处理好确保“任务”完成与“高压带电”作业的关系，从而达到庖丁解牛“恢恢乎其于游刃必有余地矣”的境界。

针对技术创新、产品研制、质量管理、生产进度等严格要求，一是要全员加强学习，特别是新科学技术、现代管理学等的学习，建设学习型组织；二是要熟练掌握方法论和科学研究与经营管理的工具，如各种思维方法、软件等，提高效率，做到事半功倍；三是要团队作战，广泛协作，积极获取外部智力资源及支撑性资源的支持。领导要以身示范、做好表率。

针对安全、保密、环保、廉政、稳定等管理红线，制定详细实施细则，嵌入到日常工作流程中。确保不触碰红线和底线的前提下，深刻领会上级的要求，结合单位的实际情况，创造性地执行上级的要求。在各项任务分解落实方面，自我加压，留有余地。规定动作做优化，自选动作出亮点。做好进度、周期等重大风险应急预案，确保风险发生的危害度在可预控范围。在管理创新方面，主动争取先行先试的机会，提前享受政策红利。

三、新时期航天专业所/厂重组与创新的主要思路

建设一流的航天专业所/厂，最紧迫的是要适应新的形势和新的要求，

---

① 出自西汉·刘安《淮南子·主术训》。

在更高目标、更大范围、更深层次去谋划和推动重组和创新工作，努力将困难和挑战看成机遇，将重组作为航天专业所/厂提升的机会，进行自我革命、自我纠偏、自我更新，彻底变革。

（一）重点关注的几个方面

结合实践思考，在航天专业所/厂重组过程中需要重点关注的方面包括做好顶层规划设计、秉持系统工程理念方法力求整体最优、充分盘活并动态调配各类要素资源，以及打好重组“组合拳”，实现多维度、体系化的改革。

1. 做好顶层规划设计

深入研究国家发展战略和军事技术变革动向，把握时代发展脉搏，准确研判发展方向。系统做好航天专业所/厂发展的顶层规划和整体谋划，以需求生成为重点，立足航天专业所/厂定位，确定航天专业所/厂发展的总体目标和阶段目标，要坚持重点突破，在整体推进的基础上抓主要矛盾和矛盾的主要方面，梳理现有专业体系，谋划专业发展方向，统筹专业发展技术路线和成果应用路线。科学制定航天专业所/厂发展任务，聚焦和深耕核心业务、核心专长、核心市场、核心客户，始终保持清醒头脑，要更有定力，心无旁骛地把主业做好、做深、做透、做大、做长。制定发展规划，适时迭代、调整，有节奏地推进改革重组工作。

2. 力求重组整体最优

航天专业所/厂改革重组是一项复杂的系统工程，只有准确把握科学技术发展趋势和市场经济规律，坚持系统思维，精准施策，才能收到事半功倍的效果。合并同类并做强，力争重组整体最优。做好不同单位、不同群体的思想工作和文化再造，是航天专业所/厂改革与重组工作的首要一环，需要主动推进改革以适应新环境、应对新挑战，动员不同单位、不同群体，统一思想、统一认识、统一步调，正确认识重组改革的重要意义，凝聚改革力量，全面形成抓改革、促发展的合力，更为务实理性地推进航天专业所/厂改革和重组。

3. 充分盘活各类要素资源

充分评估、调动、运用各类要素，全局性盘活各类资源。航天专业所/厂的改革与重组工作在实际操作层面应有一整套完整、清晰的策略来实现改革和重组的初衷和目的，形成一整套动态的、成体系的作战计划方案，是促使重组工作可以落地的具体路径和举措。瞄准改革和重组目标，分类、连续、滚动实施重组工作。

（1）坚持扬长避短

市场对资源配置发挥基础性作用，重组是市场经济的基本特征和要求。发挥协同效应，使航天专业所/厂重组过程中各要素之间相互协调运作，以实现航天专业所/厂的整体发展。各环节有效协作、发挥优势、扬长避短、有效配合，才能使专业所/厂内部各要素通过相互协作实现整体优化的目标。“滴水不成海，孤木难成林”，事业的兴旺和发达离不开内部、外部资源的支持，闭门造车、坐井观天只会把路越走越窄。要海纳百川，积极争取和调动一切可利用的资源。干事业要自信，更要包容，打开胸怀，用真情、热情、激情去感召和赢得各种资源的加入和支持。

（2）坚持动态整合

随着重组与整合过程的演进，航天专业所/厂重组后整合的各要素产生的作用与功能也在不断发生着变化。从组织到人力资源，从业务流程到管理制度，这些要素都将随着目标与环境的变化不断地变化与发展。航天专业所/厂重组后的整合过程也需要进行不断调整和完善，才能使航天专业所/厂在这种不断变化发展的动态过程中生存和发展，因此，航天专业所/厂重组后的资源整合必须根据企业外部环境和内部要素的变化不断进行调整。

（3）积极引入新技术新手段

2024 年 12 月，中央经济工作会议明确提出的“要以科技创新推动产业创新，特别是以颠覆性技术和前沿技术催生新产业、新模式、新动能，发展新质生产力”，这为新时期加快科技创新、推动高质量发展提供了科学指引。引入新技术、新方法、新手段、新生产方式，是以新质生产力替代传统生产力，推动专业所 / 厂科研生产模式变革，实现质量效率更高、可持续性更强。

4. 打好重组“组合拳”，实现多维度、体系化的改革

改革和重组一定伴随着“阵痛”，会触碰一部分人的“眼前既得利益”，如果这些人没有认识到改革和重组的整体性和长远性，就一定会有“痛”产生，肯定有一个疼痛期，个人和组织都会有“痛”的感觉产生，且每一步都很痛。问题不及时处理，这些痛还会越拖越痛苦，拖得越久问题越严重。为了使改革和重组工作进行得彻底且到位，需要足够的锐气和勇气，就应该有一整套系统性的“组合拳”，分阶段、分步骤、有序且快速地完成全部改革和重组任务，做到“长痛不如短痛”“被动不如主动”。如果改革时间跨度过长，本来一刀解决问题，变成了三刀五口，反复割裂划伤，痛感就会被反复回忆，反复强化。谋划改革和重组的“组合拳”时，要把握好类似“一个季度一个波次、半年一个大的波次”的节奏，立足先做增量，寻找发掘存量中的增量性机会，克服“大企业病”，统筹谋划好改革和重组任务。

市场竞争不断加剧，慢进则退，不进则亡，只有保持清醒的头脑和认识，不断取得实质性进步，才能在激烈的技术竞争、市场竞争中站稳脚跟。航天专业所 / 厂是复杂的系统，其组织结构、生产经营模式和决策过程等均具有层次性。各要素分别处于系统的不同地位、不同层次，不同要素对企业系统的作用和影响也不同。因此在整合过程中不可能一蹴而就，只能分层次、有重点、有步骤地实施。

（二）新时期航天专业所 / 厂重组与创新的方法思路

结合在实践中的思考，深感抓好战略管理、流程与组织再造、市场化经营、技术创新管理、质量管理与先进制造、人才队伍和文化建设是做好航天专业所 / 厂重组工作的立足点和落脚点，是推动重组工作向实向好的关键所

在。本书第三至八章将分别针对这 6 个方面进行论述。

1.“战略管理”是航天专业所 / 厂重组的首要环节

抓好“战略管理”是航天专业所 / 厂领导者不可推脱、不应下放的首要职责。面对新时期改革与重组工作要求，应该坚持统一思想，以先进的理念和文化引领战略管理；坚持战略引领、保持战略定力，做好战略制定和战略实施。

2.“流程与组织再造”是航天专业所 / 厂重组的基础性工作

“流程与组织再造”是航天专业所 / 厂重组工作的基础性工作，也是挑战性工作，是确保成功的“牵牛绳”。为了更好地推动重组工作，做好流程与组织再造，需要效率优先、追求卓越，目标导向、注重实效，“削足适履”、优化固化。结合实践思考，特别需要关注 3 个方面：职能组织结构扁平化变革；市场化手段盘活存量资源；信息化数字化智能化助力转型。

3.“市场化经营”是航天专业所 / 厂重组的龙头工作

市场经济时代，航天专业所 / 厂的领导应当从管理者角色进入经营者角色，更多关注对战略的选择、对形势的判断，并进行创新和资源整合，成为卓有成效的经营者。没有市场合同，就难以发展、难以生存、难以改革。做好航天专业所 / 厂重组中市场管理，需要坚持市场导向，制定科学的市场战略和策略，强化市场研究，创新营销模式，保持强烈的创新意识和昂扬的创业精神。结合实践思考，特别需要关注 3 个方面：坚持市场导向，创新营销模式；制定适宜的市场战略和策略；注重市场队伍的建设与培养。

4.“技术创新管理”是航天专业所 / 厂应对新技术变革的关键所在

技术创新是航天专业所 / 厂发展的核心和动能要素，既是需求也是目的，是航天专业所 / 厂发展中最重要的内容。做好重组工作中的技术创新管理，需要强化技术和产品创新战略研究，做好技术提前布局和滚动储备，强化市场和产业链研究，打通“产学研用服”的创新链和产业链，强化创新专业化管理、人才和科研作风培养，营造良好创新环境。结合实践体会，需要特别关注 5 个方面：坚决把预先研究与型号研制放在同等重要位置；专业发展必须与时俱进、守正创新；高度重视型号牵引并同等关注同行业竞争；借鉴先进理念和模式创新以提高创新效率；创造“以快为先”“嫉慢如仇”的创新机制。

5.“质量管理与先进制造”是航天专业所 / 厂重组的基本保障

做好航天专业所 / 厂重组中的质量管理，应树立新时期的大质量观，坚持质量保证与全流程控制，坚持做好做实技术和管理“归零双五条”（亦称“双归零”），加强工艺与设计协调发展，强化工艺技术基础，加强工艺师队伍建设。结合实践思考，需要关注 3 个方面：树立新时期大质量观；加强工艺和制造本质提升；建设信息化质量管控平台，提升数字化能力。

6.“人才队伍和文化建设”是航天专业所 / 厂重组的核心根本

重组过程中，成功的重组与整合就是要留住和培养能够促进重组后航天专业所 / 厂持续健康发展的关键人才。针对航天专业所 / 厂重组工作的实际需要，应以建立现代企业管理制度为基础，以全面绩效考核及卓越绩效管理为抓手，以树立正确的价值观、方法论和责任心为核心，创建学习型组织，打造和谐企业。结合实践思考，特别需要关注 4 个方面：人尽其才不压制，人尽其用不抛弃；不拘一格聚人才，倾心培养育人才；学习提升不停步，自我管理建团队；守正创新塑文化，自立自强建新功。

第三章

航天专业所/厂重组中的战略管理

战略管理是指对企业全局、长远的发展方向、目标、任务、约束和政策，以及资源配置做出决策和管理的过程。战略之于组织，犹如人脑之于身体。战略有多远，组织就能走多远。“五行不定，输得干干净净”[①]是刘伯承元帅在作战筹划上的一句名言，凸显战略的重要性，精炼而形象地刻画出战略谋划的重要性和关注点，对指导航天专业所 / 厂开展战略管理工作具有重要的启发和指导意义。战略管理是航天专业所 / 厂的第一要务，也是专业所 / 厂领导者尤其是第一责任人不可推脱、不可下放的首要职责，是领导者和管理者们首要的必修课。

① 刘伯承元帅被誉为军神，他提出了“游击战”“五行术”“游击集团”“敌进我进”和“敌后武工队”等军事思想。其中，五行指任务、我情、敌情、时间、地形。这些因素是打仗下决心的基础，是夺取战场胜利的关键。事实证明，任务明，才能决心大、办法多、对策好；了解敌情、我情，才能“知己知彼，百战不殆”；有明确的时间概念，才能抓住战机；地形就是全面掌握外部环境。“五行”相辅相成，缺一不可。全面掌握“五行”，才能谋定而后动，打有把握之仗。反之，五行不定，犹如有目不明、有耳不灵，有脑难用、有腿难行，难免要输个干干净净。

第一节 面临的挑战

中国航天之所以能取得世界瞩目的伟大成就，一个重要原因就是航天的历任领导者始终把发展战略放在首位。从初创时期的起步，到“两弹一星”，再到载人航天、北斗导航、嫦娥探月、天问探火等重大工程的成功实施，都是航天重大科技战略谋划和强有力系统推进实施的结果。作为市场经济中的独立法人和航天系统的独立运营基础性单位，航天专业所 / 厂的战略管理的重要性不言而喻，在专业所 / 厂的重组实践中居于首当其冲的关键地位。

多年来，航天专业所 / 厂不断调整、优化和完善，航天系统总体上建立了一整套总体牵引专业发展的战略规划模式，形成了面向不同层级、不同专业、不同领域的战略规划体系。但是，对标航天强国战略目标，作为支撑航天事业长远发展的关键基础、高水平科技自立自强创新引领的排头兵、国民经济主战场中的市场主体，航天专业所 / 厂普遍需要强化本单位、本专业的战略管理。隶属总体院的专业所 / 厂，在依托和嵌入总体规划的同时，针对专业技术推动、非型号牵引的超前布局，其自主性、主动性仍需加强。离开总体院的专业所 / 厂，或平行于总体院（直属）的专业所 / 厂，则必须建立自主全面的、支撑专业发展的专业战略规划体系和管理体制机制，重大战略性事项要积极推动纳入总体和上级规划，以做出结构性、制度性安排。但部分专业所 / 厂一定程度存在战略布局不长远，战略视野不宽广，战略资源不多，战略定力不强，发展动力内生不足，业务多而杂、资产和人员规模大而不强等问题。其产生原因既有管理机制体制和外部发展环境变化的因素，也有专业所 / 厂领导层自身对创新和市场规律把握不足、战略思维和战略规划能力不够等主观原因。

一、对战略管理的认识不足

“不谋万世者不足谋一时，不谋全局者不足谋一域”[①]。少数航天专业所/厂的领导者缺乏“企业家”意识和科学家精神，仅以管理者甚至“打工者”心态来工作；对战略管理和航天专业所/厂改革重组的重要性认识不足、不到位，不愿、不敢、不会正视自身，缺乏战略管理的理念和行动力；受传统观念、政绩观、任期制等思维桎梏影响，不同程度地存在有意或无意、有形或无形、直接或间接地规避、躲闪深度变革的情况；等待上级命令、做表面文章、沿用惯性思维的情况不少，工作中畏手畏脚、左右摇摆、进退反复，一定程度上成了发展道路上的徘徊者和随波逐流者。

二、战略管理的水平和能力不足

无论是战略管理还是战略规划，有的航天专业所/厂较习惯于依赖国家、军方、上级和总体单位相关战略、规划和计划，其战略较多是上级或总体单位的总体战略下填缺补漏，缺乏自主规划和布局的主动性，导致自身专业战略顶层规划和前瞻布局弱、短、散。战略思维缺失、战略研究缺位导致航天专业所/厂组织管理缺乏体系统筹。在能力偏颇、价值取向和思维惯性等多重影响下，航天专业所/厂战略选择往往形成一些颇具迷惑性，以至难以自我觉察的现象：用战术上的勤奋掩饰战略上的懒惰，用流程上的规范掩饰结果上的漏洞，用形式上的繁杂掩饰内容上的空泛，用数量上的堆砌掩饰质量上的不足等，这些掩饰的弊端在短期内较难显现，但其负面影响却是长期和深远的。

战略管理是航天专业所/厂领导班子尤其是第一责任人不可推卸、不可转嫁的首要任务。战略领导力是其必须具备的最重要素质，好的企业家和管理者必须首先是好的战略家。航天专业所/厂战略管理水平和能力不足也体现在战略领导力不足上，要时刻以战略谋划者的视野、专业专家的科技素养

① 陈澹然．寤言二・迁都建藩议［M］．北京：中华书局，1985.

和创新创业者的心态持续提高战略领导力，这也是航天专业所 / 厂重组中战略管理的重要内容。

三、实现发展愿景，战略目标需要高度一致

战略定力源于战略自信，战略自信则源于对事物发展规律的深入研究、发展趋势的准确研判、发展路径的准确把握。航天专业所 / 厂通过改革重组，扭转发展的被动局面，进而实现转型升级，首先就是要补齐战略管理缺失的短板，制定清晰的发展路线图，并且持之以恒，“一张蓝图绘到底”。

航天专业所 / 厂的战略铸就专业所 / 厂发展的共同愿景，达成全员共同秉持的价值观和一致行动纲领，并组织和激励资源去实现。航天专业所 / 厂长期分立发展中，在利益和发展诉求、运行机制体制和企业文化等方面都存在较大的差异。要实现专业的长远良性发展，必须首先实现由战略分立到战略协同，再到战略统一的转变。通过战略目标的统一，带动、引导各项改革重组工作的有序开展。高度一致的战略目标认同是前提，步调一致的行动是保障。

第二节 航天专业所 / 厂重组对战略管理的期望与要求

阿尔伯特·爱因斯坦（Albert Einstein，1879—1955）有一个著名的具有哲学意味的论断，“所有困难的问题，答案都在更高的层次”[①]。航天专业

---

① 1946 年 5 月 25 日，爱因斯坦在发表于《纽约时报》的一封电报中提到：“The unleashed power of the atom has changed everything save our modes of thinking, and we thus drift toward unparalleled catastrophe… a new type of thinking is essential if mankind is to survive and move toward higher levels.”意思是：“原子释放的力量改变了一切，除了我们的思维方式，因此我们正走向前所未有的灾难……如果人类要生存并迈向更高的层次，一种新的思维方式是必不可少的”，“所有困难的问题，答案都在更高的层次”是后来学者们对其哲学思想的概括和演绎。这一思想启示人们，在面对困难时，应从更广阔的视角和更深层次去探寻解决之道。很多时候，困难之所以难解，是因为人们局限在问题本身的框架内，未能跳出现有的思维模式。

所/厂改革重组要解决建制分立、所/厂各自独立发展的问题，绝不是简单的建制合并。而是要通过改革重组和资源整合，重点解决制约航天核心基础专业发展的内外部运作的战略协同、体制机制、理念文化等深层次问题，探索出一条长远良性发展的战略路径，是一次涵盖科研生产、经营管理、人力资源等方方面面的基础性、全面性和根本性的变革。战略管理的高度决定了其他一切工作的水平，战略管理的成效决定了改革重组的成败。

一、开创内涵式高质量发展新局面

航天专业所/厂改革重组不仅要解决专业所/厂分立发展的梗阻和边界阻耗、缩短管理链条，还要实现资源优势互补，达到所/厂合力“1+1>2”的提效增值，更是要通过改革重组促进专业发展模式转型升级，提高基础专业水平和所/厂核心竞争力，大幅提升专业持续、快速、高质量发展能力。

（一）做强做优主责主业，大幅提升专业能力

要牢记航天强国使命，矢志不渝做强做优主责主业。提升专业技术水平和能力是航天专业所/厂的核心愿景，航天专业所/厂的改革和重组工作必须要围绕这个核心展开。偏离这一核心就是自毁基业，自毁长城，成为无根之木、无源之水。

（二）创新持续快速迭代，技术领先自主可控

创新是持续长远发展的源动力。提升创新能力和活力，是航天专业所/厂改革重组的主要目的，也是解决航天专业所/厂改革重组过程中急险重、老大难问题的重要途径、方法和手段。通过技术创新、管理创新、文化创新并持续快速迭代，提高航天专业所/厂的核心竞争力，实现技术不断进步，确保核心技术自主可控、产业链安全，奋力追求在行业、国内、国际的领先地位。

（三）经营规模合理增长，提升经济发展质量

坚持内涵式发展[①]，把航天专业所/厂的发展质量放在首位，同时也要保持经济规模合理、健康、持续发展。通过经济规模和利润的不断增长，不断提高单位效益和职工收入水平，提高员工的成就感、获得感和凝聚力，激发航天专业所/厂发展的动力和活力。

（四）拓展优势战新产业，不断优化产业结构

充分利用航天专业所/厂的技术、人才、设备等资源禀赋，抢抓战略性新兴产业发展机遇，大力发展新质生产力。一方面利用智能制造、人工智能等先进技术大幅提升传统专业技术、产品水平和生产效能，促进升级；另一方面，开辟、拓展专业紧密相关的新兴领域，丰富和拓展产品及应用领域，优化产业结构，促进转型。

（五）合理减控人员规模，持续完善人力结构

为适应现代产业由劳动密集型向技术密集型、知识密集型转变，大力引进高端人才，不断提升已有人员的学历、素质、能力，持续完善人力资源结构。提高劳动生产率，相对减控人员规模。

（六）科研模式转型升级，助力可持续高质量发展

全面、深度推进科研模式转型，强化专业所/厂治理结构和制度体系建设，不断提高经营管理的规范化、流程化、信息化水平，提高管理效率。全面推进航天专业所/厂产品化、去型号化，运用先进管理理念和科学方法再造科研生产管理流程，助力航天专业所/厂可持续高质量发展。

---

① 内涵式发展强调的是结构优化、质量提高、实力增强，是一种相对的自然历史发展过程，发展更多是出自内在需求，主要通过内部的深入改革，激发活力，增强实力，提高竞争力，在量变引发质变的过程中，实现实质性的跨越式发展。

二、秉持管理与文化守正创新主旋律

改革重组，就是要打破旧框框、创立新状态，但也绝不是推倒一切、从头再来。秉持守正创新①的原则，继承和弘扬适应时代的传统优秀文化，摒弃和压制不良的、落后的旧文化。守正方能把握创新方向不偏离，创造性继承、落实、转化和传承才能做到守住真的“正”。

（一）创造性继承航天优秀经验

航天优秀经验包括航天型号管理，特别是质量管理的优秀成果、历史经验与教训。结合航天新实践，吸收和借鉴新的、先进的自然科学、社会科学理论成果，充分利用人工智能、计算机仿真、大数据等手段，深化型号产品化、科研生产数字化、质量精益化管理，秉持守正创新，坚持推陈出新，方得行稳致远。

（二）创造性落实各项工作任务

自我加压，制定超越上级要求的发展目标，既包括科研生产、市场经营、技术创新、质量管理等上级下达的考核性指标，同时也要对日常性工作如综合管理、党群工团、行政保障等，提出可评价、可考核的提升要求，争创领域、行业乃至国家、国际先进，营造全员力争上游、不断超越自我的积极向上的奋斗氛围。

（三）创造性执行各项管理要求

确保守住红线和底线，但也不能循规蹈矩、教条式被动执行。敢于向不适应时代发展要求的旧规则挑战，大力培育顺应时代发展趋势的新生事物。在征得上级管理部门的原则同意下，争当先行示范区和改革试验点。解放思想、敢闯新路，不能甘于随大溜，要敢于先行先试，占得先机，实现改革红

① 坚持守正创新是党的二十大报告强调的“六个必须坚持”之一。指出“守正才能不迷失方向、不犯颠覆性错误，创新才能把握时代、引领时代”。

利最大化。

（四）创造性传承优秀精神文化

深刻领会优秀文化传统的精髓和真谛，抓住优秀航天文化的核心要义，取其精华。少做、不做表面文章，让员工深刻领会，通过航天文化提升自豪感，激发昂扬斗志并转化为行动自觉。蕴育形成适应新时期的航天文化，丰富航天精神新的时代内涵。

三、持续增强战略领导力和战略执行力

战略定力源于战略领导力。乔布斯再造苹果，路易斯·郭士纳（Louis Gerstner）拯救 IBM[①]，埃隆·马斯克（Elon Musk）创建 SpaceX，任正非打造华为，张瑞敏打造海尔，董明珠成就格力，这些企业获得成功并保持长期旺盛生命力的要诀就是具有全局、前瞻的战略布局，持久、坚韧的战略定力，长远、清晰的战略实现策略和路线图。

当前，资源配置、科研任务以国家计划投入和上级分配为主导的时代已一去不复返，航天专业所 / 厂不但要全面完成科研任务，还要担当起自我经营和专业长远发展的责任。航天专业所 / 厂管理者的角色也由保成功的科研管理者向卓越的经营管理者转变。随着技术日新月异，航天装备全面竞争性采购深入推进，配套产品行业准入全面放开，民用航天蓬勃发展，航天专业所 / 厂面临空前激烈的市场竞争，对其管理者提出了更高要求和挑战。

---

① 国际商业机器公司（International Business Machines Corporation，简称 IBM），曾是 IT 行业蓝色巨人，是全球最大的个人计算机（PC）和服务器制造商。进入 20 世纪 90 年代后，连续多年亏损甚至到了解体边缘。1993 年，郭士纳担任 CEO，进行了大刀阔斧的变革和重组，将经营重点从硬件制造商转向软件和服务（PC 业务后来出售给联想），成为全球最大的信息技术和业务解决方案供应商。

（一）兼容并蓄的企业家和科学家精神

航天专业所 / 厂领导者肩负航天强国建设、专业创新发展、国有资产保值增值、提高员工待遇的多重责任，使命光荣，任务艰巨，必须大力弘扬企业家和科学家精神。法国经济学家萨伊在 1800 年前后曾经这样说过："企业家将资源从生产力和产出较低的领域转移到生产力和产出较高的领域。"企业家颠覆现状，推陈出新，正如约瑟夫·熊彼特所阐明的：企业家所从事的工作就是"创造性破坏"。对航天专业所 / 厂而言，自主创新是发展的第一要务，思想懒惰、不思进取、停滞不前，是专业所 / 厂生存的最大风险。再好的专业所 / 厂，若不思进取或者慢思进取，必然会被竞争对手超越，被市场淘汰。这就要求专业所 / 厂领导者对技术发展和市场变化趋势有独到见解，在技术决策中起主心骨作用。领导者的科学素养和技术水平，关乎航天专业所 / 厂的行业地位和社会影响力。航天专业所 / 厂的领导者应当努力成为具有科学家素养、精通业务的行家里手。

（1）深厚的科技功底和丰富的工程经验

航天专业所 / 厂的生存发展以技术创新为根本，以科研任务为支撑，这就要求领导者必须具有扎实的科学技术专业功底和工程经验，对技术和市场发展方向有敏锐的判断，才能在重大技术和市场决策中起到掌舵者和压舱石的作用。领导者自身的技术水平对单位的行业地位和影响力有决定性作用。好的航天专业所 / 厂领导一般应是行业的专业技术权威（或至少也应是行业专家），在专业技术和市场发展趋势判断上具有广阔的视野、大格局以及长远的眼光，在重大科学技术问题实现的技术路线选择上具备高深的造诣，要具有丰富的科研实践经验，善于学习并集思广益，能运用科学的工作方法做好航天系统工程管理。

（2）扎实的科学素养和科学思维能力

要赢得优势、赢得主动、赢得未来，应当努力把辩证唯物主义方法论修炼成航天人的看家本领。坚持认识和实践辩证关系的原理，从实际出发制定政策、推动工作。掌握事物矛盾运动的基本原理，不断强化问题意识，积极应对和化解前进中遇到的矛盾。不断增强辩证思维能力,提高驾驭复杂局面、处理复杂问题的本领。要掌握和灵活运用现代社会科学基本原理和工作方法,包括管理学、经济学、军事学、心理学、法学等。面对复杂多变的国际环境,矛盾交织、风险叠加的国内经济形势,必须有强有力的科学理论思维支撑,方能战胜各种挑战和困难,不断前进。

航天专业所/厂领导者应体现的企业家精神

建设一流的航天专业所/厂,关键要弘扬企业家精神,激发企业内生动力和创新活力,让航天专业所/厂的领导者成为创新驱动发展战略的探索者、组织者、引领者,使创新源泉充分涌流。航天专业所/厂领导者应体现的企业家精神至少应该包含忧患意识、市场意识、科学精神、契约精神、合作精神和效率优先。

(1)忧患意识

居安思危,敬畏市场,准确把握行业的技术和市场发展趋势、企业面临的潜在风险和挑战,防患于未然,见微知著,提前采取防范措施,将风险减少和排除在危机之前。必须持续构建并不断加强两大优势以规避系统性风险,即核心能力优势和产业生态优势。

(2)市场意识

市场意识就是按市场经济规律谋发展的意识。牢固树立市场意识,增强市场思维,把握市场规律,善用市场资源,满足不断变化的市场需求。

(3)科学精神

科学精神是在长期的科学实践活动中形成的共同信念、价值标准和行为规范的总称,主要表现为求真、探索、实证、理性、创新、质疑、独立、实践等,是科研活动成功的灵魂。航天专业所/厂领导者需要具备强烈的事业心和专业素养、科研经验,带领全员形成尊重科学、学习科学、科学决策的良好氛围。

(4)契约精神

建立守信基础上的契约精神,是企业家精神的核心。企业不仅要履行经济契约、社会契约，也要履行内部契约。内部契约包括规章制度和诚信体系。诚信体系的影响力甚至高于规章制度，需要全体员工共同建立和维护，领导人员应当言传身教，以身作则。

（5）合作精神

航天专业所 / 厂的业务覆盖面广、技术难度大，单打独斗是无法完成科研生产任务的，必须依靠集体智慧、团队力量。无论是企业普通员工还是领导层，都要树立团队意识、培育合作精神，服从组织、融入团队、协同作业。华为公司“狼性文化”的核心就是合作精神。

（6）效率优先

“日事日毕、日清日高”的海尔文化①，“嫉慢如仇”的三一重工集团文化②，其核心都是效率优先。当今时代，“快”的优势比“大”的优势更重要、更突出。这是由“快鱼吃慢鱼”的丛林法则所决定的。效率优先主要体现在时间管理、资源利用、生产标准化、通用化等方面。现代质量管理的核心理念之一是追求综合效率，包括过程控制、精益生产、零缺陷等。

（二）卓越学习能力练就高强本领

通过卓越学习能力练就高强本领，提升领导艺术和工作方法，恪守职业操守和个人品行，锤炼高素质干部队伍，创建学习型组织。

（1）卓越的学习能力

学习能力与变革能力、管理艺术并称为战略领导力的本质内涵，而学习能力是基础。学习是优秀领导者的基本素养，更是领导能力的体现。科技发展日新月异，市场环境瞬息万变。航天专业所 / 厂领导者的学习能力成为企

① 海尔的 OEC（Overall Every Control and Clear）管理法即全方位优化管理法，是海尔集团于 1989 年创造的企业管理法，提出了“日事日毕、日清日高”的管理口号。

② 三一重工集团文化的一个重要精髓是“嫉慢如仇”，强调以最快的速度对市场、对客户做出反馈，以最快的速度推出新产品、改进新工艺，以简洁明快的日事日清的风格做事。

业竞争力的重要特征，学习型组织建设也成为专业所 / 厂管理的重要内容。

要把学习作为一种追求、一种爱好、一种健康的生活方式，做到自觉学习、主动学习、终身学习。要有“望尽天涯路”的追求，耐得住“昨夜西风凋碧树”的清冷和“独上高楼”的寂寞，忙得起来、静得下来，即使“衣带渐宽”也终究不悔。要坚持敏而好学、独立思考，学有所悟、学有所得。怠于学习，就会固步自封，刚愎自用，就会被竞争对手超越，会被干部职工从心里鄙弃，被时代前进的步伐所抛弃。

（2）高超的领导艺术和有效的工作方法

领导艺术和工作方法是凝心聚力，团结和带领广大群众，调动各方积极性，充分激发人的创造性，确保充分发挥各方资源力量，各项工作协调有序开展，提高工作效率和效能。

既要确保国家利益高于一切，承担起社会责任，又要在多重行政性约束下，形成自我发展、自主经营、自负盈亏的经济主体和真正的市场主体，这是摆在航天专业所 / 厂领导者面前需要破解的重大现实难题。管理智慧、领导艺术的缺乏往往会导致一些所 / 厂领导者在急难险重的重大事项面前举棋不定、踟蹰不前、畏首畏尾，甚至迷失方向。因此，领导者要政治坚定，坚持正确的权力观，秉公用权，合理分权；突出讲担当、重担当的选人用人导向，让有为者上、能干者上、优秀者上；民主决策、科学管理，提高管理的效能；崇尚学习，鼓励创新，强化团队的自我管理，建立学习型组织，发挥群体智慧和集体力量；以人为本，创新激励机制，体现人文关怀，凝心聚力，营造积极奋斗创业的文化氛围。

航天专业所 / 厂的重组和创新发展，受国家整体经济社会环境、行业内部管理机制体制的影响较大。在大环境尚不完备、根本性变革尚未完成的约束条件下，应该清醒认识到航天专业所 / 厂的资源重组和创新转型可能面对的难度和阻力，要有充分足够的思想战略准备、舍我其谁的浩然正气、锲而不舍的斗争精神、系统有效的战术组合、稳妥推进的策略安排，以创新转型引领资源重组，实现在多重约束机制下自我革命和创新发展，这是航天专业所 / 厂管理者面临的时代课题，更是时代责任和使命。

（三）恪守职业操守和个人品行

航天专业所/厂领导者要有良好的职业操守和如履薄冰的责任意识。首先，要有责任心。以企业为家，把经营好企业、维护好员工利益作为人生追求。企业家的成功是集体智慧和团队付出的结果，领导者的导师作用至关重要。要有"功成不必在我，功成必定有我"的精神境界，成绩面前少伸手，工作失误多担责，经得起挫折和委屈的考验。其次，要有自信心。领导力来源于广博的知识和宽阔的胸襟、丰富的实践经验。做决策要虚心听取他人意见，坚守"三人行必有我师""他山之石可以攻玉"的信条。再次，加强道德修养。正如现代管理大师彼得·德鲁克（Peter F. Drucker）[①] 所说："企业管理者不只是通过知识、能力和技巧来领导部属，还要通过责任感和诚实正直的品格来影响员工。"

"政者，正也"。其身正不令则行，其身不正虽令不从。航天专业所/厂领导者要有良好的道德情操和个人品行，以身作则甘愿奉献。儒家教育学说的一个重要思想是"正人先正己，身教重于言教"。领导者要严以修身、严以用权、严以律己。首先，要坚持党性原则。立党为公，执政为民，秉公用权，清正廉洁，自觉抵制不正之风，经得起权力和物质诱惑的考验。其次，要发扬民主，兼听则明。走群众路线，搞好调查研究，深入一线，向书本学习、向群众学习，有计划地学、带着问题学、急用先学、活学活用，把知识转化为能力，把能力转化为工作实绩。再次，要甘愿奉献。所/厂领导者要时刻想着"我是谁，从哪里来、到哪里去"，只有每天这般拷问自己，才能始终保持"公仆"本色，把所/厂和职工的利益实现好、维护好。

（四）锤炼忠诚干净担当的高素质干部队伍

战略定力主要取决于战略领导者，但事业绝不是靠一个人、一朝一夕就能做好的，必须要培养对战略高度认可并坚定奋斗的实践者和笃行者团队。

---

① 彼得·德鲁克（Peter F. Drucker，1909—2005），现代管理学之父，其著作影响了数代追求创新以及最佳管理实践的学者和企业家们，各类商业管理课程也都深受彼得·德鲁克思想的影响。

培养深入到各个组织层面的志同道合的支持者团队，冲锋陷阵、担当标兵、树立榜样，号召和感召更多的人支持和参与。培养事业的接班人和航天文化“皈依者”，但绝不是“裙带关系”的“小圈子”。

干部队伍包括管理层、中层干部、班组长和团队负责人，是航天专业所 / 厂重组中的中坚力量，是贯彻落实战略目标和战术举措、主动创造性地解决重组和创新工作中的具体问题、精神理念传播和文化塑造的关键角色。“忠诚干净担当的高素质干部队伍”是习近平总书记和党中央对党员干部的要求，是确保航天事业发展和航天专业所 / 厂重组获得成功的中流砥柱。把握好选人用人导向，选出组织放心、群众满意、干部服气的干部。努力做到“让吃苦者吃香、优秀者优先、有为者有位”，进一步激励干部“敢担当、善作为”，营造干事创业的良好氛围。

四、坚持统筹发展与安全的底线思维

航天专业所 / 厂既肩负保障现代化国防建设的强军首责，又要创造良好的经济效益，同时还承担着更高的政治和社会责任，在方方面面都被赋予更大的期望和更高的要求，更是受到多方位的、显性的、隐性的约束，也即前面提到的“高压带电”作业。这就要求在制定改革重组战略举措和具体实施过程中，全面研判可能出现的风险，既要有普适的经方，也要有治疗疑难杂症的秘方，还要有快速治疗小恙的偏方，形成政策百宝箱和对策锦囊，确保不出现战略的方向性、颠覆性错误，胆子要大、战术要活、步子要稳。

（一）发展速度慢是最大的经营风险

当前，国际局势复杂多变，我国经济发展不确定因素增多，应严防世界经济下行带来的系统性风险。置身经济全球化、竞争市场化大环境中的航天专业所 / 厂并非世外桃源。对管理者来说，要居安思危，统筹近忧与远虑，在坚守底线、不越雷池的前提下，奋发有为、主动作为，一心一意谋发展，扑下身子抓落实。当干部不是当官戴帽，而是既要领、又要导、还要学、更要干。

创新越大，不确定性风险就越大，发展越快，潜在的风险因素就越多。乱作为是失职，不作为而丧失发展机遇是更大的失职。经营治理不力是风险，发展速度滞后于竞争对手是风险，长远发展后劲不足是更大的风险，而且往往是领导者、风险管理部门不善识别的最大风险。

（二）有效管控而不逃避风险和责任

风险管控制度和流程设计，应注重识别企业治理不力、经营不善的潜在风险，而不只是“权利失衡”的外在风险。非理性延长审批链条，轻则影响企业管理效率，重则导致权利运行失效。权责过度分散的制度安排，往往事与愿违。审批链条上的人越多，勇于担当的人就越少，在“法不责众”的心理驱使下，势必产生“事不关己高高挂起”“不求有功但求无过”的“庸官”。倘若庸官队伍不断扩大，经营只能是江河日下，一年不如一年。

航天专业所 / 厂日常运行，风险无处不在、无时不在，确实要“时时放心不下，事事放心不下”。预先识别出风险，并采取有效风险规避措施将风险发生可能性，或将风险发生后的负面影响降低到合理可承受范围内，绝不能因为存在风险而止步不前。盲目扩大风险而过度控制、刻意低估风险而放松管理都偏离了风险控制的初衷，风险投入和收益平衡控制，才是风险控制的根本目的。担责就是担风险，不担风险就是不负责，逃避风险则是最大的失责。

（三）规章制度衍生品并非越多越好

规章制度的权威在于执行，有效执行的前提是正确理解。然而，所 / 厂内有的单位和部门凭想当然办事，业务流程层层加码，审批环节多而不实。从总体上说，现有国有企业管理制度，对人财物等事项的审批有原则规定，应努力依照“法治”的精神，照章办事即可，而没有必要“作茧自缚”。大道至简，业务流程越多越复杂越不便操作，审批环节越多、权力越分散、责任越弱化，执行效率越低，以致陷入推诿扯皮、置之不理的窘境。

第三节　航天专业所/厂重组中战略管理的基本思路

战略管理的本质是抉择和取舍，考虑做什么和不做什么同样重要。制定清晰的战略，不能拍脑袋，决策要靠大量的调查研究，要靠集思广益，应当高度重视、战战兢兢、如履薄冰、如临深渊。

一、统一思想，以先进的理念和文化引领战略管理

统一思想，以先进的理念和文化引领全员形成一致的愿景目标、价值观和行为准则，方能凝聚起攻坚克难的磅礴力量。统一思想是战略之魂、动力之源、管理之本。

（一）创新立本，管理正风

创新是一个民族进步的灵魂，是一个国家兴旺发达的不竭动力。创新精神是航天专业所/厂蓬勃发展、持续进步的强大动力，是实现高水平科技自立自强、打造和掌握更多“国之重器”的诀窍高招。航天专业所/厂改革重组没有可以照搬的成熟模式，唯有创新才有出路，唯有科技引领才是根本正道。必须坚定不移、坚持不懈地把创新作为敢于斗争、坚不可摧的理想信念所在，善于斗争、克敌制胜的法宝所依，作为战略管理的核心理念。

热爱祖国、为国争光的坚定信念，勇于攀登、敢于超越的进取意识，科学求实、严肃认真的工作作风，同舟共济、团结协作的大局观念，淡泊名利、忘我奉献的崇高品质，是中国航天事业的成功密码和宝贵财富。新时期、新要求给航天工作者提出了新的、更大的挑战。越是形势局势复杂多变，越要坚持战略自信和战略定力，方能掌握战略主动。必须坚定不移、坚持不懈地把营造同舟共济、团结奋斗的精神和积极向上的企业文化环境，作为航天专

业所/厂改革重组取得成功、事半功倍的必然之路和“牛鼻子”，作为战略管理工作的着力抓手。

（二）人才强基，质量彰誉

人才是赢得竞争主动的战略资源，只有聚焦人才强基，聚力打造创新人才高地，培养一支规模壮大、素质优良、作用突出的人才队伍，才能不断激发和增强活力，推动航天专业所/厂高质量的发展。质量是航天事业永恒的主题，是实现航天工程任务圆满成功和航天事业高质量发展的重要基础。卓越品质是航天专业所/厂的立身之本,也是不断奋进的动力。要秉承质量为本、诚信至上，精益求精、追求卓越的理念。把品质作为永远追求，把质量作为终生责任。

（三）实干兴企，产业富民

事业都是干出来的，真干实干才能真出业绩、出真业绩。崇尚“严、细、精、实、协”，不甘落后、见贤思齐，强化爱岗敬业、无私奉献的工作作风。牢记使命，恪尽职守，认真工作、快乐生活。意志不动摇、作风不慵懒、精神不懈怠。树立“负责任、重品牌、讲形象、谋共赢”的市场理念。坚持“系统策划、源头控制、精细管理、创新求效”的成本方针。做强做优做大产业，以产业规模效益为技术创新和专业进步提供资源和资金支持，提升员工的获得感和幸福感。

二、纲举目张，强化战略研究的基础性地位

战略研究就是通过开展系统、全面的分析和研究，认识影响组织生存与持续发展的重要事物变化的规律和特点，预测其发展趋势，提出可供选择的目标与路径，为重大的、带有全局性或决定全局的谋划提供科学依据。战略研究是决定战略正确性、可行性、指导性的基础工作。开展航天专业所/厂的重组与创新工作，必须做好基础性的战略研究工作，以系统思维进行深层

次全面思考，把握国家现实和长远的科技需求，把握世界科技发展前沿和趋势，提出可供选择的发展方向、战略、目标与重点。

（一）上下与内外相结合

航天专业所/厂领导者、中层管理者与团队骨干应紧密协同，从不同维度、不同层面、不同视角分析优劣势、机遇和挑战，研究找出发展的重点和方向，进而系统性综合施策。战略制定是从上而下，战略研究则往往需要上下结合、内外结合，避免战略束之高阁、成为空中楼阁。

由于获得竞争对手的全面信息有一定困难，开展战略研究时容易出现闭门造车、拍脑袋、拍胸脯等现象，也容易出现对市场和发展盲目乐观或悲观、把自身能力过于放大或缩小、把竞争对手刻意贬低或拔高等问题。解决这些问题的有效办法是多利用战略分析方法和工具（如 SWOT 分析[①]），从不同维度进行调查研究和深入分析，听取对行业熟悉的独立第三方专业机构和专家的意见。

（二）正面和负面相结合

从正面和负面两个维度分析和思考，既要充分认识自身的优势，更重要的是敢于直面自身的不足和劣势，战略上应该自信但战术上绝对不能藐视竞争对手。自己往往弱化或忽视自己的弱点，而竞争对手对你的短板和缺点往往抓得更准确。特别是在技术更新换代和颠覆性技术出现时，被忽视的潜在竞争对手往往会成为赢家。要坚持目标导向和问题导向，高标准树立目标，严标准审视问题。

---

① SWOT 分析，即基于内外部竞争环境和竞争条件下的态势分析，S（Strengths）是优势、W（Weaknesses）是劣势、O（Opportunities）是机会、T（Threats）是威胁，SWOT 分析就是将与研究对象密切相关的各种主要内部优势、劣势与外部的机会和威胁等，通过调查列举出来，并依照矩阵形式排列，然后用系统分析的思想，把各种因素相互匹配起来加以分析，从中得出一系列相应的结论，而结论通常带有一定的决策性。按照企业竞争战略的完整概念，战略应是一个企业“能够做的”（即组织的强项和弱项）和“可能做的”（即环境的机会和威胁）之间的有机组合。

（三）宏观和微观相结合

战略制定既要高屋建瓴，但又不能假大虚空。不能只是喊口号，高高在上，要具体化、可落地，能引导员工奋斗方向和目标。也不宜面面俱到、事无巨细，但可以突出明示战略目标中有决定性作用的变革、重大事项、战略举措。

在进行战略研究时，既要从企业层面进行整体战略研究，同时也要对重点领域甚至一个专业方向、重点业务、重大事项或战略举措单独进行战略研究。宏观研究的重点在于论述任务需求、任务目标，从发展的必要性角度来认识提出的改革重组战略，而微观研究则将着眼点放在根据现有和预期可能实现的条件，从技术基础、投资强度、研制周期、风险等方面进行分析，选出适合的发展途径。宏观和微观相结合，系统全面地分析，从而制定出适合不同层次和专业的战略目标和战略措施组合，避免以偏概全，也避免以全掩虚。

（四）静态和动态相结合

战略研究时，需要用发展的眼光看问题，注重发展趋势分析，换位思考。既要研判搜集的最新数据和信息，同时也要对内外部发展态势、竞争对手可能采取的竞争策略进行模拟博弈推演。同时，要高度关注新技术特别是颠覆性技术的发展趋势，提早布局，以在新一轮竞争中占领先机。

（五）定性和定量相结合

战略研究时尽可能地采用量化分析，但由于外部数据不易获得，在战略分析时完全做到量化和精准化是比较困难的，因此需要定性和定量相结合。在定性分析时，一定要听取不同专家的判断和意见，以消除由于专家的信息掌握渠道和主观偏好产生的偏差，可以采用综合评分法进行量化转化，以做到尽可能的客观和科学。

三、战略导向，实现经营管理的革命性转变

发展战略是组织内全体成员的共同愿景，战略目标的实施是一个复杂曲折的过程，需要统一思想、凝聚共识。制定专业所/厂发展战略，必须遵循系统工程理论，保持战略方向和愿景目标的相对稳定，频繁调整会让组织成员无所适从，乃至迷失方向。面对严峻的形势和艰巨挑战，航天专业所/厂的战略管理要突出下列导向。

（一）战略与管理：以全面绩效和差异化为导向，实现经营管控模式的转变

目标管理由指标分派管理向战略目标引领下的全员绩效管理转变；对辖属经济实体管控实现由行政管控为主向以战略管控为主导的综合管控、财务管控和运营管控为辅的差异化混合管控模式转变。

（二）人才与组织：以扁平矩阵和团队自主管理为导向，向学习型组织转变

人才与组织向业务矩阵和团队协作转变；由行政领导业务指导型向专业分工下的多团队自主管理、学习改善、协作共进型转变；职能由垂直管理向扁平矩阵管理方式转变。

（三）技术与研发：以基础创新和应用基础研究为导向，向原始创新转变

强化预先研究和应用基础研究，注重核心技术对产品开发和技术集成的溢出效应，技术与研发向原始创新和技术集成并举转变；科研由跟踪研制、产品攻关型向原始创新、技术攻关型转变。

（四）产品与制造：以自动化、信息化、数字化为导向，向智能制造转变

现场管理由人员定性干预向基于数字化的科学管理转变；生产模式由小批量试制向批量定制转变；质量和进度保障由技能依赖型向技术/条件保障型转变；制造现场由人为主导的人机交互模式向以设备为主导的自动化、信息化、智能化模式转变。

（五）市场与产业：以专业引领和社会化大协作为导向，向深度军民协同创新转变

由以军品为主向军民两用多领域并重转变；由自我发展为主向自我发展与合作并购并举转型升级；由面向国内市场应用转向国内、国际两个市场并举转型升级。

（六）知识与信息：以数据资产、知识管理为导向，向知识经济转变

经营管理实现由以人际协调为主导的行政管理向以全面信息化为主导的系统管理和科学决策转变；推行知识管理工程，经济体量和效益增长方式由资源驱动的资源和劳动量叠加型向知识驱动的技术创新型转变。

四、战略目标，达成一致的行动纲领和愿景

战略研究最重要的是科学可行的目标设定，制定战略要突破资源导向，即“有什么、做什么”的思维局限，转换到目标导向、问题导向，即“干什么、缺什么”然后确定“找什么”，最大限度地利用各种资源做成事业。同时，要遵循行业发展的规律和所/厂成长逻辑。一家企业能不能有大的发展，往往不是主要取决于它怎么做，而是首先取决于它做什么和不做什么。一旦选定，就在选定的范围内努力做到极致。航天专业所/厂要担

负起所在专业领域核心技术研究和装备产品制造的历史重任和时代使命。战略目标是在战略研究基础上，由领导层进行集体决策、全体员工参与并反馈的结果，其遵循以下基本原则。

（一）整体最优

战略目标注重全局，通过制定中长期及年度发展规划，指导单位和各部门的科研生产活动。当组织整体利益和部门的局部利益产生矛盾时，领导层要善于统筹协调，做出有利于全局利益最大化的决策。

（二）全面性和可分性

发展战略规划是对全局和局部的整体反映，应“立足当前，面向未来；着眼全局，统分结合”。同时，战略发展的总任务和总要求，必须分解成若干阶段性任务和要求，使其具有可操作性。

（三）稳定性与环境适应性

战略设定的奋斗目标是对航天专业所/厂现实状况的根本性改善，是一项长期的任务，在实施周期内应保持相对稳定，切忌朝令夕改。强调战略的稳定性，并不排斥与时俱进。当外部环境和内部条件发生较大变化时，应适当调整策略，顺势而为，稳中求进。

（四）挑战性及可达性

“取乎其上，得乎其中；取乎其中，得乎其下；取乎其下，则无所得矣。”战略目标的制定要满足SMART原则[①],不能过高但更不能过低,以跳起摸高、经过努力可以实现为原则，目标内涵的表述要完整准确，阶段性任务有可度量的检验标准。

---

① SMART原则，即具体（Specific）、可衡量（Measurable）、通过努力可实现（Attainable）、目标要素的相关性（Relevant）、任务完成期限（Time-bound）。

五、战略举措，做好体系化战略支撑

无论战略选择做得有多好，最关键的还是要做好战略的实施与落地，恰如毛泽东关于“桥和船”①的比方，正确的实施路径对做好战略管理至关重要。如何构建好航天专业所/厂战略管理的“四梁八柱”，做好体系化支撑则是做好战略的实施与落地的关键。

（一）要素体系和目标分解

提出战略愿景，确定管理方针，确定总体战略目标，并分解为重要子战略目标，制定战略措施和重要保障条件。

航天专业所/厂的战略屋模型如图3-1所示。

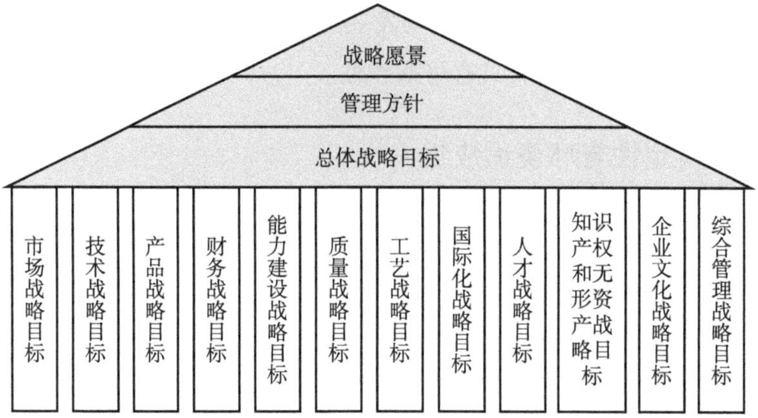

图3-1 航天专业所/厂的战略屋模型

（二）战略支撑架构和逻辑

自上而下，分解目标，落实责任，激发活力，形成支撑。强化战略引领，

① 1934年，毛泽东同志在《关心群众生活，注意工作方法》一文中，曾有过一段名言：“我们不但要提出任务，而且要解决完成任务的方法问题。我们的任务是过河，但是没有桥或没有船就不能过。不解决桥或船的问题，过河就是一句空话。不解决方法问题，任务也只是瞎说一顿。”

以管理为抓手，优化组织结构和加强人才队伍建设，促进核心技术不断进步和升级，经济快速地生产优质产品，以品牌和产业规模拓展市场，将理念、技术、知识等信息融入每个员工心中并贯穿到科研生产的各个环节。

自下而上，夯实基础，汇聚能量，聚焦目标，引领进步。以管理为保障，通过各类基础信息和知识的搜集、积累、加工、利用，创造主导市场和引领先进技术的产品。不断推动核心技术、前沿基础科学及其融合技术的发展，培养具有竞争力和凝聚力的人才队伍，确保战略愿景的实现。

六、战略实施，知行合一、落地执行

“干，才有出路；赢，就在执行。”战略实施过程中，航天专业所/厂要坚持勤奋实干、求真务实的作风。成功的道路上没有捷径，只有坚持实干，扎扎实实工作，踏踏实实做事，才能赢得用户的青睐和群众的支持。所/厂的领导干部，要干字当头，不是发号施令的“官老爷”，是干将、干事的人，干活的特种兵；领导干部应带头推动战略实施，要当有心人、真心人，当真干、实干、苦干、带头干的人。所/厂的决策者是战略的制定者，是战略目标的坚定维护者、是身先士卒的第一执行者、是组织战略实施的第一责任人，这样的战略对于职工队伍而言，才是可信的、有感召力的、真正可行的。

（一）坚持卓越标准

战略实施过程中，要追求卓越，始终坚持高标准、严要求。如果不对标国际先进、不对标行业先进，就会被时代所淘汰。要拓宽视野、打开格局，清醒地认识到自身短板和不足，不能小富即安或以“老大”自居。要放下身段，不断严格要求、不断自我加压，集思广益、发扬民主，才能获得进步和提高。

（二）强化目标导向

强化目标导向，正确认识突出重点与多线并举之间的关系。做好所/

厂改革创新发展的“大诗篇”，需在“诗内”“诗外”同下功夫。坚持型号研制、技术创新、市场开拓、产业发展、队伍建设等多线并举，采取体系化协同模式推进工作开展。要辩证看待工作千头万绪、见效尚未显著等阶段性现象，瞄准目标、厘清主线、抓住重点、对症施策，加快实现所 / 厂的高质量发展。

（三）聚焦主责主业

聚焦主责主业，增强核心竞争力。鉴于航天专业所 / 厂的人力、财力、精力等各项能力都较为有限，面对内外部环境的不确定性，航天专业所 / 厂要更加稳健，紧密围绕核心业务、核心专长、核心市场、核心客户，增强核心竞争力。通过技术重组、产品重组、人员重组等，加大专业化整合力度，决然断然但稳妥有序地剥离非主业、非优势业务。

（四）寻找最佳赛道

倾力重组改革，寻找最佳赛道。没有落后的行业，只有落后的技术和落后的企业。在经济下行的情况下，即使在竞争激烈的过剩行业里，航天专业所 / 厂依然可通过重组创新，创造新的竞争优势，开辟新赛道，成为专业细分领域的领头羊。

（五）梯次开发格局

形成“做强做优一批、调整盘活一批、培育储备一批”的梯次开发格局。组织形式、结构和运行机制也必须适应内外环境，符合梯次开发格局的需要。根据国内外经验，要把握好 3 个方面的问题：一是要处理好组织的稳定性与灵活性之间的关系，既要有利于组织内部的协调与控制，又要有足够的应变能力。尤其要确保支撑企业核心能力的人力资源，能根据需要迅速转移和重新配置。二是要形成有效的激励机制，创造有利于优秀人才脱颖而出的条件，大力营造人心思变、追求卓越的创新氛围，充分调动组织成员的积极性和创造性，激发每个成员的最大潜能。三是要切实保障企业战略实施的信息需求。战略管理涉及若干环节的信息收集、加工、分析、交流、传递和反馈。“兵马未动，粮草先行”，信息保障是对企业经营活动进行有效控制的必要条件。

七、战略迭代，优化调整确保目标实现

企业发展战略规划是对未来的规划，必然存在某些不确定性。企业经营实践活动，不可能百分之百按照事先的设想运行。战略文本也不是恒定不变的，战略举措要根据内外部环境做出适应性优化调整，以保证总体战略目标的实现。战略规划的实施，是动态管理的过程，通常需要经过“分析—决策—执行—反馈—再分析—再决策”的循环迭代，才能达成目标。

第四节 航天专业所/厂重组中战略管理的实践探索

实践出真知、斗争长才干。行动是最好的试金石，战略更是如此。本节以航天九院13所和230厂的改革重组作为主要案例，并部分融合了其他航天专业所/厂改革重组的典型做法，通过解剖这个“麻雀”以实现将改革重组的理念、方法与实践相结合，作为分析、研究和借鉴的实例。

一、顶层运筹、提出愿景

在困难与机遇并存的新的发展阶段，在希望与危机交织的内外部复杂严峻形势面前，航天专业所/厂的领导者和全体职工应当振奋精神，认真研究发展形势，深刻知悉周边环境，清醒正视自身不足，正确把握企业发展的客观规律；坚定信心、发奋图强，不畏难、不自满、不懈怠，敢于超越自我、超越标杆、超越竞争对手。有序推进所/厂改革重组，需要形成一套高度共识，兼具指导和实践意义的战略规划，以此来统一思想，并作为一致行动的指南。

（一）深刻分析历史、剖析现状

运用历史思维、辩证思维、系统思维的方法，深刻分析航天专业所 / 厂的历史和现状，找到症结所在，方能抓住事物的本质，抓住主要矛盾和矛盾的主要方面，对症下药。在工作中着重开展以下工作。

1. 端正态度

以对历史负责、对职工群众负责、对国家和事业负责的高度责任感开展工作。要尊重历史，避免历史虚无主义，对其存在的合理性和历史必然性给予正面的肯定，以空杯的心态，客观地总结经验和教训。剖析现状要辩证地分析事物的正反两个方面，既要肯定成绩，也要正视不足，不要避重就轻，更不能舍本逐末。

2. 全面搜集史料和现行资料

包括重要红头文件、历年工作会报告、大事记、重大项目工作总结报告、技术总结报告。各业务归口部门对分管业务的历史和现状进行全面的梳理。掌握历史发展脉络和现状，分析历史规律，感悟真理。同时通过对历史珍贵和重要资料的搜集和整理，建立教育和激励后人的历史展馆，起到一举多得的效果。

3. 听取多方意见

对老领导、老专家、重点部门的离退休干部、技术管理人员和知名专家、工人骨干进行访谈，对各业务主管部门的主管领导和骨干，采取座谈会、单独访谈、实名或匿名资料征集等方式，听取多方（包括单位外部相关领域专家）建议和意见。过程中多倾听，少探讨，切忌先入为主，选择性、验证性地寻求证据。

4. 广泛走访调研和搜集情报

搜集用户、上级总体单位、行业管理部门、同行业和上下游行业，相关技术领域、战略新兴领域、交叉前沿领域等科技和市场信息与情报，听取各方意见的同时，在合作方面进行探讨，寻求新的突破点。

5. 掌握一手资料

领导者和规划组的主要成员全面参与，重要事项亲自到场。在搜集原始资料阶段，重要事件读原件、看原文，尽可能少读简报和被二次加工的材料，掌握事物本源真相。

6. 组织发展大讨论

在全面掌握史料和现状的基础上，多轮次组织相同或相近专业、业务领域的“务虚会”“神仙会”“头脑风暴会”，充分自由发挥，不设前提，不定框框。

7. 资料整理分析研判

资料组对搜集的各方资料进行分类汇总，进行初步分析。规划组充分酝酿、讨论，形成思维导图和规划建议草案框架，提交管理层，并根据各方反馈的意见，进行补充搜集、修改。

案例专栏

2013 年 11 月 20 日，航天科技九院发布《关于推进 13 所和 230 厂改革重组的决定》，文件要求：统一经营管理、优化资源配置、调整产业结构、统筹规划建设，打造创新型、开放型、融合型的惯性导航科研生产联合体。在改革重组的过程中，所/厂领导带队，先后走访了全国上百家单位，与数以千计的各方面人员进行交流。在广泛调查研究的基础上，全面梳理重组脉络和途径，按照“稳定、融合、创新、发展”的指导方针，研究确定改革重组的基本原则和总体思路，为后续的改革重组发展奠定了坚实的基础。

1）精简机构，缩短链条。推动设计与工艺、科研与生产的紧密结合，强化统一管理，提高整体效能，实现管理功能重组。

2）调整产业结构，发展优势专业，培育新兴产业，打造惯导名优品牌，实现技术业务重组。

3）聚焦主业，突出重点，优化资源配置，锻造长板、补上短板，实施创新驱动发展战略，强化全员全过程质量管理，实现科研生产能力重组。

4）统筹规划基础设施建设，明确功能定位，加大工作环境改造力度，提升研发设计、仿真试验、生产制造的综合保障能力，实现条件布局重建和形象重塑。

5）加强人才建设，按照德才兼备、注重实绩、群众公论的原则选人用人，做到人尽其才、人尽其用，实现人力资源优化重组，充分发挥人才队伍整体效益。

（二）专业、产品与产业联动发展

航天专业所 / 厂拥有的技术、人才、资金、设备等资源并不算少，但发展却举步维艰。其中一个重要原因，就是没有真正解决实现什么样的发展、怎样实现发展这个基本的战略问题。说到底，就是专业所 / 厂不“专业”、专业优势不强。解决这个问题，首先要对专业、产品与产业准确定位，厘清三者之间的耦合联动作用机制，找到薄弱环节和突破方向，制定明晰的发展思路，统筹资源，集中优势兵力打好突围战、攻坚战。

1. 厘清专业、产品与产业的内涵及其联动作用机制

准确认识专业与企业、产品与技术的关系，厘清专业、产品与产业的内涵及其联动作用机制，从而找准基础专业发展的着力点：产品是技术的载体，技术依托产品实现其价值。专业与企业相互依存、互相促进，但专业不等同于产业，技术不等同于产品。专业是企业发展的基础但不是全部，拥有专业优势的企业，还必须具备经营管理能力，善于将专业优势转化为产业和市场优势，才能取得成功。专业是立足之本，产业是发展之基。专业催生产业，产业反哺专业、牵引新专业发展。围绕技术能力拓展产业领域，促进专业和产业协调发展。

2. 技术产品创新驱动产业结构升级

坚持技术主导、坚持主责主业、坚持军民协同创新，实现市场化运作，推动产业结构转型和升级。

（1）坚持技术主导，市场化运作

遵循技术发展规律制定发展战略，始终坚持以专业技术为中心，以技术进步推动产品升级和产业拓展。按照应用基础和预先研究、型号研制、产业化项目三个类别配置资源、制定考核政策，实行全过程、全成本核算。推行武器装备产品化，实现产品标准化、型谱化、去型号化，长期布局并持续加强有助于专业长远发展的战略性、前沿性、基础性研究和应用基础研究。对以市场为目标的应用技术研究、产品开发项目立项时，要加强项目的市场前景分析和经济性分析，不论是上级经费还是自有经费支持，非优势主业、市场前景不清晰、回报率不高的，要坚决下马，避免兵力分散。

（2）坚持依托主业、拓展产业

紧紧抓住国家战略需求带来的装备发展机遇，积极主动地拓展技术和产品应用领域及市场规模。辩证地看，市场经济对于专业没有传统意义上的地位高低之分。在专业领域深耕细作，秉持专业配套再低也可以通过创新焕发生机和走出新路来的信念。因此，要以市场为导向，坚持有所为、有所不为，按照技术链、产品链、价值链三个维度进行市场布局，适度扩张、审慎跨界、稳健扩展。资源分散可能成为制约发展的瓶颈，方向过多势必导致规模受限，这就需要对专业和产业方向做出取舍，基本原则是聚焦主干，适度扩展枝叶。

（3）坚持军民协同创新，协调发展

坚守强军首责，积极融入国民经济建设，充分利用社会资源，构建产业生态。发挥自身技术优势，用知识产权与社会资本开展合作，做强做大军民两用产业。进入信息时代，数据资源的商业价值凸显。重视数据资源开发，航天专业所／厂积累的行业／专业信息、数据，不但对国家任务具有战略价值，而且可以衍生出很多军民两用的数据和知识产品。

案例专栏

2014年10月，通过半年多对专业、产品和产业的深入分析和多轮次的修改完善，航天13所/230厂提出了三年“夯实基础”的发展战略目标：打造统一经营管理下的多种体制并存的经济联合体；引领惯性平台系统、惯性捷联系统、惯性仪表三个惯性技术发展方向；壮大特种通信、智能工业系统、运动测试与仿真、载荷稳定设备、先进光纤传感与信息系统5个产业化项目；主导光电探测、量子工程、重力测量等导航拓展应用、微小型GNC一体化、MEMS惯性、微特电机、超精密加工与装配、精密轴承8个技术研发方向，重点开发18类技术与产品；大力开拓宇航、武器、新主业市场领域，经济收入在五年内实现翻番，军民两用产业占比超过50%。开展3大基地、8个研究平台、22条生产线等能力建设。战略目标体系同时涵盖质量工艺、人才、国际化、知识产权、企业文化等，以及解放思想、转变观念，改革统筹、盘活资源，明确责任、强化激励，优化布局、提升能力，开拓市场、拓展空间，加强攻关、打通瓶颈，管控风险、严控成本，以人为本、持续发展等8个方面40条战略举措。

（三）科研生产与经营模式的变革性创新

传统的科研生产与经营管理模式已经难以适应新时期航天专业所/厂的发展需要，必须主动谋划科研生产与经营管理战略转型。通过变革转变经营模式，引导专业所/厂在充分利用现有市场与探索新机遇之间统筹平衡，促进内部不同群体之间的协调，明确目标和优先事项，集中精力研制生产、创造价值。

部分航天专业所/厂之所以陷入组织僵化、主导地位不再巩固的困境，很大程度上归结于官僚主义、自身惰性等大企业病，导致难以持续地开展变革性创新。典型病症包括：惰性和官僚化，不愿承担风险，研发过程固化，囿于现有技术和资产，死守传统经营模式，工作流程和规则繁杂，以及领导层的短视行为等。

以提升资源统筹能力为前提，对企业经营模式进行变革性创新。分析认为以往变革失败的原因有两方面：一是企业决策层统筹能力缺失；二是中间层梗阻或执行能力不足。经营模式创新的风险压力，很容易造成领导者的短视行为，要么墨守成规，要么小修小补。竞争市场结构的复杂性使经营模式变革面临很多不确定性，不同业务单元、不同区域、不同流程、不同人员必须步调一致。因此，建立新模式，必须要提升专业所/厂不同模式间的动态调配和协同管理能力，确保战略的坚定性和政策的连续性，这种能力能够团结不同学科背景和专业领域的人一道工作，能够支持试验和学习的工作流程，推动不同知识结构和思维方式的融合。

经过深入分析研究，确立航天专业所/厂经营模式变革型创新的目标：自主开发由核心技术支撑的系列产品，围绕核心技术和产品形成平台，在平台的基础上开发支持多产品和多客户群的解决方案，形成核心技术支持核心产品、核心产品支持解决方案，通过对外合作实现非核心产品的配套。

案例专栏

第二次世界大战后，美国贝尔实验室取消了学科导向的部门架构，改为基于特定技术领域的学科小组。固态电子项目小组由理论物理学家、实验物理学家、化学家、材料科学家、冶金专家、电气工程师组成，采用项目团队或临时机构这类软结构，研发出晶体管，推动了信息时代的到来。美国国防部高级研究计划局（DARPA）是一种典型的“软结构”组织，项目负责人是领导者，掌握决策权并控制预算。DARPA 在具有潜在军事应用的新材料、新能源、新原理等方面的成果层出不穷，有力地推动了美国在军事领域的技术长期保持领先。

航天 13 所/230 厂引入集成产品开发（IPD）[①] 模式，成立若干项目团队，给予自主管理权，单独考核。科研生产管理实行型号指挥/主任设

① 集成产品开发（Integrated Product Development，简称 IPD）是一套产品开发的模式、理念与方法。

计师双负责制的矩阵式管理，打破部门建制，组建任务的计划、调度、质量管理团队。对捷联事业部技术、产品、项目、人员、市场进行全面梳理，对资源进行优化调整，将80多个项目停转合并为30多个，产业方向由10多个聚焦到3个，核心技术快速突破，产业规模迅速扩大。

（四）巩固和提升核心竞争力

没有突出优势就很容易被别人模仿，创新投入无法得到应有的回报，失去竞争力，甚至被扼杀。解决之策就是：围绕核心技术创新构建技术优势，围绕核心模式多元化构建经营壁垒。

1. 寻求优势互补

各部门乃至专业所/厂涉及的产业链上各个节点通力合作、协调一致、优势互补。内部推倒各自为政、条块分割、封闭运行的部门墙、团队墙，打通技术链和产品链。外部要建立战略合作“稳固朋友圈”，实现发展利益共享，发展风险共担。使竞争对手难以复制整个生态系统。

2. 创造共同价值

将供应链、创新链、价值链形成产业生态。致力于为生态系统的所有成员（供应商、合作伙伴、投资者、客户和员工）创造价值。千方百计把蛋糕做大，而不是只盯着自家的“一亩三分地”。

3. 建立难以模仿的竞争优势

细化分解产品树和技术树，做深做透，塑造互补技术门槛。通过打造牢固的、持续演化的技术生态，增强自身的实力。技术和经营模式联合创新，相互支撑、深度耦合、动态调整。

案例专栏

航天科技集团一院 18 所是从事航天伺服控制、遥测、智能机电以及工业自动控制产品的设计、开发与制造的科研生产一体化单位。2000 年 5 月 28 日，18 所和 811 厂联合成立航天控制工程公司，成为“产研一体化单位”，2007 年更名为 18 所。秉承“产品领先、效率驱动、产业融合、人才强所、数字化转型”的发展方针，在联合初期，设计、生产仍两地办公，一体化整合的效果并不十分显著，型号短线问题一直未能很好解决。2006 年，将原有编制全部打乱，按照型号和专业分工，把对应的设计、工艺、生产人员整合到同一个事业部，设计和生产人员捆绑在一起，成为“利益共同体”，彻底从“物理联合”变为“化学融合”[①]。践行精细化管理理念，集智攻关。采用数字控制技术以提升精密制造及检测能力为核心的设计、工艺、检验检测“三再”工作，使实施四类系统、五层货架的贯穿设计、制造、管理全过程的产品化工作落地，通过建设数字化、自动化、智能化的智能制造示范线等实践，核心关键产品合格率由 40% 提升到 90%，产品年交付数量增长 6.3 倍，百台质量问题数下降 84.1%，实现了产品由电动和燃气伺服为主向数字化控制机构的升级换代[②]。

（五）明确战略目标和途径

战略研究的过程同时就是战略蓝图绘制和战略展开的过程，通过这一过程，战略愿景、战略方向、战略举措、战略步骤就跃然纸上。在战略规划形成过程中，干部职工广泛参与，共同价值观也就基本达成。

1. 坚持实事求是

坚持一切从实际出发来研究解决问题，坚持理论联系实际来制定和形成指导实践的正确路线方针。基础在于搞清楚“实事”，即了解实际、掌握实情；

---

① 左秋红 . 航天 18 所变革体制机制融合设计生产求发展［N］. 中国航天报，2014.08.27.

② 索文 . 一甲子砥砺奋进铸辉煌 二十载华章异彩谱新篇［N］. 中国航天报，2020.05.27.

关键在于“求是”，即探求和掌握事物发展的规律。一方面，实事求是是在实践基础上认识世界的过程，这一过程要通过“从市场中来”“从技术中来”“从群众中来”才能实现，只有及时发现、总结、概括一线创造的新鲜经验，才能做出符合客观规律的科学决策。另一方面，实事求是又是在实践基础上改造世界的过程,这一过程要通过“到市场中去”“到技术中去”“到群众中去”才能实现，来自群众又经过战略制定层的深化和归纳后的正确意见和真理性认识只有为群众掌握，才能转化为改造世界的实际行动。

2. 坚持问题导向

关键在发现问题、正确分析和解决问题。发现问题是前提，能不能正确分析问题更见功力。要善于具体问题具体分析，弄清楚哪些是体制机制弊端造成的问题，哪些是工作责任不落实造成的问题，哪些是条件不具备一时难以解决的问题。善于透过现象看本质，从复杂问题中把握事物的规律性，从苗头问题中发现事物的倾向性，从偶然问题中揭示事物的必然性。要善于抓主要矛盾和矛盾的主要方面，明确破解问题的主攻方向，带动全局工作，推动企业全面发展。以解决问题为工作导向，瞄着问题去、追着问题走，善于把化解矛盾、破解难题作为打开局面的突破口。对事关战略全局、事关长远发展、事关职工利益的紧要问题，要科学统筹、优先解决，确保取得实效。对带有共性、规律性的问题，要注意总结和反思，以利于更好前进。

3. 重视调查研究

习近平总书记指出:“调查研究是谋事之基、成事之道，没有调查就没有发言权，没有调查就没有决策权。”研究问题、制定政策、推进工作，不能闭门造车、刻舟求剑，更不能异想天开，必须进行全面深入的调查研究。要把真相和全貌调查清楚，把解决问题的思路和对策研究透彻。有一是一、有二是二，不唯书、不唯上、只唯实。在调查的基础上进行深入思考，把零散的认识系统化，把感性的认识理性化，直至找到事物的本质和规律，找到解决问题的正确办法。调查研究要制度化、经常化，坚持重要决策调研论证制度，把调查研究贯穿决策的全过程，提高决策的科学化水平。领导要重视调查研究，不仅要“身入”基层一线，而且要“心到”普通员工，不能走马观花、蜻蜓点水。要适应当今社会信息网络化的特点，拓展调研渠道，丰富调研手段，创新调研方式。

4. 发扬钉钉子精神

“政贵有恒，治需有常。”发扬钉钉子精神，就是不折腾、不反复。一张好的蓝图，只要是科学的、切合实际的、符合群众愿望的，就要一茬一茬接着干，干出来的都是实绩。实践是不断发展的，认识和工作也要与时俱进，看准了的要及时调整和完善，但不要换一届领导就整锅翻，更不能为了显示所谓政绩或个人威信，或迎合部分员工的个人诉求而另搞一套。不抓落实，再好的蓝图只能成为一纸空文，再近的目标只能沦为镜花水月，最后反倒做不出政绩、形不成威信，更重要的是丧失了时间和机遇，专业和事业因松劲而败落。干事业不是做样子，不是做表面文章。任务一经确定，决不能搞一锤子、一阵风，而是要发扬钉钉子精神，稳扎稳打向前走，积跬步以至千里。

二、战略动员、凝心聚力

全面宣贯、精细部署，吹响战役冲锋号。针对性强化学习、提升能力，打牢战略制胜的基础。

（一）全员宣贯入人心

航天专业所/厂的战略发展规划，大多涉及国家秘密和企业商业秘密，加之各类人员理解接受能力的差异，宣传和思想发动工作应分类、分级实施，根据人员类别确定内容和方式。对中层管理干部，采取集中学习和专题研讨的方式进行，围绕相关领域的重点工作组织讨论，确保对重大决策部署形成共识，避免出现执行偏差，宣讲的过程同时也是动员和贯彻部署的过程；对基层员工，采用“集中宣讲”方式进行，主要是讲清形势任务、奋斗目标和要求，鼓舞士气、激发斗志，分层次、分类突出与工作相关的关注点和重点。内部的战略宣讲一定要做到全员覆盖、深度讲解，辅以高频度媒体宣传强化记忆、入脑入心，不能以宣传替代宣讲、宣贯。对上级、对用户、对战略合作伙伴在注意防护商业和技术秘密的前提下，也要采取适宜的方式进行适度的宣扬，以扩大影响力，并寻求认同、支持和合作。

（二）精细部署见行动

采取有效的工作方法，将纸面规划落实到工作计划中，落实到行动中。将战略规划目标分解成阶段目标，纳入领导和部门责任令，落实到所 / 厂和部门的工作计划中。对落实和推进情况进行监督检查，纳入部门的绩效考核中。对战略实施过程中存在的问题、难点，要及时研究，积极采取应对措施、调配资源，确保有序、有效推进。对经过充分论证、验证的局部不适宜，在路径、措施、资源上及时进行战术性调整，以确保总体目标的最终实现。

案例专栏

航天 13 所 /230 厂总体战略规划形成后，组织各个部门结合自身业务进行规划分解，按年编制形成计划。每年年初，组织各个部门进行年度工作策划。所 / 厂长带领主管领导和业务主管部门，对每个部门的策划进行评审。评审中充分交换意见，明确目标，提出要求，落实到部门责任令中。对工作中遇到的难点和风险事项，共同想办法，一起研究应对措施。对部门提出的资源需求，主要包括人力、物力、财力，明确责任人和计划，由综合部门督办落实闭环，确保资源到位。由业务主管部门在年中进行阶段性检查，重大事项所 / 厂领导亲临督导。航天 13 所 /230 厂每年工作策划形成的重要待办事项约 400 多项，基本上涵盖了所 / 厂工作的方方面面，对可能出现的风险和变故进行了预判并提前制定应对措施，大大减少了过程中需要协调和决策的事项，工作效率大幅提升。

（三）强化学习提能力

战略实施的过程，就是不断自我革命、挑战未知、突破自我的过程。过程中暴露出能力不足是正常的，也是一种常态。战略实施的过程也是学习和提升的过程，学习和提升贯穿于战略实施的全过程、各个方面。

1. 持续增强领导者自身和领导层的战略领导力

所谓“到中流击水”，就是努力到前沿、到专业流速最快、最主流的方向去，到竞争最激烈、最前沿的地方去。航天专业所 / 厂领导干部只有不断提高自身能力,才能把握各种机遇。成功的创新者不只是“专注于冒险”，而主要是“专注于机遇”。唯有勇于实践、不断创新，才能够不断发展，只有真正行动、紧紧跟上，队伍才能够获得生存之地。领导者坚持不断学习，以创业者的视野和心态向时代学习、向外界学习、向一流单位学习、向竞争对手学习。

领导者要不断强化底线思维。科学预见形势发展走势，善于发现潜在的风险挑战，提前考虑潜在风险、预先谋划，努力抢占先机、赢得主动。常观大局、思大局，透过现象看本质、立足当前放眼长远，胸怀大局、把握大势、着眼大事，保持清醒头脑，在大局中思考、在大局下行动，全面客观分析局部和全局、当前和长远、主要矛盾和次要矛盾的关系，对症下药、综合施策，自觉以战略思维谋全局、以战略定力迎挑战。

领导者要不断强化创新思维。时刻保持高度清醒的头脑和强烈的危机意识，保持如履薄冰的谨慎、见叶知秋的敏锐。要善于在危机中育先机，在变局中开新局。居安思危，先知先觉。提前预知、预判行业和技术发展中的风险和挑战，在危机到来之前就提前布局和实施转型，形成持续的不断创新、否定自我，引领发展。

2. 善于学习并练就驾驭局面的能力

绳短不能汲深井，浅水难以负大舟。航天专业所 / 厂领导人员不但要政治过硬，也要本领高强，才能牢牢掌握工作主动权。航天事业越发展、任务越艰巨，对领导干部的素质能力要求越高。党中央明确提出新时期领导干部必备的八大本领，将“学习本领”放在首位，凸显其重要性。

案例专栏

坚持学习不能停留在口头上、要求中，而是要落实到行动中。高层领导干部必须带头学、与干部职工一起学、向干部职工学，养成不断学习的自觉习惯。航天13所/230厂在改革重组过程中，建立了不同层级的定期学习制度，如中层干部每两周安排一次周末半天的集中学习，重点开展经营管理、专业技术、科学作风培训；平均每月安排一次院士讲堂，重点开展基础性、前沿性及先进交叉学科发展培训。全体所领导带头参加。坚持集中学习和自主学习相结合，采用专家授课、互动研讨、思考总结和实践研训等多种方式，带着问题学，在实践中学，实现学习、工作双促进。把培训、学习嵌入工作中形成必备工作的一部分，干部职工通过培训学习丰富见识、开阔视野、提升能力，同时起到了统一思想、思维碰撞、凝心聚力的巨大作用。

3. 提升中层干部的素质和能力

中层干部是航天专业所/厂的中坚骨干。中层领导的干部素质能力应从担当能力、预见能力、执行能力、学习能力、协调能力、培训能力和坚持能力7个方面加强培训和自我修炼，树立“敢为人先、敢闯新路、敢于担当、敢于胜利”的16字核心理念，做到“心存大局，谋划发展，站高一层，高度领悟，团结协作，勇于担当，知人善用，奖罚公正，知行合一，持续改善”40字基本要求。勇于并且能够迎接新形势、拥抱新常态、解决新问题、提出新思路、开拓新局面，无论是对待工作还是培养队伍，都要有信心、耐心和用心。

对中层领导干部的要求

（1）真讲政治

中层领导干部必须牢固树立危机意识和大局意识，轻个人名利、重事业兴衰；坚决杜绝官僚主义，正确引导职工，及时宣贯形势，弘扬正气、公私分明，打破陈旧和过度的人情观，勇于剖析和面对自身不足，加强学习，践行改进措施，不断提升能力，带好队伍；身为干部，要对企业负责，要坚持原则、不徇私情，创造公平公正的工作环境，不以权谋私、假公济私；要迎难而上，越不会就越要学、越要做；要严于律己，加强学习，提升自我，在工作中要勇于担当，在专业上要敢于开拓，真正践行航天精神。

（2）勤于思考

机关部门干部要加强对政策、环境及竞争对手的研究，办实事、讲实效，尽快转变作风；技术部门干部要力争成为事业上的行家里手，不拘泥于技术本身，开拓思维，做到融会贯通，重视经验及专家意见。所有中干要以饱满的热情、坚强的毅力和卓越的智慧，积极投身变革，敢干、真干、实干，干出效果，树立严谨务实的工作作风并建立起“精品意识”，真正在工作中做到“知行合一”。

（3）勇于担当

进一步提高创业意识，树立信心，开阔胸襟，拓宽眼界，“重整行装再出发”；改正拖沓的工作作风，注重职场礼仪；主动作为，要有坚持到底的恒心定力，提高应对突发情况的能力；要重塑简单的人际关系，坚持传播正能量；具备开放学习的精神，确立正确的工作标准，自主思考，自主工作；多与行业标杆单位进行对比；杜绝懒惰寄生、不劳而获思想的存在。

（4）坚持高标准

工作质量决定产品质量，态度决定一切。树立高的工作标准，坚持系统性思考、全面风险管控。干部要自我准确定位、能上能下、敢上敢下、勇（敢）于承认和接受自己的不足，如果不能通过自我改善、进步满足时代要求，主动让贤是出路也是贡献；要敢于负责和担责（政治责任、经济责任、管理责任），对国家负责、对单位负责，才是真正的对自己负责；主动工作，直面问题不回避问题，出现问题不能推责任、绕圈子，对问题本质要有正确的判断和有效的措施。

（5）弘扬正气

舆论正面引导、身先士卒、坚决与不良社会习气和单位恶习做斗争。正确把握和处理单位利益和个人利益的关系，摒弃“要权力不要责任，要福利不愿付出，要出彩不想出力”的错误观念；坚持所 / 厂一体抱团取暖创业，打破团伙和利益小圈子；放下架子、沉下身子、少讲面子，脚踏实地、务实工作；管理大胆创新，不因循守旧，摒弃“守摊”和“路演”念头，杜绝“窝里横”和“浪里翻”；发挥集体力量和群体智慧，“一个好汉三个帮”，帮助别人就是帮助自己，促进共同进步；消除狭隘利益，敢于跨界，不做旁观者。

三、战略实施、稳中快进

谋定而速动，行动见真章。战略实施要坚持兵贵神速，以快制胜；要快速迭代，步步为营；坚持不懈、走向胜利。

（一）谋定速动开好局

战略一旦谋定，快速全面展开是传递领导层决心和信心的最好策略。领导层的任何迟缓、停滞都有可能被职工误解放大为战略信心和定力的动摇，特别是在两个或多个法人主体乃至部门之间的改革重组。陷于缛节就是乱麻理不清，大刀阔斧才能“快刀斩乱麻”。在面临发展困境，干部职工对改革重组充满迷茫找不到方向时，勇于亮剑，指明一个新战略路径，动员和团结全体队伍齐心协力，冲出重围，这是最好的战略选择。

案例专栏

航天 13 所 /230 厂在改革重组过程中，首先对所 / 厂在曾经的成绩、安逸、迷茫、焦虑、自负的矛盾中隐含的重大危机进行深入剖析，以新理念、新技术、新产品、新领域、新市场为切入点，组建“突击队”。以研发为突破口，集中优势兵力打造创新高地，组建新的研发中心，打好引领创新的组织和人员基础。消除员工顾虑、树立攻坚信心后，机关职能部门多批次整合，分流人员。然后调整科研基层部门和流程，最后进行全面的组织流程优化。实现了小步快跑不停歇，稳妥有序、快速迭代。同时广招天下英才，引进社会成熟人才、海外留学人才，及时解决了快速发展中的领军人物和精英人才的缺口，实现了航天专业所 / 厂各项科研工作和精神面貌的跨越转型。

（二）成效迭出固信心

积小胜成大胜，用小成绩及时激励并持续强化干部职工改革和奋斗的信心。对取得的阶段性成效及时宣传、表扬和表彰。加强宣传，树立榜样。激励专业所 / 厂全体职工立足岗位，勇当先进争上游。即使是一直被多数人认为处于所谓“不受待见”的基层保障 / 服务部门，同样树立高大的目标，鼓励员工争创先进，激发全体职工的创造力和争上游的决心和信心。

案例专栏

航天 13 所 /230 厂通过能源动力优化，开展智慧园区建设，大幅减少能源消耗，三年节省的能源经费足以弥补改造建设投入。同时，通过项目建设，培养集团级技术安全、能源管理专家，获得上级和地方政府标杆激励和经费扶持；争创首个行业专业性国际标准，并获得每轮次的持续支持，获得国际赞誉和经费扶持，培养了专家团队、营造了国际影响力；快速推进国家级 CNAS/DILAC 等实验室认证，提升行业影响力，同时获得行业定点评估、鉴定的长期业务扶持；通过积极推荐优秀技能人才入选中央电视台“大国工匠”栏目，树立技能工人奋斗榜样和标杆，激发了技能人员的岗位自豪感，同时扩大了单位影响力，促进了精密加工、精密装联等方面的业务快速增长。此外，专利申请数、授权数比以往翻数倍，工会、团员青年活动、行政后勤、体育活动等都获得业内优秀荣誉。

（三）快速迭代保成功

战略不可能一成不变，战术层面更需要动态调整，以适应内外部快速变化的形势和环境。在保持战略定力、总体战略方向和目标相对稳定的前提下，要在技术、产品、产业方面持续改进，在组织、流程、资源方面优化调整。对战略规划也要定期滚动优化迭代，以三年为宜，原则上不超过五年。

案例专栏

在所/厂重组改革初期，航天13所/230厂强化技术牵引，成立研发中心导航技术研究室。随着技术的快速进步和市场的迅速发展，该研究室在两年内完成了从研究室到自主管理独立项目部、相对独立经营事业部的转变。研发中心机电研究室，在三年内完成向事业部、完全独立法人的子公司的转变。型号质量管理方面，在长期由质量技术部门牵头，因缺少抓手，与科研生产脱节偏于务虚的情况下，划归科研部门统筹管理，在理顺各种关系、流程，形成规范管理后，重新回归质量部门统一管理，质量管理部门的综合分析和统筹施策功能得以全面强化。

（四）成效初显新启程

2013年年底航天13所和230厂实施改革重组，2014年6月制定和发布了《13所/230厂三年发展战略目标》等顶层文件，提出了“三年夯实基础、六年转型升级、九年加速发展、十年实现跨越”的愿景目标，制定发展战略，规划改革路线图，通过综合施策、统筹管理和快速迭代，至2017年年底，航天13所和230厂改革重组取得了显著的成效，两个老单位彻底融合。改革重组稳步有序推进，经济发展持续向好，科研生产顺利进行，型号任务全面完成，产业项目快速发展，技术创新取得突破，市场领域不断拓宽，产业项目快速发展，经济总量持续增长，能力建设成效明显，人才队伍不断优化，企业优化全面融合。党建和企业文化建设稳步推进，改革发展成绩突出。

案例专栏

在改革重组的四年（2013 年年底至 2017 年年底）内，航天 13 所 /230 厂经济稳步增长、各项经济指标全面完成。所 / 厂年营业收入增长 84%，年均复合增长率 11.7%（其中所 / 厂本级增长 90%，年复合增长率 17% 以上），累计实现总收入上百亿元；全员劳动生产率提高 77.8%，职工收入提高近 70%；产业化项目收入年增长率超过 15%，项目订单稳步增加；能力建设投资超过 18 亿元；资产总额增长 140.9%，年均增长率 24.6%；人员总规模略有减少，而高学历人员比例大幅提升，队伍结构明显改善；荣获全国五一劳动奖状、国务院国资委“中央企业先进基层党组织”、航天科技集团“十二五”科技创新先进集体、国家体育总局“全国群众体育先进单位”等多项荣誉，全面实现了三年夯实基础的战略规划目标，步入转型升级的快速发展轨道。

第四章

航天专业所/厂重组中的流程与组织再造

流程与组织再造是对航天专业所 / 厂涉及的工作流程、组织结构、职责等进行全面调整和重塑，关乎各方面资源、利益和权利的分配以及效率、效益的提升。围绕总体战略，实现资源的有效配置，促进各部门、各业务在重组中协调发展。

第一节　面临的挑战

企业重组、资源整合的目的是优势互补、提高效益。如果缺乏系统思维和整体谋划，缺乏对航天专业所 / 厂所在的产业链和产业生态的深刻认识和准确分析，资源要素配置错位，就会导致重组效果不佳甚至出现倒退。

一、传统流程和组织难以适应航天专业所 / 厂发展的需要

以信息网络和人工智能为代表的新科技快速发展触发第四

次工业革命，创新范式和科研生产模式正经历重大变革，不少传统的组织模式和流程已不适应航天专业所 / 厂高质量发展的需要，迫切需要开展以市场和技术为双主线、以研发和制造新技术为双支撑的流程与组织再造。

一方面，创新范式从线性创新转向网络创新、从封闭式创新转向开放式创新、从团队创新转向平台 / 产业创新，人才流动、信息和知识传播迅速，技术和产品迭代速度加快，技术和市场愈发透明，技术独占性和领先性的保持、市场壁垒的建立和维持更加困难；另一方面，信息化广泛普及和深度应用，大大提升了信息传递的快速性、完整性、准确度、透明度，管理效率大幅提升，推动经营管理透明化、决策科学化。大数据分析、人工智能技术的迅猛发展，使决策变得愈发高效和科学。与此同时，信息化、数字化、智能化逐步成为设计制造主流，数据资产、知识资产利润贡献度迅猛增长。基于计算机仿真、数字样机、物理空间与虚拟空间的数字孪生技术显著压缩了实物验证、技术和产品迭代的周期，减少了对人工的依赖，使质量得以保证、效率大幅提升、成本大幅降低。

二、对流程与组织再造的机理和本质规律的认识亟待深化

缺乏对流程与组织再造的机理和本质规律的深度认识和破解策略，是航天专业所 / 厂重组的主要障碍之一，从而成为组织变革的阻力。由于历史和现实的种种原因，有些航天专业所 / 厂还不同程度地停留在执行以“人管”和“管人”为中心的传统模式和流程，部门林立、职责重叠、流程繁杂，部门间的协调耗费管理人员和领导的大量精力。部门各自为政，制度的协调性、衔接性差，重权轻责、推诿扯皮现象还不同程度存在。

航天各单位都推行了信息化管理，但一些单位缺乏对组织、流程和数据的系统、全面、深度梳理，多把信息化作为一种处理工具生搬硬套到原有的制度和流程中，过多采用“线上线下并行”“绿色通道”等方式解决信息化系统和制度的不协调、不适应问题，造成信息化建设效果大打折扣。

由于对流程与组织再造的机理和本质规律的认识不够，研究不深不透，

系统策划和总体策略缺失，再加上部分人员对流程与组织再造不理解和抵触，在航天专业所/厂重组中经常会出现“对人不对事”的表象和误解，甚至激化为矛盾，“走一步、退半步”“走回头路”的现象也时常发生。

（一）组织结构松散，专业统筹集而不团特征明显

航天专业所/厂的发展和改革历程混合了事业单位改制、行政划拨等诸多因素。有的是靠行政力量而形成的，开始时往往是由“堆积木”的方式拼在一起，“结构松散、集而不团”特征明显。这些现象往往导致企业资源分散、低效重复。横向上看，各专业所/厂间信息互通机制不足，条块分割；纵向上看，多头管理，五指不能并拢成拳，致使管理看似集权，实则是“元素”离散的“集合”；实际上，决策的传导力较弱、损耗较大、效果较差。资源在各个专业所/厂间难以有效配置，加大了企业集团整体经营风险。

在航天专业所/厂的重组过程中，不仅要推进单位内部的流程和组织再造，还要从航天工业体系乃至整个产业链的社会大环境范围内，从产业链、创新链和价值链的广阔视角，以航天基础核心专业的长远发展为终极目标，对流程和组织再造的机理和本质规律进行再认识。不等不靠、主动作为，上下穿透、横向延伸，在航天专业所/厂管理体制和机制方面补齐“断点”、通浚“梗阻”、打通“瓶颈”。

（二）对人的因素实际重视不够，大企业病易生难治

人是组织系统中最主要、最活跃、最富创造力和能动性的因素，组织管理归根结底是对人以及人的行为的管理。航天专业所/厂流程与组织的再造核心任务之一是强化对人的因素的改造，任何重大的变革首先要做的第一件事就是统一思想、转变观念。将理念、作风、能力等的改造，与组织、流程再造统筹考虑、同步实施；与组织和流程再造同频共振，充分激发出人的创造性潜能，从而提升组织的发展活力。通过对人的组织、指导和调节，充分调动人的主动性、积极性和创造性，提升人的自主学习和自我改善能力，做

到人尽其才、人尽其用。

人力资源的存量盘活和妥善安置是航天专业所/厂当仁不让的社会责任和固有难题，增量方面又受到人工成本和人员规模的限制。未充分考虑人的因素或过分迁就个体的因素，是航天专业所/厂重组中极易面临的两个困境。因人设岗、依能定责的现象也较大程度存在。破解“定岗定编、越定越多”这个“老大难”问题，需要从组织和流程的底层逻辑进行根本变革。既不能盲目一刀切，也不能因为顾及极少数而畏手畏脚。

当前，航天专业所/厂普遍采用行政式组织结构形式，基层部门接受主管所/厂领导行政指挥、机关处室业务指导的双重领导，既能实现集中统一指挥，又能发挥机关管理人员业务特长。然而，机关部门和人员接受上级的领导，部门/岗位之间协调沟通存在部门壁垒。任务越多、时间越长，管理部门和岗位越多，机构越臃肿；分工越细，管理流程越长，沟通的壁垒越多，效率越低，“大企业病”越严重。低效的官僚化作风和繁冗流程，形成对责任感和创新能力的“双杀效应”。

如何根治“大企业病”？本质上是与“窑洞对”中的历史周期率的同问。答案是“民主监督、自我革命”①。大国兴衰，企业兴亡，一个共同的重要原因是自己解决不了自己的问题。发扬民主，群众监督，是外在因素，是他律；自我革命是内在因素，是自律，更主动也更关键。“自我革命”反映了以自我革命引领事业发展的战略思想，更是航天专业所/厂做到历久弥新、基业长青的关键路径。

① “窑洞对”，是指1945年毛泽东与黄炎培在延安杨家岭窑洞里的一次著名会谈，黄炎培希望中国共产党找出一条新路，跳出兴衰周期律的支配。黄炎培说：“真所谓‘其兴也勃焉、其亡也忽焉’，一人，一家，一团体，一地方，乃至一国，不少单位都没有能跳出这周期率的支配力。”习近平总书记在中国共产党十九届六中全会中提到“窑洞对”：“我们党的历史这么长、规模这么大、执政这么久，如何跳出治乱兴衰的历史周期率？毛泽东在延安窑洞里给出了第一个答案，这就是‘只有让人民起来监督政府，政府才不敢松懈’；经过百年奋斗特别是党的十八大以来新的实践，我们党又给出了第二个答案，这就是自我革命。”

关于“大企业病”

“大企业病”是中外企业普遍存在的一种企业管理“老化”倾向。“只缘身在此山中”，管理学界诟病的“大企业病”普遍性和危害性尚未引起许多单位的重视。大企业病也称帕金森定律、官场症、组织麻痹症。1958年，英国历史学家诺斯古德·帕金森在《帕金森定律》一书中指出：在一个组织中，机构和人员的增加，并不完全出于工作需要，而是有其自身的逻辑。即管理活动本身会制造工作岗位，增加人员会制造出功能重叠、人浮于事、互相扯皮的官僚体系，从而使组织目标不明确、经营效率低下。帕金森认为：在行政管理中，行政机构会像金字塔一样不断增多，行政人员会不断膨胀，每个人都很忙，但组织效率却越来越低下。这条定律又被称为“金字塔上升”现象。

通常而言，“大企业病”都有如下症状[①]：一是机构臃肿。公司有十几甚至几十个部门，部门与部门之间基本不会联系。二是决策缓慢，流程众多，审批繁杂。企业高层对信息处理及时性极低，对市场反应迟钝，决策速度远低于市场变化速度。三是多重领导。公司设置层层领导，一大堆中层和基层领导，还有所谓项目负责人。一项工作，需要多个领导参与、层层把关审批，但少有人对最终结果负责。四是过度管理。大量管理人员取代了业务、研发人员，甚至让大量研发人员学习管理经验。真正赚钱的业务人员越来越少，管理人员越来越多。五是思想僵化，安于现状，缺少忧患意识。企业对市场变化漠不关心，沉迷于内部范围小圈子。对于创新，喜欢闭门造车；对于新思想新技术，不敢尝试。六是效率低下。员工缺少激情，工作态度懒散，效率低下，得过且过，不犯错就好。七是协调困难。各部门信息沟通不畅，各自为营。工作交付文档繁多，职责不清，合作协调困难。八是人才流失。人才流失是“大企业病”的现象，也是结果，最终使人才优势凋零，竞争力进一步下降。

① 时光．“拆庙搬神”：大企业摆脱帕金森定律魔咒［J］．中国石油企业，2021（3）：101-103+111.

大企业病若不根治，任其发展必然带来“双杀效应”，即员工缺乏责任感，被企业耗死；企业缺乏创造活力，被外部环境杀死。

（三）专业重组机理认识不透，流程与组织再造遭遇困难

航天专业所 / 厂的行业属性，决定其经营活动受行政化管理和市场化竞争的双重约束，体制改革、资源重组必须遵循规律、系统思考、整体谋划，只有紧紧抓住制约专业发展的主要矛盾和矛盾的主要方面，妥善处理各个方面的关系，才能真正实现“1+1>2”的效果。历史一再证明，“跟风”式的机构整合、资产重组，虽能起到缩短管理链条、减少行政人员的作用，但未必能有效解决发展动力、组织活力的问题，一旦煮成夹生饭，从头再来的难度更大。

市场经济条件下，所 / 厂均为独立法人，自主经营，但任务交叉，相互依存，利益冲突导致的工作摩擦时有发生，甚至影响到科研任务的完成。航天专业所 / 厂机构改革、资产重组势在必行。由于机构属性、资产属性、人员身份、薪酬福利乃至会计准则都有所不同，重组难度很大，需要精心设计、严密组织、审慎操作，主要把握好以下几点。

1. 相同专业

同一专业多个单位或部门合并，主要目的是减少资源重复投入，减少同业竞争，形成专业优势，提高行业影响力和市场占有率，促进产业良性发展。总要求是从技术体系和产业链的角度，对合并对象的资源禀赋进行深入分析，判断其能否实现优势互补、产生溢出效应。换言之，就是要通过机构合并、资产重组，补齐短板，提升整体实力。

2. 相近专业

相近专业的合并和拆分要慎重稳健，充分考虑专业特点、业务流程、人员结构和企业文化差异。一般来说，航天专业所 / 厂中相近专业的整合应先

“分”再“合”，把拟整合的专业分解成若干相对独立的技术分支或最小生产单元，然后按照整合目标，从人才、技术、价值和产业四个维度进行优化组合，全方位实现深度融合。

3. 上下游专业

航天专业所 / 厂上下游专业主营业务紧密耦合、利益相关，整合思路和方法与相近专业类似。着力点是将上下游由利益相关方变为利益共同体。下游主要面对总体单位或最终用户，上游特别是生产元器件、基础部件、单机产品的企业，涉及的用户范围较广。上游改革重组要统筹专业布局，不能因为整合而削弱核心竞争力，一般采取事业部或子公司管理模式，相对独立经营。

4. 研究所与制造厂

航天专业所 / 厂人员和业务体量大、范围广，流程、组织不同的特征明显，人员和文化也存在较大的差异，致使重组中的流程与组织再造更为复杂、困难更大。此外，事业单位与企业单位整合，由于财务制度和成本核算机制不同，需要分别建立成本统计和核算系统，并建立内部收入结算机制。

职能部门和保障机构整合是内部改革重组难点。机构合并必然出现冗余人员分流问题，容易产生不稳定因素，需要统筹兼顾，按照“先易后难”原则，分类分步实施。由于业务流程、资源禀赋不同，航天专业所 / 厂存在管理模式和文化差异，要从实际出发，具体情况具体分析，区别对待。综合管理“应统尽统”，业务和人事管理“能统则统”。遵循积极稳妥原则，按照改革路线图、时间表，最终实现业务融合、流程融合、文化融合，形成新的企业治理结构和文化氛围。

三、流程和组织再造是航天专业所 / 厂高质量发展的迫切需求

航天专业所 / 厂要实现高质量发展，就必须坚持系统优化布局，推动科研生产模式转型升级；统筹好质量和效率，全面提升装备供给能力；超前部

署新域新质作战力量竞争。

(一)坚持系统优化布局，推动科研生产模式转型升级

要坚持系统观念，着眼于航天任务增长的现实需求和未来预期，着力优化扣紧科研链条，改进生产工艺，提升生产效率和能力，以系统优化布局带动形成适应任务增长常态的科研生产模式，以发展眼光和系统思维实现各构成部分组合起来达到整体最优。以国家战略需求为导向，以形成强大的体系化能力为目标，统筹对接国家战略布局和区域规划，与技术创新、科研生产模式转型、产业链等相结合，从空间区域、研制流程、能力结构水平、供应链等维度对航天专业所/厂能力布局进行系统谋划，突出跨单位的专业化能力整合，全面推动能力布局优化。

(二)统筹好质量和效率，全面提升装备供给能力

现代战争对航天装备的应用呈现常规化趋势，许多航天装备逐渐由尖端武器向常规化转变，无人作战、集群作战模式开始在战场上发挥愈来愈大的作用，制导武器也从战斗集群的专业作战单元，逐步成为单兵、小组、班等最小作战单元的基本配置。战场制胜的法宝也由以尖端武器为主导的非对称降维打击，逐步演变为技术、数量、成本综合性对抗，且数量和成本因素的作用越来越大，武器装备不但要管用，也要好用、耐用，还要够用、用得起，大批量、规模化、快迭代、低成本研产成为航天装备研制的新时期要求，而且是紧迫的必然要求。

传统的研产模式存在周期长、效率低、成本高的固有缺陷，已经不能适应新时期的要求。要实现研产模式的根本转变，无非就是两种途径：一是技术更新换代，二是研产模式升级转型。技术更新换代需要长远布局，久久为功。研产模式升级转型则需要壮士断腕，时不我待。要对标对表先进前沿的科研生产模式，优化顶层设计，创新组织机构和运行机制，积极应用新方法新技术新工艺，创建适应新时期要求的科研生产模式，保证装备“供得上”“供

得起”“供得好”，实现高质高效供给和全周期服务。

要在全面把握质和量的关系的基础上，着眼质和量的常态化动态需求，统筹好质量和效率的关系，找到二者的“均衡点”，实现二者的最优组合。一是技术突破创生新方案、新产品，丰富技术手段提升质量控制能力；二是研制模式创新提高资源效能，大幅提升产出能力和效费比；三是社会化大协作，增强 / 增韧供给能力；四是管理创新提高运转效率，降本增效促转型。

（三）超前部署新域新质作战力量竞争

党的二十大报告指出“打造强大战略威慑力量体系，增加新域新质作战力量比重，加快无人智能作战力量发展，统筹网络信息体系建设运用。优化联合作战指挥体系，推进侦察预警、联合打击、战场支撑、综合保障体系和能力建设”。推进专业所 / 厂改革重组，实现高质量发展，既要“向天借力”，牢牢抓住新质生产力的“新增量”。更要卧薪尝胆、苦练内功、主动作为，构建适应新域新质航天装备研制的快速迭代流程和创新组织，主动对接用户，提供能够支撑打赢未来战争的新域新质装备型号一揽子方案，进一步夯实基础和提升全方位保障能力。

第二节　航天专业所 / 厂重组对流程与组织再造的期望与要求

航天事业发展处于重要历史机遇期，市场全方位竞争、产品高质量快速批量交付，技术与管理持续创新的要求由局部性、阶段性、分散化存在，逐步呈现整体性、常态化、全面性的特点，且越来越明显。全面实施科研生产流程与组织再造，是航天专业所 / 厂适应新时期内外部环境条件变化的关键举措。

一、加速科研生产模式转型

当前航天专业所 / 厂多从事分系统、单机及以下级的产品研制，研制开发和科研生产仍严重依赖型号任务输入，组织体系、科研管理、生产策划、质量管控、责任追究和绩效考评等配套机制仍以主要型号任务为导向，以产品生命周期为主线的产品化管理体系尚未真正建立，亟需激发航天专业所 / 厂产品化工作内生动力，以产品化为抓手持续实现技术的快速迭代和更新换代，实现去型号化、货架化。对航天专业所 / 厂而言，需要重点解决以下问题。

（一）科研由型号化向产品化、实战化转变

随着新装备研制和交付强度的增加，航天单位普遍从思想上认识到产品化是提升产品质量和研制生产效率的重要战略举措，但对“型号”与“产品”的关系的认识仍不统一，仍大量存在靠型号驱动产品开发，靠产品新研支撑型号立项，靠产品个性差异申报成果的思想障碍，局部利益最大化思想仍然严重。机制转型滞后，单位之间、型号与单位之间、型号之间、科研生产管理各职能要素之间的机制障碍仍未破除，型号对产品选用的组织级控制和通用产品的组织级验收模式尚未建立，型号绝对主导的局面仍未打破。航天专业所 / 厂内部，型号林立、产品林立，孤岛局面仍未有效改观，型号任务不统筹、技术方案不统筹、工艺路线不统筹、技术条件不统筹，导致产品化发展全面落地仍障碍重重。

打破垄断格局，由计划主导性向市场主导性转变，降低成本、提升效率势在必行。集中采购、竞争性采购、招标采购成为常态，项目成本成为项目竞争立项的重要择优因素。要实现周期、质量、成本（TQC）[①] 最优，提高产品竞争力，要求必须由一流的成熟产品和一流的产品实现过程作为支撑。迫切需要优化产品研制流程，通过智能制造等手段，提高产品实现过程卓越

---

① 周期、质量、成本（Time & Quality & Cost，TQC）是项目管理、产品竞争力的三大核心要素，也是竞标的三大重要指标。三者之间相互关联、相互影响，成功的项目管理需要在这三者之间寻求最优组合和平衡。

度，提升产品质量、可靠性和先进性，降低成本。高强度研制、高密度交付成为新常态，并将持续增长，装备任务由研制为主逐渐发展为研制与批产并重，要求专业所/厂产品的开发、生产和应用一次到位，必须通过产品化工作，提升产品成熟度，提高产品生产效率，保证研制的质量和进度。

（二）提升技术水平及产品成熟度

产品成熟度是对产品在研制、生产及使用环节等全寿命周期所有技术要素的合理性、完备性以及在一定功能、性能水平下质量稳定性的一种度量①，也是实战化能力的主要体现。产品成熟度依赖技术成熟度支撑，技术成熟度通过产品成熟度验证。吃透技术，包括设计技术、工艺技术，并结合科学的管理方法，是提高技术成熟度和产品成熟度的前提和根本保障。由于专业技术未吃透，产品成熟度低，产品原理先进但性能优势不显著，导致核心技术产品未能占领绝对竞争优势和行业制高点，具有高附加值且有前景的产品地位不凸显，也一定程度上阻碍了先进技术的应用和发展。

目前，一些老大难质量问题长期不能得到彻底解决，长期应用的老产品的技术成熟度不高，影响装备实用性，难以支撑产品驱动的科研生产管理体系建设。通过再分析、再设计、再验证及成功数据包络分析等工作，不断完善、优化三类关键特性数据和产品基线，提升产品设计、生产、使用的精细量化控制水平和产品数据包的精细化程度，减小产品各项指标的离散程度。通过试验、实际使用验证产品的长期可靠性，通过运用产品成熟度评价方法，确定产品成熟度等级，识别薄弱环节，持续改进提升，不断提高产品的合格率和稳定性水平，提升产品成熟度，进而提高产品竞争力和实战化能力。

（三）加强产品的型谱和货架建设

产品型谱是产品通用化和系列化两种标准形式的结合与发展②，是用较少

① 袁家军．航天产品成熟度研究［J］．航天器工程，2011，20（1）：1-7.

② 朱毅麟．产品型谱初探［J］．航天标准化，2005（2）：5-7.

数目的不同规格产品，构成可靠且满足可预见客户的全部使用要求的产品系列。产品型谱制定就是对某一类产品，依据型号需求和专业技术发展，由专业单位与总体单位充分对接，提出科学合理的产品规格设置，逐步建立并完善涵盖不同产品层级、产品规格间隔合理的产品型谱体系。

现有型谱产品的通用性、可靠性和质量稳定性存在较大差距，竞标采购更加剧了产品状态的分散性，产品体系和货架建设滞后于型号需求，一定程度上难以支撑跨型号选用。单机单位通用模块选用管理制度的执行有待加强，元器件产品生产标准化、规范化程度不高，影响批量化生产线能力的有效发挥，也制约规模化、产业化发展。

航天专业所 / 厂既要优先保证货架产品和型谱产品供给，更要满足更高的应用需求和先进性要求，主动规划、提前储备，开展先进产品型谱化开发与产品升级换代。采用或者部分采用新体制、新原理、新方法、新技术、新材料、新工艺等以型谱化的思路研制性能、功能有显著提高的新产品。先进产品型谱化开发与产品升级换代项目要以产品型谱为主要依据，开展关键技术规划和攻关，形成可供型号选用的通用产品。总体单位也要积极支持、配合、引导专业所 / 厂型谱建设。通过型谱建设，减少差异化，形成系列化，既利于保障装备总体可靠性和实用性，又利于促进专业技术的持续提升和发展。

（四）产品实现过程持续追求卓越

产品实现过程提升是以产品实现过程为主线，系统研究产品设计、生产、试验、售后等实现过程的关键要素，应用基于模型的数字化协同设计仿真、基于智能制造的生产线运行与管理及基于信息化的售后健康管理系统等先进方法、工具，落实产品保证要求，解决产品实现过程不规范、不精益，数字化、智能化水平低等问题，推动产品实现过程从精细、精益到卓越的跨越发展。重点开展以下工作：

1）以问题为焦点，产品工艺保证向竞标及批产能力提升转变。全面建立设计工艺一体化全过程深度协同研发模式，全面开展面向制造和装配的设计（Design for Manufacturing and Assembly，DFMA）。产品可制造性及快速研制能力大幅提升，返工返修等环节存在的常见、多发问题得到明显控制，批产阶段合格率、重点产品生产效率提高，产品制造成本显著降低。

2）以目标为导向，制造过程向高端化智能化转变。全面推行基于数据模型定义（Model Based Definition，MBD）① 和可复用知识的三维工艺设计，大幅提升重点产品关键工序自动化率，高端工艺装备实现自主可控，打造智能柔性制造生产线，全面打通核心产品生产线能力瓶颈，制造模式实现数字化转型。

3）以体系为主线，以专业优势为依托，工艺技术创新向产品链、创新链全过程提升转变。全面建成面向产品链、创新链的先进工艺技术体系，完善工艺创新投入、激励、共享机制，工艺技术创新支撑机构实现高质量运行。重点制造技术领域向抢抓国家制造技术制高点转变。

二、管理提升追求卓越绩效

努力跳出行政化管理思维，以现代企业管理理念和方法对流程和组织进行革命性改造。

（一）效率优先、追求卓越

在“快鱼吃慢鱼”的当代，时间就是金钱、效率就是竞争力和生命力。以信息化、网络化、数字化为支撑的组织扁平化、作业并行化是组织和流程再造的基本原则。网络消除了物理空间和时间上的隔阂，让各种活动变得透明、实时，打通组织边界和流程节点是提升效率的关键。

---

① MBD（Model Based Definition），即使用一个集成化的三维数字化实体模型表达完整的产品定义信息，作为制造过程中的唯一依据。MBD 三维数字化产品定义技术不仅使产品的设计方式发生了根本变化，不再需要生成和维护二维工程图纸，而且它对企业管理及设计下游的活动，包括工艺规划、车间生产等产生重大影响，引起了数字化制造技术的重大变革，真正开启三维数字化制造时代。

（二）挑战惯性、善于斗争

航天专业所/厂重组中的组织和流程再造是革命性的变革，面对的思维惯性和阻力是巨大的、多方位的。领导层的瞻前顾后、优柔寡断会导致大面积停滞甚至全面溃败。在引进和探索先进的管理模式时，要真下决心、下狠心，克服习惯阻力，锐意进取、勇于斗争，打破旧工作习惯、旧思维习惯。

组织和流程再造要锚定目标，看准方向。华为在推行研发流程再造时提出的“先僵化，后优化，再固化”是很好的可借鉴的成功经验。“僵化”的目的是让深层次矛盾和问题充分显现出来，系统施策、加快迭代、全面根治，从而寻求优化的路径。“僵化”不是对灵活性的全面否定，反而更需要在具体路径和方法上具有创造性和灵活性。

（三）目标导向、注重实效

组织和流程再造就是要实现缩短管理链条，消除一切非增值活动，使效率和效益最大化。利用价值工程理念和方法，通过组织单元（最小的组织单元是岗位）、流程节点的调整、合并、增设、删减、分立、扩缩，寻求整体作业、活动的价值/成本最优。可有可无的独立组织单元和流程节点要坚决剔除，关乎成败的单元和节点要切实强化，要对风险防控和成本投入做价值分析。

（四）人岗匹配、人尽其才

组织和流程的调整伴随着人员及其职责的调整，让适合的人干适合的事，做到人岗匹配。“用人所长，天下无不用之人；用人所短，天下无可用之人”。做好时效和长效的统筹安排，既要长远打算，也要短期见效、立竿见影，避免急功近利、好大喜功。把控好实施节奏，分解目标、逐步实施。

第三节　航天专业所 / 厂重组中流程与组织再造的基本思路

根据专业所 / 厂重组转型升级的目标，针对既往问题症结，找到突破的方向和路径，形成有效的技战术组合，指引流程与组织再造工作的开展。

一、职能组织结构扁平化变革

精简组织和流程，适当授权、分权以实现权责对等，努力实现职能机构扁平化、管理知识化，提高管理的效率和效能。

（一）权责对等，适当授权

职位、职权和职责三位一体，职权与职责对称，是组织设计的基本原则。航天专业所 / 厂各级管理者在被赋予一定权力的同时，必须承担相应的责任。当组织规模扩大、管理工作复杂化后，上级管理人员可将某些专门业务或特殊任务的处理权委派给下属管理人员，由其在指定的范围内行使，即"适当授权"。一般来说，执行职责可以下放，结果的责任仍然需要由上级承担，即"职权下放，责任自担"。各级领导对组织目标的实现负有直接责任，拥有决策和向下级发布指令的权力。下级和职能人员协助上级工作，拥有谋划和建议的权力。

（二）职能机构扁平化，管理人员知识化

管理链条长短、人员和层级多少与管理效率呈现高度的负相关关系，管理层级减少、职能人员瘦身、综合性管理机构扁平化成为趋势。随着信息化程度的普遍提高，信息搜集、加工、传递的效率和质量大大提高，各种管理

流程和要求也通过各种信息化系统趋于标准化、规范化，将管理人员的精力从大量的事务性、文字性工作中解放出来，大数据、人工智能等技术的应用可进一步显著提高工作效率和工作质量，对管理人员的素质要求呈现去技能化而重知识化。

（三）集权与分权，管理幅度与层次相平衡

主管领导直接指挥监督下属的数量称为管理幅度，从最高层到最低层主管之间的职位等级称为管理层次。管理幅度过小，管理层次和人员势必增加，管理成本上升。反之，管理幅度过大，控制监督不到位，容易形成各自为政，影响整体效率。有效管理幅度主要与主管的工作能力，工作的标准化、规范化程度，信息传递质量和效率，外部环境变化快慢有关。在各个层级的机构、部门、职位之间合理分布决策权，尽量减少越级指挥和多头指挥，以免下属无所适从。有效集权有利于保持政令统一，提高组织决策的执行效率，实现资源的统筹配置，集中力量办大事。过度集权会强化部门的依赖性，独立负责精神的缺失，将削弱整个组织的应变能力。

事业部制 / 分公司 / 子公司是航天专业所 / 厂实行的典型分权组织形式，实行这种组织形式应同时满足三个条件：具有独立的产品和一定规模的市场，是产品或市场责任主体；具有独立的利益分享权，实行独立核算，是效益责任主体；具有自主经营权，是实体化经济主体。事业部制 / 分公司是在专业所 / 厂统一管理体系下的相对自主经营主体。子公司则是完全自负盈亏、完全独立经营的法人实体。子公司的薪酬架构、管理模式可以根据自身需要设置，母公司主要采取战略管控或财务管控等方式进行管控，子公司经营层在授权范围内自主决策。

根据业务复杂度和单位人员总数，航天专业所 / 厂职能机构设置一般适宜两级架构或两级半架构，即所 / 厂领导—管理处（部），所 / 厂领导—管理部（半级）—职能处室。采用两级架构时，业务穿透式管理，职能部门数量较多，所 / 厂领导的管理幅度较大，部门主管要负责具体的业务和部门间的协调，处室领导需要设置多个副职，分管不同的业务。在企业规

模较大、管理部门和人员较多时，可以增加半个管理部层级，管辖职能相近的多个处室。半个层级的管理部一般只设领导，不设专职管理人员，行政事务由其管辖的一个主要处室负责。普遍采用管理部统筹管理下的处室领导负责制，处室领导对业务负责。管理部领导对所 / 厂领导负责，起参谋和助手的作用，负责重大事项的统筹策划、部署和审查、把关，管理部内不同处室间的业务和资源调配，管理部与管理部之间的业务协调。管理部领导一般兼任某个处室的负责人，以减少管理干部职数。当在基层部门采用研究室、车间模式时，职能处室要负责整个单位的分管业务的全方位管理，工作量较大，人数配置较多；当基层部门采用事业部模式时，具体职能管理的权责应尽量下放，职能处室负责统筹和协调，大幅减少职能处室和人员的数量。

二、市场化手段盘活存量资源

动态优化资源配置，发挥内部市场机制在资源配置中的主导作用，通过部门、人员绩效考核，引导人、财、物、时间、流程、信息等资源在预研、型号任务和产业化项目之间的有序流动。

（一）市场化手段引导资源配置

重视价值规律的作用，建立内外部市场机制。发挥内部市场在航天专业所 / 厂资源配置中的主导作用，行政干预作为辅助手段。保证市场机制运转畅通，促进资源有序流动，盘活科研生产资源，并可随时进行动态调整。

在经济社会发展不充分的条件下，有限资源和无限需求的矛盾始终存在。就航天专业所 / 厂而言，资源总量短缺是不争的事实，但不同发展阶段资源不足的表现形式和影响有所不同。例如，流动资金短缺会延迟物资采购和外协外包进度，设施 / 设备缺口过大会造成生产能力下降，新技术储备不足会导致核心竞争力下降。资源短缺虽是普遍现象，但从整体看，应该是相对充足的，大多资源短缺是相对的或者是暂时的。航天专业所/厂管理的重点工作之一就是资源分配和动态调节：首先是盘活内部资源，真正实现优化配置；其次是用好航天的社会资源，向外拓展发展空间。诚然，向外“借力”并非易事，需要企业有综合实力和良好的信誉，还要重视价值规律的作用，懂得利益分享。当然企业领导者的主动作为和人脉资源也是很重要的一个方面。

资源优化配置离不开市场化手段，包括内部市场和外部市场。在企业内部，运用资源有偿使用、考核激励手段，促使资源有序流动、提高使用效能。例如，在资源无偿使用、按人头发放薪酬的管理模式下，各部门会不断要求增加员工和设备，推行“定编、定岗，基本薪酬包干，奖金与部门经济效益挂钩”政策后，各部门千方百计节省资源开销，以提高人员收入。实践证明，全流程、全要素、全级次的成本考核是优化内部资源配置的有效途径，但要注意控制管理成本，其中购买专业化服务是一种较好的选择。

根据战略定位和市场前景对技术资源分类施策：符合发展战略且有市场前景的，持续扶持；对引领性、颠覆性技术，加大扶持力度；对虽有一定市场潜力但收益率较低的项目，减少扶持或择机退出；对虽已具备转化能力但与主业发展方向不符的，对外出售或转让。在确保指令性任务完成的前提下，对市场化项目按收益率和长期效益进行引导：占用资金大、收益率低的项目，实行以收定支；资金流动快、整体收益率高的项目，保障基本需求；重点培育项目，加大资金投入和激励力度，弱化或取消收益考核。所/厂组织形态和运行机制既要与产业结构相适应，又要符合自身的具体情况。要处理好组织的稳定性与灵活性之间的关系，既要有利于组织内部的协调与控制，又要有足够的应变能力，尤其要确保支撑企业核心能力的人力资源，能根据需要迅速转移和重新配置。

（二）建立内部市场化交易机制

遵循市场经济规律，引入市场机制可以引导内部资源优化配置和有序流动，减少多头行政干预。同时，内部管理市场化改革有助于打破平均主义，提高员工积极性和企业经营效率,解决国有企业部门绩效考核普遍存在的“吃大锅饭”的沉疴痼疾，以及员工积极性不高、生产效率低下的现象。作为绩效考核和资源优化配置的一种有效手段，开展内部市场化改革需要进行大量的基础性工作。

按照市场经济运行规则，发挥价值规律和竞争机制的作用，把员工与部门、部门与企业之间单纯的行政隶属关系，转变为行政隶属与利益关系有机结合的管理机制；把部门之间、部门与企业之间的协作和管理关系，转变为价值交换的经济关系，从而解决计划经济模式下行政失灵、企业生产成本高、员工积极性缺失的问题。

发挥市场机制在资源配置中的主导作用，将职能部门、项目团队视为模拟法人，按照市场化规则构建各类内部市场，包括：人力资源市场、资金市场、物资市场、设备市场、科技市场、能源市场、信息市场等。

夯实管理基础，建立内部市场管理、预算决算、价格管理、定额计量、交易结算、纠纷仲裁等组织职能和制度规范。建立精细化、标准化、流程化、网络化运行机制，确保技术相互衔接、信息准确传递、指令高效执行。强化整体利益最大化的经营理念，致力于培养“与企业家工作理念一致的人才”，让员工与企业成为“精神共同体、命运共同体、利益共同体”。

（三）以绩效考核引导人员有序流动

建立内部人才市场，采用差异化绩效考核办法，引导员工根据自身能力选择适宜岗位，做到人尽其才。实行宽带薪酬，量化评价员工业绩，适当拉大绩效薪酬档次。除按岗位、部门业绩核定基本薪酬外，还需要与市场接轨，建立长期激励机制，包括科技成果 / 知识产权转让 / 转化收益分成、产业化项目模拟股权 / 期权、混合所有制经济利润分红、员工持股等激励措施。

（四）以收益成本核算引导资源合理使用

以部门为单位，通过资产占用产出效率考核，引导资源有序流动、优化配置。具体做法是：将折旧费用计入成本，按资产占用数量、使用时间计费。将基础设施、设备仪器等资产的贡献率纳入部门绩效考核体系，公共管理费用分摊，计入部门和项目成本。

以收益成本引导项目资源配置。项目实施按全程、全要素成本和内部收益核算，根据收益确定部门薪酬总额。研发部门按成本中心考核，型号和产业化部门按利润中心考核。研发项目可按外来经费作为营收基数。采用收益法对知识产出进行价值评估，计入知识创造者的产出，纳入知识资源和知识资产管理。以项目净收益为绩效导向，鼓励知识复用，分别核算 CBB（共用构建模块）[①] 创造者产出和使用者的知识资源 / 资产使用成本。对知识产权转化 / 转让产生的净收益，可给予团队一次性奖励，或者采取利润分红、股权期权等激励方式分期兑现。

案例专栏

在以科研任务和营业收入为主的绩效考核模式下，部门之间争抢资源的现象比较普遍。航天 13 所 /230 厂改革重组之初，近半数的固定资产利用率不足 20%。有的部门只图自己使用方便，长期占有贵重仪器，实际上一个月用不了几小时。推行基础设施、设备仪器有偿使用（以小时计费，按需申请）制度后，各部门主动清退办公室、会议室，对利用率不高的设备仪器上交管理部门，通用设备利用率提高 2 至 3 倍，每年节省设备购置费用数百万元。将人均资源占用作为月度量化考评指标，与年终奖考核挂钩，人均资源占用额度大幅减少。

① CBB（Common Building Block）管理是一种基于模块化设计和重用原则的技术管理方法，旨在帮助企业在不同的应用中实现组件的重复利用。其核心在于通过优化资源配置、提升工作效率，实现企业的长期发展目标。

三、信息化数字化智能化助力转型

早在1993年，美国管理专家迈克尔·哈默[①]（Michael Hammer）就提出“为了取得经营业绩的大幅度提升，企业应该再造经营——运用现代信息技术的力量重新设计每项业务的核心流程”[②]。信息化、数字化、智能化（三化）技术的快速进步，为航天专业所/厂的科研生产模式转型提供了支撑和保障，在航天专业所/厂流程和组织再造中发挥着“赋能、使能、能能”（三能）[③]的举足轻重的作用。信息化是提高企业科学决策能力，提高经营管理水平，提高运转效率和效益的最有效、最便捷的手段。通过信息化、数字化手段和变革性“生产工具”，加快业务流程重组，优化组织结构，促进经营和科研模式转型升级。尽管信息化需要持续的较大力度的资金和精力投入，但仍不影响其成为最经济或者说效费比最高的手段。

（一）实现信息有效的流通，提高科学决策能力

科学决策的基础是信息，而信息的质量、数量、全面性、分析方法和手段的科学性是科学决策的前提。如果不采用信息化手段就无法准确、及时、全面地存储、分析、处理、传递经营管理和科研生产中出现的大量数据，信息在产生、传递、分析过程中会出现失真、遗失、变异，问题及原因分析的客观性、系统性、全面性难以保证，不利于准确研判规律和趋势，出现决策失误的风险大大增加。通过信息化还可以消除企业内部信息流通不畅的问

① 迈克尔·哈默（Michael Hammer，1948—2008），美国企业再造之父，20世纪90年代四位最杰出的管理思想家之一。

② ［美］迈克尔·哈默.企业再造：企业革命的宣言书［M］.王珊珊，胡毓源，徐荻洲，译.上海：上海译文出版社，2007.

③ “使能”是指：加工、装配精度达到人员技能和设备精度极限，质量呈现高度不确定性，自适应、自治制造成为必然，利用“三化”技术才能实现。“赋能”是指：规模化、大批量、低成本以及高精度、高质量的多重需求，进一步加剧流程复杂性和控制难度，海量的信息、多维度约束下的优化决策已经超越人脑力、体力所限，“三化”可以赋予能力提升。“能能”是指：从无到有的理论和前沿技术创新、从有到优的工程经验集成创新同等重要，需要将数据、信息、经验转化为知识，包括知识生成、加工、利用和价值转化，“三化”使人的创造性提升到新的层次。

题，促进企业内部人员的有效沟通，有力提高员工的合作意识，增强企业的凝聚力。

（二）实现规范高效管理，降本增效

通过流程规范化和显性化，明确工作岗位与工作职责，减少人员的随意性，增强人员的责任感，减少工作中的推托、扯皮等现象。可有效监管工作人员的工作情况，实现工作任务的实时监督与闭环。通过信息集中管理、支持企业内部用户信息共享，提高信息传递的效率和质量。避免手工递送而带来的工作延误以及人员、时间的浪费，保证工作能够快捷、准确地被处理。显著减少事务性工作，提高管理效率，降低管理成本。实现多地域、多人协同工作，在符合保密要求的前提下可实现异地甚至移动办公。生产线实现生产管理、物流、生产制造自动化和数字化，大大提升生产效率，提升质量稳定性。

（三）促进经营和科研模式转型升级

通过信息化建设快速原理开发（Rapid Prototyping）、数字产品（Digital Products）、数字孪生（Digital Twin）、产品全生命周期管理（Product Life-Cycle Management）、数字化生产线等，转变传统的串行工作模式为并行协同工作模式，提升设计开发、生产制造的质量和效率，提高产品竞争力。实现航天专业所 / 厂由任务主导型向效益效能型转变。通过各类应用系统，形成企业资源集中管理，对各类资源深度开发和广泛利用，不断提高生产、经营、管理、决策效率和水平，从而提高企业经济效益和企业的竞争力。

1. 夯实科研数字化协同基础

以统一的装备模型体系贯穿型号产品全生命周期，以统一的数字验证与确认模式贯穿型号产品研制全过程，以统一的数字交付要求贯穿型号产品供应商全级次，以统一的业务管控模型贯穿科研生产管理全要素，以统一的数据标准贯穿科研生产全环节，以统一的协同研制云平台贯穿科研生产全场景，实现型号科研生产模式的数字化协同。

2. 补齐信息化和数字化短板

目前，部分专业所 / 厂的信息化、数字化建设还处于信息共享的初级阶段，数据加工利用能力较低；数字样机、三维设计 CAD/CAM/CAPP/CAX、集成产品研发（IPD）、企业资源规划（ERP）① 等技术的应用程度还不深；资源和科研流程管理的精细化程度还不尽人意。要先补齐短板，再进行并行工程（CE）②、基于模型的系统工程（MBSE）③、快速产品研发（RPD）等先进研制模式的整体升级，欲速则不达。

3. 加强信息资源建设

信息资源是信息化建设的基础，关乎信息化工作的成败。要深入开展信息标准化研究，加强资源库建设的统筹规划。资源库建设包括基础数据库、专业数据库、数据字典、元器件库、材料库、产品库以及各类知识库。数据是信息化的核心，从某种意义上说，信息系统的应用就是按规则对数据进行采集、整理、加工、分析、处理的过程。制定元数据标准，建立数据字典，形成统一表征的标准语言。加强基础数据库的建设，做到数据采集准确、完整，及时更新。借用通用人工智能大模型 ④ 工具，利用积累的大量信息、数据、经验和知识构建航天专业领域的工业大模型，加强智能体（AI Agent）和嵌入式人工智能的研究和应用。

---

① 企业资源规划（Enterprise Resource Planing，ERP），其主要宗旨是对企业所拥有的人、财、物、信息、时间和空间等综合资源进行综合平衡和优化管理，从而取得最好的经济效益。

② 并行工程（Concurrent Engineering，CE），是对产品及其相关过程（包括制造过程和支持过程）进行并行、集成化处理的系统方法和综合技术。它要求产品开发人员从设计开始就考虑产品寿命周期的全过程，不仅要考虑产品的各项性能，如质量、成本和用户要求，还应考虑与产品有关的各工艺过程的质量及服务的质量。

③ 基于模型的系统工程（Model-Based Systems Engineering，MBSE）是一种以模型为核心驱动系统设计、分析、验证和管理的方法论，通过数字化建模取代传统文档驱动的开发模式，提升复杂系统开发的效率与一致性。其核心在于利用标准化建模语言（如 SysML）构建系统全生命周期模型，支持跨学科协同与动态验证。

④ 2023 年 4 月 28 日召开的中共中央政治局会议指出，要重视通用人工智能发展，营造创新生态，重视防范风险。2023 年 5 月 5 日二十届中央财经委员会第一次会议提出：把握人工智能等新科技革命浪潮，高效集聚全球创新要素，推进产业智能化。

4. 加快两化融合和智能制造

坚持专业所/厂信息化和工业化深度融合，坚持智能制造主攻方向，坚持以科技自立自强为战略支撑，坚持“转意识、转组织、转模式、转方法”的总体策略，推进工艺技术精益化、生产过程自动化、产品检测数据化、制造模式柔性化，研制新技术、新装备，建设智能制造单元/生产线/车间/工厂，建成两化融合的先进制造体系，推动制造工艺工作迈向高端化、智能化。

第四节　航天专业所/厂重组中的流程与组织再造的实践探索

流程和组织再造是一项复杂、繁杂且长时间的系统工程，既要顶层统筹规划有主线，同时还要关注细微敏感之处，精细精准操作，避免出现停滞、反复和重大风险。

一、精简、高效、扁平化的组织结构变革与再造

（一）整合精简职能机构

1. 岗位设置与流程再造紧密结合

通过合并、裁剪非增值性活动，大幅减少把关、审核环节，强调第一次把事情做对，责任前移。流程环节和参与人越多，责任心反而降低，工作质量和效率呈现双降，以及可能出现效率和创新的“双杀”现象。各类报告编制、信息和数据处理要相对结构化、数据化、工具化，减少随意性，减少在润色、修辞、华丽辞藻方面的精力消耗。

2. 设立大部门、大岗位的通用性岗位

除安全、保密等有强制性要求的岗位及职数外，多设立大部门、大岗位

的通用性岗位。不要将具体事务作为岗位名称，多采用兼职方式明确特殊事项的分工，如信息员、工具员、质量员、合规员等。不必将岗位职责规定过细，不要将工作要求和过程作为岗位职责。岗位工作量要尽量均衡，避免忙闲不均。同类岗位尽可能合并，实现一岗多能，一人多岗，多人多岗。既便于替岗、换岗、轮岗，同时也利于在相对统一的标准下对岗位能力和绩效进行公正评价。

3. 职数的设定遵循最小化原则

职能岗位职数的设定遵循最小化原则。除按部就班的保障性岗位外，其他职能人员的工作量，可以根据报告、报表等工作产出量、工作完成率情况综合评估岗位的工作饱满程度。尽管加班加点不应该作为一种正常工作状态和硬性要求，但确实又是反映岗位工作量饱满程度的一个重要参考。

4. 坚决堵住“更想进机关”的思想和习气

建立良好的用人导向，坚决堵住“更想进机关”的思想和习气，机关职能部门应该比基层的工作更忙、责任更重、压力更大，薪酬待遇、晋升通道要向基层人员倾斜。只有这样，才能做好机关职能部门的分流工作，才能引导个人从事更能发挥自身才能的岗位。部门职数控制方面，薪酬总额控制比刚性人数控制更有效。在分流人员过程中，简单的竞聘上岗和末位淘汰都不是最佳的选择，通过薪酬和绩效、职业晋升通道、工作价值认可度、岗位定期交流轮岗等市场化的引导则更为人性化，会最大可能地消除抵触情绪和抱怨。

航天专业所/厂重组中，长期存在职能管理机构和人员新增容易、合并（减少）难的问题，这是历来改革的重点和难点。破解的诀窍无非就是三点：决心、公心、用心。1）决心就是敢于坚定推行，抵得住来自内外部的干扰，克服掉各种困难和阻力，不搞半拉子工程，不走回头路；2）公心就是一切从单位整体利益出发，摒弃任何私心、私情，公正、公开，竞争择优，坚决杜绝“萝卜坑”现象；3）用心就是专业所/厂一把手必须亲自用心、精心地抓，全面了解每个人的专业特长、短板以及个人情况，综合研判每个风险点，对分流的人员妥善安置，有理、有据、有节、有序实施，适当兼顾性格、身体、家庭等特殊情况，有情操作。

案例专栏

2014 年 1 月，为推进重组，航天 13 所 /230 厂首先成立综合管理部、经营发展部、市场部、科研生产部、质量技术部、人力资源部、党群工作部，履行相关业务的统筹管理和组织协调职能。经过不断探索，多轮次调整。至 2016 年 12 月，所 / 厂本级组织机构重组全部到位。

优化业务流程和职责，合并精简机构，推动撤并机构共 30 个（其中职能部门 22 个），共 2200 余人，涉及调整人员 1500 余人，实现精简机关人员 100 余人，打破原部门、班组建制重组调整 700 余人，分流冗余机关及保障类人员 180 余人，达成了人员稳妥有序调配和统一管理。持续实施岗位优化，以双月绩效考核为基础，1 年半内连续开展八轮次共 160 余人轮岗并持续常态化。建立内部人才市场、内部访问学者、内部导师制度，实现内部人才有序流动，每年内部调整流动 60 余人。

（二）整合技术研发资源

基于核心技术树和产品树梳理，调整部门组织结构。从科技发展的角度，对相关专业方向进行调整，缩短产品链条，集中优势资源办大事。通过对产品树和技术树交叉部位所需人力资源的测算，组建相应的项目团队。技术研发资源整合需把握以下原则。

1. 战略引领

以企业发展战略为统揽，兼顾当前生存需求，系统梳理技术发展路径，组织制定业务重组和资源整合方案。资源配置包括但不限于部门现有人员、技术、产品，如果关键节点存在短板，由所 / 厂统一调剂解决，短期内不具备条件的，采取外部协作方式过渡。

2. 优化组合

技术研发资源整合不是简单的组织机构调整，而是按照科研规律对技术流程进行优化的过程。既要考虑技术发展和管理效率，还要考虑团队的合理结构及其稳定性。根据研究阶段和产品技术状态灵活配置人力资源，同时要保持项目团队核心成员相对稳定。为避免频繁调整对员工造成心理压力，短平快项目宜选择集成研发团队（Integrated Product Team，IPT）模式[①]。专业研究室和研发中心可通过增加新项目或项目组之间的调整，实现研发人员工作负荷相对均衡和优势互补。

3. 考核导向

在资源有限的情况下，技术研发资源分配应充分考虑费效比，以整体效益最大化为目标。绩效考核要有适当性制度安排，对应用基础、预先研究、产品开发人员要区别对待，采取不同的考核评价方式。一般来说，产品开发的周期性、计划性较强，技术风险相对较小，劳动成果大多可以测量或检验（如软件代码行数、标准图纸张数）。产品开发的目的是满足用户需求，形成规模化应用，而不仅仅是片面追求技术指标的先进性，要把经济效益纳入评价模型。应用基础和预先研究项目，技术难度大、实施周期长，能否取得成功具有很多不确定性，尤其是应用基础研究很可能较长时间无法取得实质性突破。因此，对探索性研究人员，应采取有别于产品开发的评价方法。

4. 动态调配

根据技术和产品研发的阶段性目标实现以及下一阶段目标情况、业务的复杂化程度，对项目资源进行适时调整。譬如由基础技术研究转向产品开发时，就需要补充结构设计、电路设计人员。原理样机、产品开发模样试制以设计师为主导，到初样、试样阶段则需要工艺师系统参与，批产阶段则以生

① IPT（Integrated Product Team）模式，即集成产品团队，是 CE（Concurrent Engineering，即并行工程）的工作环境和组织模式，旨在通过整合各个职能部门的专业知识和经验来优化项目的整体效果。组建跨部门的团队，是针对短期项目或专项工作而设，团队成员来自不同部门，包括来自市场、设计、工艺、制造、采购、销售、服务等人员，授权其代表部门行使部门相应职责。项目期间工作分配和绩效评价受项目负责人的直接领导，组织关系隶属原部门，业务接受原部门指导。

产部门和工艺师为主导。在组织管理方式上，新技术探索期主要采取相对松散的项目团队形式管理，以减少管理链条提高效率；具备产品化条件时转变为相对固定的工程组或研究室管理，提升质量管理规范性；批量生产时采用事业部管理，强化市场开拓和成本控制责任。不同阶段采取不同的绩效考核方式。

（三）融合工艺制造资源

1. 产品设计与工艺相结合

既要坚持设计主导，又要实现设计工艺协同，主要有四种方式：设计和工艺有明确分工、绩效考核联动是最通用的方式，需要好的评价、仲裁机制支撑，以协调设计与工艺在技术认知、业绩联动和责任划分方面的分歧；产品设计和工艺由一人承担，常用于预研和研制初期阶段，设计工艺性可得到保证，但由于制造环节的事务性工作多，设计师往往无暇顾及技术与工艺创新；设计工艺 A/B 岗联合体，分工有侧重，绩效考核捆绑，A 岗一般处于主导地位，而一旦出现质量问题，A/B 岗责任难以界定，易引发团队内部矛盾，该模式仅限适用于设计、工艺和制造一体的事业部；集成项目团队（Integrated Product Team，IPT），形成跨部门协作团队，绩效考核与时间和个人分工强相关、与部门弱关联，考核规则复杂度高，比较适合于在一定期限内实施、涉及多部门的重大专项工程的组织。

2. 工艺技术人员管理

工艺技术人员管理有三种方式：一级管理模式，将工艺人员集中在一个部门统一管理，好处是有利于工艺交流、工艺技术发展和工艺技术状态控制，但与车间 / 事业部的利益耦合度较弱，影响现场问题处理效率；二级管理模式，即在车间 / 事业部设置工艺技术岗位，人员接受所在部门的行政领导和工艺管理部门的业务指导，但易产生各自为战、部门之间工艺技术隔离的弊端；混合模式，产品和专业的主任工艺师、通用专业工艺师采用一级管理，产品工艺师实行二级管理，工艺技术管理和效率兼顾，但人员素质要求和管理复杂度较高。

3. 资源负荷匹配

秉持社会化大协作理念和产业链思维，高效利用工艺与制造资源。工艺流程安排的合理性和计划的科学性决定设备使用率和生产效率，采取辅助工序并行、分组流水生产、自动物流、快换工装、在线 / 线侧检测、集成化加工、数字化管理等手段，缩短生产准备和待机时间，提高设备的利用率；尽量减少局部加班，保持负载相对均衡，以免单点出现问题殃及整个生产线；定期对设备进行维护保养，对重点设备增加运行健康诊断措施，按计划进行预防性维修，以规避突发故障造成生产线停运风险。鼓励跨部门共享以提高设备利用率，基础设施由所 / 厂或第三方负责运维管理，设备使用采取预约或先到先得方式，由专业人员自助使用，按次 / 时核算费用，如利用频度高、操作维护相对简单的烘箱、高低温箱、高程规等。此外，机床设备租赁、技能人才租赁甚至通用技术人员租赁的共享经济新业态已然出现，当生产任务短期负载过大时，可以向租赁公司购买工时服务，承租方负责业务组织和质量控制，出租方提供资源和运维保障，是一种比外协外包、现场监制更经济、穿透力更强的新模式。针对局部过剩产能，果断停用或处置低效设备资产，对富余的操作人员采取短线产品双岗、倒班生产等方式予以安置，富余工艺人员从事新工艺 / 新产品试制、工艺优化、工装刀具设计、数控编程和质量检验等工作。

合理优化工艺布局，缩短人流、物流路径长度和复杂度。可采用一种或多种布局组合的方式。1）工种集中式布局：生产制造区域固定，以便于实现一人多机，该方式适用于离散性生产和机加工。2）流程型布局：相同或相近产品集中，功能区间为串型（上下游关系），人员工位固定，物料与产品流动，该方式适用于连续性、流水线生产，如部件组件装配调试。3）单元型布局：工序工种齐全，单元独立形成产品，多个单元并行操作，人与物料流动，该方式适用于脉动型生产，如周期较长的系统装配调试。无论采取哪种布局方式，都应以物流顺畅、安全、节能、高效为宗旨。

案例专栏

航天13所/230厂在改革重组过程中，对相关业务板块成立事业部，将设计人员、工艺人员、技能人员统筹管理，实现“三结合”。事业部实现设计人员、工艺人员打通使用。所本级成立工艺技术研究室，从事共性工艺、先进工艺、工艺预先研究，非标专用工艺装备研制，作为工艺技术支撑和产出部门。细分关键工艺、调整工艺布局，按自动化、数字化生产线模式，建立10余个细分工序的局部流水线、制造单元、智能制造单元，大幅提升了质量，显著提高了产能和效率。特别是，在实行智能生产线的初期，对干部及设计、工艺、技能人员的科研理念和工作观念产生了巨大冲击，打破了个别人员“非我不行”“唯我独尊”的思想“罩子”，为其他改革扫清了思想障碍和顾虑。

（四）做实独立业务实体

搭建所/厂、事业部或专业公司两级管理体系，理顺管理渠道，全面提高管理效率。对下属子公司的管理，实现以战略管控为主，财务管控和运营管控为辅的差异化混合管控模式；采取建立事业部、业务整合、新设立公司等方式逐步实现产业化项目的相对自主运营；建立现代企业制度，稳步推进公司化改制，逐步实现资产证券化。

案例专栏

航天13所/230厂为实现专业能力大幅提升、型号任务全面完成、市场领域不断拓展、人才队伍不断优化的重组目标，按照惯性技术和产品的专业类别，对现有业务和生产部门进行整合，全面推行事业部制（图4-1）。自2014年1月至2017年6月，组建10个事业部并充分授权，以消除研究室与车间长期存在的体制机制障碍，实现研发与工艺、设计与制造、产品与市场的紧密结合。从根本上解决重复建设、内部竞争、资源配置效率低、综合经济效益差等问题，建立功能定位明确、产业板块清晰、业务流程完整、组织管理顺畅、运行高效的现代企业。在事业部的基础上进一步实现事业部产业公司化，逐步形成所/厂平台化、事业部公司化、公司市场化的总体管理架构。

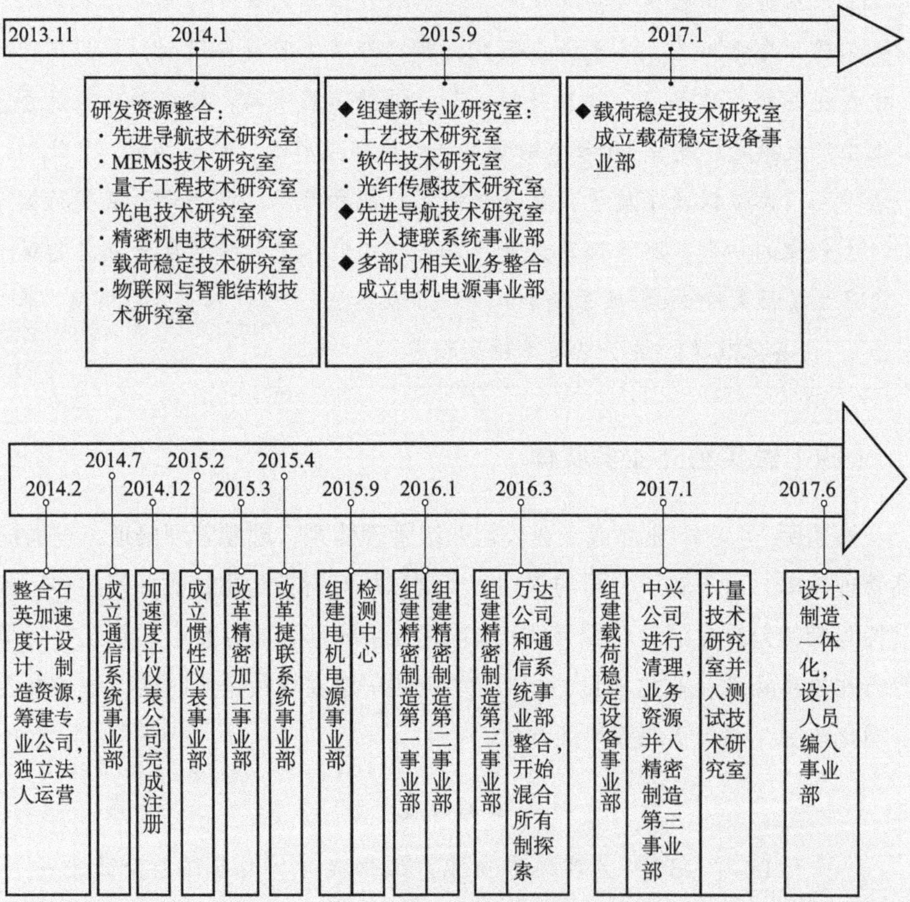

图 4-1　研发、设计资源重组

（五）综合保障集中供给

统筹动力、暖通、水气（汽）、环保、仓储、物流等生产保障条件，保密、安防、消防等安全设施，计量、测试、情报、档案、信息化等共性基础条件建设，在产品线集中布局的情况下，机加工、电装等共用专业能力实行集中供给、统一管理。

案例专栏

航天 13 所 /230 厂在改革重组过程中，将原所安全管理处、动力车间等与厂机动处、安全处重新整合，成立新的安全生产处、机动车间。整合所 / 厂各车间分散的机修力量，由机动车间统一管理，面向全所 / 厂服务，提升服务能力、水平和及时性。整合综合管理、动力、保卫、行政等职能，成立园区综合管理办公室，统筹园区的各项保障管理。所 / 厂车队统一调配，统一管理。物资采购、供应、库房整合，一体管理，分别记账。档案管理整合，同职能合并，减少管理人员。环境试验能力整合，统筹调配。信息化资源整体合一，实现两个法人一体管理，统一认证。这些举措都取得了有目共睹的改革成效。

二、面向需求快速迭代开发的研发模式

在改革重组实践中，面向外部环境和专业发展的时代需求，充分借鉴国内外先进的研制模式和成功案例，与专业咨询机构合作，紧扣航天专业所 / 厂的特点，探索适用航天专业所 / 厂的新产品开发模式。

（一）目标导向、追求卓越

综合前述的航天专业所 / 厂使命责任、行业特点以及发展需求，航天专业所 / 厂的新产品开发管理模式要具备以下三个方面的特征和目标，本书称之为面向需求的快速迭代开发。

1. 需求导向

全方位满足市场和用户的需求，包括潜在的需求和未来期望，确保开发的技术和产品具有竞争力，适销对路。围绕一个客户群要有一系列产品规

划，并牵引技术规划。同理，围绕一类产品要有持续、迭代的技术研发路线图，以支撑产品规划。

2. 好省快多

以核心技术和产品化驱动作为产品开发的源动力，确保研发目标的前提下，以最短的时间、最高的效费比，完成产品从立项、开发、验证、发布及成果转化全周期管理的全过程，不断提高产品和工艺成熟度，实现快速、批量可复制生产。

3. 持续创新

不断迭代改进提升乃至更新换代，并行开发、螺旋式上升，确保技术先进性和市场竞争力优势领先地位。面向需求的快速迭代开发需要在技术、产品两个维度开展。

（二）问题导向、找准病根

对标先进研发模式，系统梳理和总结航天专业所 / 厂在新产品开发管理方面存在的问题。

1. 技术研发与产品开发混淆

技术预先研究与产品开发混在一起，技术发展路线、产品开发路径不系统、不清晰，方向多而散，导致产品周期、质量和成本不可控，项目失败率高，成效不显著。不能形成自主的技术平台和产品平台，中间产品和技术创新不能产品化和共享化，不利于核心竞争力的提高和资源的聚焦。

2. 研发立项与市场需求脱节

型号化惯性思维严重，存在“一个型号吃十年”的陈旧思想。企业虽有营销队伍但未建立系统的营销体系，由于缺乏专业的市场和客户发展规划，难以对市场做出快速响应，只是被动地应对市场，不能主动地引导市场。

市场研究少、客户推介少。已有产品缺乏竞争力，卖不出去，技术人员抱怨市场人员；市场需要的产品，研制不出来，市场人员抱怨技术人员。零散项目多，持续订单的大客户和老客户较少。大部分为特定的细分市场和应用设计产品，以定制产品为主。有细分市场的思维，但缺少客户分类，缺少客户分析、市场需求分析、产品卖点分析，竞标存在碰运气，被动式应对情况较多。

3. 决策与组织管理权责不清

研发项目视同型号管理，缺少全流程负责的产品线管理和产品经理，项目盲目上马，分段管理。决策与组织管理以及执行不能很好地分层次进行，体系建设和决策支持以及执行混在一起，责任不清晰。产品研制从预研、演示验证、初样、试样到批产阶段的设计、生产、试验串行开展，研制过程反复导致开发周期长和研制目标实现不完整，技术未吃透导致产品合格率低，生产过程中和产品交付后质量问题多。只有所/厂领导对最终的财务和市场成功负责，高层领导经常做评审，但往往是救火式解决问题。人力资源紧缺往往成为所有问题的借口。

未形成跨部门协同的全流程开发，尤其是缺乏市场、财务、采购、生产的协同，造成需求、外协采购、生产进度不可控，周期长。很难对市场需求做出快速响应，被动地应对市场，而不是主动引导市场。

4. 投入与产出均不足且分散

主动技术规划和投入严重不足，研发经费主要靠争取上级研发课题和型号研制经费，大部分非型号类研制项目偏离市场需求，不能形成有效产出，成果多而应用少。定制化市场项目多，占用资源和时间精力多，投入产出比低，难以获取规模利润和持续收益。

缺少明确的项目立项经济和市场标准，项目负责人只对研发负责，不对全流程和全要素尤其是产品开发的营销界面、采购与生产界面、成本界面、资源配置界面负责，没有通过分层分级分类的计划进行监控和预警。

5. 研发与型号人员任职资格混同

研发人员与型号队伍采用统一的任职资格体系，仅从学历、职称、任职年限等方面设置较为宽泛的晋升条件，且等级调整的周期过长（3～5年）。评定等级缺乏相对客观量化的标准和依据，各专业方向任职资格评价标准和认证流程过多依赖部门综合评价、评审组投票。技术人员更乐于参与短期见效出成绩的型号研制，而不愿从事难度大、技术风险高、周期不确定性大的基础研究和应用基础研究。

岗位体系设计和科研生产流程脱节，任职资格应用与培训、薪酬、招聘、调配等有效衔接不够。培训针对性不足，事业部及业务单元未有效发挥业务培训的主体作用，培训效果评价和应用不足。

（三）采取对策、确保落地

针对上述问题，建立适用航天专业所 / 厂的面向需求的快速迭代开发模式，形成体系化的制度、要求和措施，嵌入到信息化、数字化科研管理流程中，纳入人员绩效评价和激励体系中。

1. 技术与产品开发策划

（1）厘清关系

厘清技术研发与产品开发、关键技术突破与产品实现的内涵、区别以及相互作用关系。采用功能特征分解定义（FFBD）[①]，把关键技术问题作为产品研发的出发点和着力点，关键技术问题没有突破不进行产品开发。从技术源头抓起，吃透单项技术，持续追求局部最优。利用技术间的耦合、匹配、优化、调整等集成技术实现整体最优。

（2）市场研究

围绕客户需求，制定产品规划。先进行客户分析、市场分析，再开发产

① FFBD 是将产品功能转换为技术需求的一种工具，即 Function 功能，Feature 技术特性，Breakdown 分解， Definition 定义。对技术树、产品树进行全面梳理，识别出核心技术、核心产品，确定其采用的研发方式（自研、合作、外包）。

品，同时在产品开发流程中的市场发布阶段配套有清晰的客户策略，并强调样板客户、前三单和定价策略，以及销售工具包的全套开发。围绕一个客户群有一系列产品规划，并牵引技术规划。同时对技术发展趋势进行研判，为产品开发提供源源不断的研究储备。

（3）系统策划

独立制定技术规划和产品规划，做好两者之间的耦合机制和逻辑关系的协调和衔接，建立项目群和技术群。根据轻重缓急和资源情况，按照并行、迭代总体思路，做出各个项目的总体安排。

打破部门“篱笆墙”，实施全流程开发。对人力和其他软硬件资源需求做出分配，估计单项技术和产品模块的周期，并按照其时间和科学逻辑关系形成研发计划。落实责任人和计划，制定进度监督、节点评价和绩效考核标准。逐项制定研发计划和阶段目标，协调好各项技术、产品之间的接口、时序和逻辑关系，采取合并、嵌入、并行、串行等方式确定项目团队。

2. 研发平台建设和项目管理

将研发、市场、采购、财务、生产等部门独立的流程集成在一起，实现并行开发，解决跨部门协同和部门间扯皮的问题：

1）打通研发与市场的界面。通过多用户需求调研与验证、市场需求分析、产品卖点设计及推广策略制定、产品销售工具包建设，提升产品竞争力，为市场化和产品化转型奠定基础。

2）打通研发与技术的界面。通过多方案选择及 CBB 分析活动，提前识别关键技术风险并进行预研，同时实现 CBB 的应用，提升产品开发效率，提升产品质量和成熟度。

3）打通研发与采购的界面。通过提前采购活动，将采购从设计前端提前介入，及早识别常用和关键零部件，以便提前做好预案。

4）打通研发与生产的界面。设计部门与测试、生产、维修保障领域前期介入，避免产品实现过程多次返工。

5）打通研发与财务的界面。通过项目预算编制、成本控制等，提高项目投入产出比。

6）打通研发与人力资源的界面。通过分阶段项目成员任命和释放，实现人员能力与活动的匹配，同时提升人力资源利用率。

（1）建立产品平台和技术平台

建立完善的产品平台和技术平台。将技术研发成果显性化，实现技术产品化。不断提高产品成熟度，强化产品 CBB 模块的共享和应用，实现产品货架化。建立 CBB 库，实现技术和经验成功共享。通过 FFBD，精简技术路径，释放研发资源。完成产品分类分级，建立产品货架层次，实现基于 CBB 货架的产品开发，提高产品开发效率。

（2）构建相对结构化的开发流程

建立集成产品研发的结构化流程，包括概念、设计、开发、验证、发布、生命周期六个阶段，以及计划、成本、上市、终止四项决策程序。根据项目特点建立差异化的结构化开发流程，并在结构化和非结构化之间取得平衡。开展流程现状梳理与显性化，按对象编制各角色的职责手册及活动模板。建立全流程、全要素的产品开发项目管理体系，缩短产品开发项目周期，提高产品开发项目的人均毛利，为项目化向产品化的转化提供保障。建立明确的产品开发项目立项原则，提前对技术和资源风险进行评估，避免技术问题与关键资源冲突带来的项目管理混乱。构建全要素的跨部门项目组织结构，建立分层分级分角色的三级项目计划体系，打通研发与营销、技术、生产、采购等界面，提高跨部门协同效率。通过对关键路径和关键资源的监控，管理方式从“事后被动处理”转变为“事前主动预警”，通过角色计划提高项目计划完成率。

（3）构建并行异步开发模式

加强知识管理，依托已有技术成果，开发可供不同产品线、不同系统重复使用的基础模块。根据企业营销战略、产品 / 平台 / 产品线战略，有计划地组织预先研究和产品 / 平台 / 产品线开发，形成未来可复用的共享模块（CBB），实现产品开发一步到位，以提高产品质量、降低成本。执行敏捷开发（Agile Development，AD）、并行工程（CE）和基于模型的系统工程（MBSE）等异步开发模式。对关键路径和关键资源进行监控和预警，跨部门构建团队，分阶段投入和释放资源。实现三级计划管理，按全周期、全过程、全要素核算项目成本。

（4）建立数字化协同开发平台

没有信息化、数字化手段的支撑，面向需求的快速迭代开发就无从谈起，就是无根之木，空中楼阁。利用PLM（产品全生命周期管理）、ERP（企业资源计划）、MES（制造执行系统）、软件工程化等信息化手段，建立基于事件流程而非部门职能的、繁简适宜的设计、工艺、采购、生产、测试、交付等结构化（规范化）工作流程。

3. 研发人员和角色分配及管理

按对象编制各角色的职责手册及活动模板，制定项目的角色分配、流程管理、绩效考核，确保研发过程高效、规范，有效管控风险。

（1）构建跨部门的产品开发团队

采用矩阵结构，对从立项到批量生产的所有环节进行统一管理，避免机关职能部门互相推诿扯皮。为提高沟通协调效率，对项目经理充分授权，包括对最终市场负责的产品经理和对技术路线负责的技术经理，以保证产品技术领先、满足市场需求且成本合理。项目团队外的行政领导、技术专家可以参与评审提供建议，但不得以行政手段干预项目团队的自主决策。

（2）构建支撑面向需求快速迭代开发的管理环境

一是组建集成产品团队（IPT），快速将产品推向市场，并形成规模效益。二是建立IPD管理体系，提高沟通协调和决策效率。三是建立产品开发三级计划体系，形成产品开发全流程的一级计划，涵盖物资采购、产品研发、生产制造、市场营销等环节的面向角色的二级计划，针对关键环节，涵盖组织实施/监控/预警和绩效考核的三级计划。四是通过构建横向鼓励流动、纵向鼓励专业化发展的任职资格体系和员工职业通道，有效提高人才培养质量，并加快成熟人才成长，优化人员结构合理性。

（3）建立研发队伍任职资格体系

让员工建立“照镜子、找差距、补知识、提能力、选通道、补经历”的思想，统一任职资格评价方法体系，建立“上学、上架、上位、上岗、上薪”的标准的任职资格晋升流程。细化任职资格标准模板、样例和操作细则，实现任职资格与薪酬、培训、招聘调配、绩效沟通等体系的对接。

案例专栏

航天13所/230厂在改革重组过程中，聘请原华为公司从事IPD实施的资深专家开办的专业咨询机构，进行了为期半年的专业培训、诊断和辅导。采用功能特征分解定义（FFBD），对全所/厂的产品树、技术树以及资源配置、管理流程进行了全面梳理。总结出技术、管理等方面主要问题20多大项。制定了CBB管理规定，明确了产品入库、出库、维护、退出等工作程序，制定了包括应用奖、贡献奖、开发奖、规划奖等细则。形成一整套流程操作指导书和流程管理办法，形成了流程和文档模板工具包，其中包括产品研发项目组织机构及角色职责、一级计划、预算、项目监控、预警及纠偏、项目绩效考核管理，以及产品树分析及关键技术识别、市场需求说明书、需求分解匹配、产品需求说明书、项目任务书、项目计划书、产品业务计划书、评审要素、销售工具包等。据此，对全所的研发方向和项目进行了全面的梳理，由100多个项目压缩了近40%，解决了存在的研发力量分散不聚焦、专业方向全而不强、收益回报差的根本性问题。其中某部门的人员由120余人调整为60人以下（其余人员分流至其他业务和部门），业务收缩2/3，调整后部门核心业务迅速发展，三年内营业收入由不足1亿元提高到近2亿元。将IPD模式应用于某两种新型光学惯性系统产品研发工作，打破部门建制，组建IPT，项目自我垂直管理，人员单独考核。在6个月内完成了之前按部门分工协作的传统模式需要2～3年的研制工作，研制周期缩短了75%以上。同时，由于给予项目团队充分的技术路线选择权和资源调配权，消除了部门之间技术、业务分歧，实现了一体化设计和协同制造，产品性能远超原定目标。

4. 实施中采取的管理措施

（1）观念真转变

与人员能力提升相比，观念和习惯改变更为困难和重要。在开发模式变革的过程中，首先强调全员参与，主动学习，让队伍体会到成就感。在项目全过程进行项目目的、必要性、重要性等方面的宣贯和培训，统一思想。进行意识和技能培训，提高所需的技能。强调“先固化、后优化、再升华”，建立有利于变革项目开展的绩效考核和文化导向，关键人员带头改变，树立标杆。

（2）干部真带头

火车快不快，全靠车头带。领导干部是研发模式转型中冲锋陷阵的主力，有时也往往是扭转惯性的重点阻力。领导干部在管理模式变革中，要冲锋在前、亲力亲为、做出表率，带头组织并深度参与研究现状、问题和措施，高层领导和部门主管不能缺席必要的培训和重要的组织评审。集中设计期间，坚持例会制度，所 / 厂主要领导必须参加，听取方案的汇报和评审。高度关注项目的进度，关注问题的解决，关注管理的演进。要强调整体规划、分步实施，关注整体体系的演进和沉淀。下定成功的决心和信心，进度不得推迟，成果标准不得降低，项目计划拖延时，如不变更，必须进行封闭集中攻关。

（3）资源真保障

组织和流程变革工作量大，涉及面广，投入不够可能会出现计划延迟，甚至导致整个项目的颠覆性失败。必须加大和保障资源投入，特别是领导干部和骨干的时间投入，重大节点要多采取封闭开发的方式。

项目启动前，做好变革项目的资源需求以及各阶段的具体资源需求计划。加强变革过程中的计划管理，当遇到资源投入不足时应加班加点，合理调整计划。强调领导对变革的重视程度，决策层要给予有力的支持，做好计划的沟通安排。采用强有力的项目管理，关键阶段计划细化到天。注重与现有体系的融合与优化，继承与创新。通过体系建设、产出流程、支撑制度，分层分级的嵌套和贯通，对有冲突的制度进行取舍。

案例专栏

航天18所（811厂）面向技术前沿和市场强化研发创新，明确研发中心“总体预研论证、专业技术支撑、核心技术创新和产业应用开发”的发展定位①，提前5～10年布局技术发展，实现专业技术持续领先。推行IPT模式，优化组合出跨部门的集成产品开发队伍，建立起开放包容、容忍失败的团队精神。大力引进成熟人才，敢于给年轻人压担子，给年轻人搭“梯子”，将项目IPT与市场经理人培养紧密结合。按照“优势项目公司化发展、潜力项目重点培育、弱小项目全力帮扶”的策略，建立项目立项、实施、成果转化等全过程科技成果管理、孵化转化管理制度，加速成果转化促进产业发展②，形成多个具有良好市场前景和市场规模的产业。成立全资子公司（钧和公司）作为市场化孵化平台，以知识产权入股成立泰心公司③（人工辅助心脏）、航天深拓④（三代垂直钻井系统及旋转导向钻井系统），迅速成长为行业的翘楚。积极推进混合所有制改革，实现员工持股，激发骨干人才创业的积极性。

三、型号化转向产品化的科研生产流程重构

业务流程梳理和重构是面对当前信息快速流动、技术迅速迭代、市场瞬息万变的必然要求。在差异化竞争背景下，如何发挥自身的优势、保持领先地位，在充分借鉴其他单位成熟经验、总结教训的基础上对科研流程进行全面系统的再梳理，进行大刀阔斧的深度重构⑤，重点针对不合理的、低效的、

① 曹姣姣.航天18所研发中心创新发展模式［N］.中国航天报，2015.04.28.

② 索轩.航天科技一院18所开展科技成果转化工作侧记［N］.中国航天报，2020.06.15.

③ 航天科技一院18所人工心脏项目迈入产业化［N］.中国航天报，2016.09.30.

④ 航天深拓剑指高端石油装备研发［OL］.中国石油新闻中心，2019.12.18.

⑤ 此处所指的大刀阔斧不是说全面地否定原有的流程，而是找出原有管理模式和流程中的深层次和根本性问题，特别是人的问题、观念的问题、结构的问题、组织的问题，这触及很多既有利益者的利益，需要打破许多人的传统习惯。

不清晰的、不衔接的、非增值活动。提高流程的科学化和体系化、各流程间的关联性，注重关键过程的工作质量，减少非必要过程，并落实责任追究。改变以往僵化的行政式管理，加速人、财、物等流转，向管理要效益，实现由“管”向“理”的转变。牵头责任主体为流程使用者而非流程主管者，采取“流程谁用谁负责梳理和提出问题、流程谁主管谁负责落实和解决问题”的需求牵引的原则，坚决消除本位主义和官僚作风，特别是军品更要大胆创新。航天专业所/厂由总体院中的型号牵引，从型号林立到走专业化发展道路，再到走产品化转型，科研生产管理始终是航天专业所/厂的中心任务和主线，也是一切活动的落脚点和出发点，其他管理活动基本都要围绕科研生产管理展开。

（一）以产品化为抓手促进科研流程重构

1. 存量梳理、增量规划

面向存量产品和已经开展的产品体系建设工作，梳理现状和存在的问题，提出各类产品和各工作要素的完善、深化措施，支持面向未来的技术发展和型号需求，统筹规划瞄准世界一流的新研产品体系和技术体系，按照型谱化、通用化的要求开展产品开发和技术研究规划。

2. 聚焦产品、聚焦过程

聚焦产品本身开展产品梳理，分清产品层次，上下协同，开展型谱建设、成熟度提升和先进产品型谱化开发，持续压缩产品规格，形成一流产品体系。聚焦产品实现过程，在设计、生产、使用售后各阶段，应用先进技术手段和方法工具，持续评价和改进，推动产品实现过程从精细、精益到卓越的提升。

3. 找准问题、重点发力

在梳理推进产品体系建设中存在的各类问题的基础上，识别制约产品体系建设工作深入开展的瓶颈问题，尤其是制约产品化成果应用落地的管理体系问题，重点发力，彻底解决。

4. 示范引领、全面落地

开展存量产品成熟度提升、产品实现过程卓越等级提升、产品货架建设和应用工作，对增量要素和增量产品形成的新的方法和管理模式，形成规范化的要求和程序，全面推广，一线落地。

（二）以技术创新为抓手确保可持续发展

统筹强化技术创新与预先研究工作，促进专业产品与特种材料、元器件、制造工艺等基础学科的深度融合。从技术体系、产品架构、电气软件、测试试验等方面审视产品技术，形成纲领性规划。开展新型技术和产品研究，从标准化、模块化和小型化方面全面创新。加大数字样机及虚拟制造技术研究和应用，强化基于模型的集成优化设计，建立产品数字化样机，并以数字样机为核心，全面推进虚拟研制技术路线，进行全生命周期的数字化仿真与虚拟验证。

（三）以供应链为抓手促进产业链健康发展

实现物资采购向供应链管理的理念转变，加强元器件选用、物资供应商管理、物资技术支持与服务。物资采购模式采用自主采购与社会化服务相结合，确保物资供应及时高效、关键产品质量和进度可控，不断降低管理成本。建立专用物资长远规划储备、短线物资追踪协调的机制。强化外协供方准入控制，严控外协质量，实现数量瘦身，降低管理难度和复杂度。加强外协单位的生产基线管理，通过现场监制、设置强制检验点、完善过程数据包等方式，确保实现外协产品的过程关键环节管控到位。强化单点生产产品的风险管控，实现双点保障或多点保障，确保供应链安全。

（四）以责任制落实和绩效考核为抓手确保各项工作闭环

强化形成纵横互动的型号产品研制责任体系，明确单位、部门、岗位工作职责和责任担当主体，建立“自上而下、纵向到底”的责任分解和工作指挥体系与“全面覆盖、横向贯通”的部门 / 岗位责任传递和流程管理体系。实现行政线和技术线矩阵式管理，形成行政领导（含指挥）担当分管型号的全面管理职责，设计师分担技术管理职责，充分承担技术、质量方面的主要责任，落实质量责任追究机制。

强化问题导向和目标导向的绩效考核机制，强化基层部门、岗位对产品进度、过程质量控制的主体责任，将产品研制进度和质量责任进一步分解到员工绩效考核。建立进度和质量危机处置机制，对可能遇到的严重进度和质量风险的性质、对应的后果，以及可能造成的各方面影响，分门别类，形成一套包括问题通报、产品交接、技术问题快速处置、主动靠前服务保障、领导层汇报、用户方沟通、舆情引导等环节在内的危机处置预案。完善全过程、全要素、全员的责任闭环和工作诚信体系，逐级严格落实领导责任。

（五）以限成本设计和制造为抓手实现自主发展

牢固树立“成本首先是设计出来的”理念，根据项目的预期成本和收益目标来限制和调整设计方案，确保项目的经济效益和社会效益，将成本控制在合理的范围内，避免不必要的浪费，提高产品的市场竞争力。针对已有技术和手段的优化组合不能满足用户成本期望和要求的，要进行功能成本分析，找出成本控制的薄弱环节和目标成本，倒逼设计和制造技术改进，进行技术研发和攻关。建立成本监测和分类评价指标体系，开展成本可知可视建模工作。推行项目管理和业财深度联动，实现成本与业务一体化管控模式，厘清成本对标维度，持续提升综合成本控制能力，通过产品经济性的提升，显著提高产品的竞争力和盈利能力。

（六）以精细化和信息化管理为抓手全面提升系统管理水平

落实过程质量责任主体，将过程质量控制的中心向基层部门转移、向具体的操作岗位转移。持续研究监测技术、提升检验能力，对于关键环节、关键过程留好多媒体记录，完善产品数据包和成功数据包络线分析。试验项目应覆盖产品功能、性能、冗余、裕度、寿命等各项设计要求，覆盖产品飞行试验的完整工作状态和工作模式，确保试验充分、有效。落实“四不到四到”（测试不到验收到、验收不到工序检验到、工序检验不到工艺保证到、工艺保证不到人员保障到），从测试、验收、检验、工艺、人员五个环节逐层追溯，逐项检查确认。以广义工艺纪律为抓手，强化多余物控制、不可测项目控制、外包产品质量控制、电子装联过程质量控制和质量复查确认等。

第五章

航天专业所/厂重组中的市场化经营

企业要发展，面对的最大问题是市场、创新、商业环境等的不确定性，而解决这些问题需要的是市场化的经营能力[①]。早在 1995 年，时任中国航天工业总公司总经理刘纪原在《认清形势，转变观念，统一思想，全面贯彻航天总公司改革与发展纲要》[②]的报告中，就提出："要变重技术为重市场。应强调重视市场和占领市场，把开拓市场和占领市场放在第一位，必须把只管科研不管市场的观念转变为瞄准市场和加快科研。"作为市场经济的主体，航天专业所 / 厂更要重视经营、重视企业环境的变化，这是领导层最重要的工作之一。

第一节　面临的挑战

从航天产业结构的整体来看，我国航天产业在火箭、导弹及航天器研制领域，实力突出、竞争力强。在终端类产品、应

① 宋平 . 经营制胜［M］. 北京：机械工业出版社， 2021.

② 刘纪原总经理谈当前急需做好的四项工作［J］. 质量与可靠性，1995（3）：1-3.

用系统和运营服务等领域，企业的产业规模普遍不大，整体实力偏弱。应用领域的产业化、商业化尚处于探索阶段，主要围绕通信、导航和遥感三类卫星及其应用发展，其他类型的应用较少。终端类产品由于政策及发展阶段所限，尚处于起步阶段，规模相对较小。从产业价值链来看，航天产业目前在国内仍以大型国有企业作为产业主体，民营企业作为辅助发展。自2015年起，国家鼓励民营资本进驻航天，大批民营初创航天企业成立。2024年起，国务院《政府工作报告》已将商业航天作为新质生产力的代表，大力扶持，截至目前全产业链均有民营企业积极进入。

航天专业所/厂要长期生存并持续发展，必须牢固树立“市场为王”的观念，把市场规律作为基本遵循，以市场为导向，以客户为根本出发点，面向市场、适应市场，主动出击，敢于、善于应对激烈市场竞争，依托市场实现社会价值、获得利润回报。

一、领导层从管理者向经营者的转变还远不够

进入新时期，航天专业所/厂内部的主要矛盾也已经由单纯的管理问题逐步转为如何应对外界环境变化和技术进步的经营问题，工作中心和重心正在由管理转向经营，领导者也要从卓有成效的管理者转变为卓越绩效的经营者。在“市场为王”的经营管理时代，航天专业所/厂的管理者要重新定义单位的市场和经营工作，更多关注对战略的选择、对形势的判断，并进行创新和资源整合，通过改变产品和服务，为客户提供价值和满意度①。最关键的是要从不确定性中做出正确的选择，眼睛向外，登高瞭望，时刻密切关注、主动适应并努力引导市场变化。

二、卖方市场已向买方市场转变，但市场观念仍然落后

随着国防装备全面竞争性采购政策的深入推进，装备系统总体立项由传

① ［美］彼得·德鲁克．创新与企业家精神［M］．魏江，陈侠飞，译．北京：机械工业出版社，2021.

统的行业分工转变为竞标采购，配套产品更是全面放开竞争。市场竞争成为订单获取甚至包括科研项目立项、科研经费获取的唯一手段。航天专业所 / 厂传统行业分工形成的产品独占性体制壁垒已然被完全打破。产品多样化加速全面竞争常态化，推动了航天专业所 / 厂的产品从卖方市场向买方市场的转变，“皇帝女儿不愁嫁”的时代已然不再存在。

但当前航天专业所 / 厂全员“市场为王”的经营理念尚未完全形成。不少干部职工在市场开发方面与客观要求还有较大差距，市场竞争意识、危机意识不强。在市场开拓、营销队伍建设、激励机制、产品开发速度、履约意识和能力等方面还存在不足。队伍整体的产品意识、经营意识、成本意识还不够强，能够实现持续性增长的规模化产业项目还不多。需进一步解放思想，全面转变经营和市场观念，在市场开发、产品开发、项目管理等全过程建立全员市场理念，实现向面向市场的经营方式彻底转变。

三、项目培育和产业化市场开拓能力有待进一步增强

新项目、新技术的培育和突破还不能完全适应市场需要和用户潜在需求。以传统配套军品为主的收入结构尚未完全改观，传统产业转型还需推进；战略性新兴产业比重还不高，推进新项目快速进入产业化发展阶段和收入稳定期的力度不够强、措施成效不足；创新型项目工艺实现保障能力还不足，技术预先研究、产品快速研制、智能制造等保障能力距离承揽实质性的市场性项目还有不小差距。

技术迭代、市场需求、竞争态势演变不断加快，而一些航天专业所 / 厂尚未建立真正面向市场的产品开发体系。由于市场研究缺乏系统性，对用户需求特别是潜在需求的研究不深入、不全面，市场定位和产业发展路线图不清晰。研发和市场脱节，技术研发、产品开发缺乏长远布局和系统迭代规划，产品竞争力不强，产品生命周期不长。技术研发、产品开发界面不清，技术产品化、产品市场化、产业规模化能力不足。迫切需要从完成上级下达任务的传统型号研制思维，以及产品营销为主的市场开发模式，向面向需求的快

速迭代开发转变。

四、市场开发和管理的专业化水平有待提升

航天专业所 / 厂市场开发与产品开发高度交叉、紧密耦合。市场竞争环境分析、竞争策略分析、用户需求分析、客户关系维护及项目管理的专业性越来越强。企业家和技术专家必须先做市场工作。市场开发人员不但要具有良好的市场营销技能，还要掌握广博的专业知识，具备营销专家水平和专家营销本领。技术和产品开发人员也要有强烈的市场意识、成本意识、风险意识，兼备相当的商务竞标和技术竞标能力。亟需建立市场与技术人员协同工作机制，短期与长期相结合的市场化激励机制，实现技术水平、市场竞争力的共同提升、相互促进。

此外，航天专业所 / 厂面对的市场用户不同，具有显著的差异性，导致重组中需要针对所 / 厂原有市场制定差异化的市场经营策略。伴随所 / 厂市场经营的一体化开展，形成所 / 厂在统一架构下面向不同事业部（公司）、面向不同产品和市场领域的差异化市场战略。

第二节　航天专业所 / 厂重组对经营与市场工作提出的期望与要求

市场经济不相信眼泪、不同情弱者、不纵容懒汉。在充分竞争的市场环境下，适用的是“丛林法则”。只有具有强烈的创新意识和昂扬的创业精神，全方面重视创新、主动创新、不断创新，才能在竞争中立于不败之地。

航天专业所 / 厂在改革和重组工作中，要维护好既有客户市场，保持原有业务的延续性，还要协调处理所与厂在市场经营管理方面的差异以确保平稳过渡，同时更要构建适应所 / 厂统一经营和长远发展的新模式。

一、增量发力、存量盘活、质量提升

航天专业所 / 厂经营与市场的发展，要内外兼修、开源节流并举。既要保持量的合理增长，更要注重质的有效提升。充分发挥既得优势，维系和巩固既有的市场渠道和口碑品牌，正视自身存在的理念、能力、体系、队伍等方面的不足。直面新时期面临的挑战，以增量盘活存量，以质量拉动体量，以量变促进质变，转变经营理念，创新经营模式，实现经营与市场的转型升级。

二、集中火力、攻城必下、赢在速动

激烈的市场竞争中，机遇转瞬即逝。在开辟新市场的初始阶段，积极而慎重地选定方向和开发目标后，就要全面、迅速行动，集结优势兵力，集中火力打攻坚战。在多个点的突破过程中，锤炼队伍，演练战法，逐步提炼总结形成具有竞争力的、差异化的战略战术组合，逐步建立和不断巩固自身的市场优势，形成集团作战能力，进而打造良性长远发展模式。

三、历练队伍、提升能力、建立信心

长期的计划经济和总体任务牵引专业发展模式下，航天专业所 / 厂的市场经营队伍都或多或少地存在惰性思想，犹如温室里的花朵，缺乏市场的风吹雨打。在开拓新市场，面对激烈的市场竞争时，往往会出现“不想、不会、不能”的鸵鸟思维，不想就是目标动力缺失，不会就是能力与目标错位，不能就是缺乏有效积累能力的方法。

在改革和重组中，航天专业所 / 厂必须把市场经营队伍的建设作为头等大事来抓：一是做好选人用人，智商、情商、逆商并重，严格规范管理，秉持高尚职业操守，塑造亲、清的职业人际关系；二是加强先进市场经营管理理论和方法的培训，转变理念，开拓思路，丰富其运用方法和工具的能力；

三是常态化开展培训，不断提高队伍的专业素养，将其培养成经营管理的行家里手，技术和市场的双料专家；四是制定高标准和高目标，大胆将队伍推到实战中历练，促进其快速成长；五是建立短期和长期相结合的激励机制，实现个人发展与单位发展风险共担、利益共享，提升员工的忠诚度。

四、亲清关系、合作共赢、营造生态

“亲”，常用来形容感情深厚、关系密切之人或事；“清”，则一般是指纯净透明，没有混杂之物。习近平总书记用这两个关键字，意味深长地道出了如何建设新型政商关系的原则与方向。构建“亲”“清”的市场关系，就是在航天专业所 / 厂改革重组过程中为专业所 / 厂与上级管理机关和用户划好边界，与合作方、供应商厘清接口，是航天专业所 / 厂市场经营要重视的政治文化和新的政治规矩。

要做到“亲”“清”市场关系，就要以强烈的政治责任感和使命感，扎实推进党风廉政建设，以更严的基调、更严的措施、更严的氛围全面贯彻从严治党战略部署，持续加大正风肃纪反腐工作力度，弘扬航天光荣传统和优良作风，把握好公私界限，坚持公私分明、克己奉公，推动营造风清气正的良好环境。

树立正确的经营理念，“靠产品”“靠本领”而不是“靠关系”取胜，“不行贿、不逃税、不侵权、不欠薪”。航天专业所 / 厂发展要“拼真本事”“拼真信誉”，拼的是先进理念、勤奋实干和诚恳待人。拼的是不断改变自己、拥抱变化，永远“奔跑”，要靠品牌、靠质量、靠技术、靠服务，为用户创造真正的价值。唯有如此，才能真正厘清专业所 / 厂与市场的关系，形成“亲”“清”的市场关系。

第三节 航天专业所/厂重组中做好经营与市场工作的基本思路

一、坚持市场导向，创新营销模式

航天专业所/厂必须坚持以市场工作为龙头，牢固树立市场意识和危机意识，进一步把握好市场竞争、技术创新和质量保证三者间的协调统一关系。围绕市场这个核心开展经营活动，坚持开放合作心态，合纵连横，不断巩固传统领域的优势地位，抢占新兴领域市场先机。领导班子尤其是第一责任人必须既要谋划、更要亲征，当好第一开拓者。市场是最大的难题，也是最好的课堂。

加强用户需求研究，争取在总体单位和最终用户规划及立项的前期阶段即开展市场开拓工作，提早掌握或引导用户需求，提前开展技术攻关和产品研发工作，获取先发优势，增强竞争力。加强营销渠道和营销队伍建设，打造专家型营销队伍，探索职业经理人和代理销售制度，建立新形势下利益分配机制和营销奖惩机制。

二、制定适宜的市场战略和策略

要集中资源，聚焦主业，持续深耕，在做强做优做大上持续下功夫。围绕核心业务、核心专长、核心市场、核心客户，增强核心竞争力，打造坚固的技术和市场核心门槛。关注细分领域，通过建立新赛道，创造新的竞争优势，厚植发展后劲，成为细分领域的头部企业。用好资本市场资源配置功能，通过上市平台开展重组整合，推进国有经济布局优化和结构调整，通过资产重组、股权置换等多种方式盘活资源，加大专业化整合力度，将优质资产推向资本市场，打造行业领军的优秀企业。

市场竞争拼的是企业核心能力，包括人才、技术、设备、工艺等。先进的商业模式有助于提高企业经济效益，但还不是核心竞争力，因为商业模式很容易复制，除非商业模式本身就有核心技术和能力支撑，并不断提升以推动商业模式不断创新。全球诸多互联网企业昙花一现，泡沫破灭的最大启示是：技术不是万能的，但高技术企业没有核心技术是万万不能的。

（一）市场竞争环境分析

市场竞争环境分析是基于当前更重在未来：一是深入分析当前市场状况，二是对今后一定时期的发展趋势做出基本判断。这是一项很困难的工作，存在很多未知因素，时间越长不确定性越大。因此，信息搜集与处理工作至关重要，需要市场人员、技术人员、科技情报人员共同参与。尽管市场走向具有很多不确定性，但经济社会发展有其基本规律，技术发展也具有渐进特点，只要方法得当、肯下功夫，通过历史演变来预测未来走向，就可以有所作为。

（二）市场竞争战略

市场竞争战略是指市场开发工作遵循的价值取向和行为导则。每个企业原则上只能以一种竞争战略为主（简称主导战略）。如果经营业务范围较广，产品和市场特点差异较大，不得不采取多种竞争战略的，应按业务领域成立子公司、分公司或事业部，独立经营，否则会造成企业内部市场管理冲突，包括市场项目立项规则、组织实施管理模式、营销绩效考核机制等。

1. 航天专业所 / 厂的市场定位

市场定位的实质是谋求竞争优势，吸引更多的顾客。企业的竞争优势体现在多个方面。高明的市场人员，不仅能站在企业的角度寻找技术和产品优势，而且能站在顾客的角度，审视本企业在哪些方面能比竞争者做得更好。

选择竞争优势的原则是扬长避短。人们所熟知的田忌赛马[①]的故事，对市场定位决策不无借鉴意义。

市场定位是市场规模、市场需求（特别是潜在的需求和发展趋势）、竞争优劣势和企业营利模式的综合研判。对航天专业所 / 厂来说，客户是一个比较宽泛的概念，既包括传统意义的中间产品接收方（总体院所）和最终用户，还包括主管单位、协作单位、供应商等。

如图 5-1 所示，专注主业、服务国防，是航天专业所 / 厂的政治责任和安身立命之本；融入国民经济、寓军于民，是企业的社会责任和自身发展的需要；进军国际市场，开展前沿技术研究，做好前瞻市场布局，是建设航天强国的战略需求，四个层级环环相扣，共有一个核心基础、核心能力，即专业。

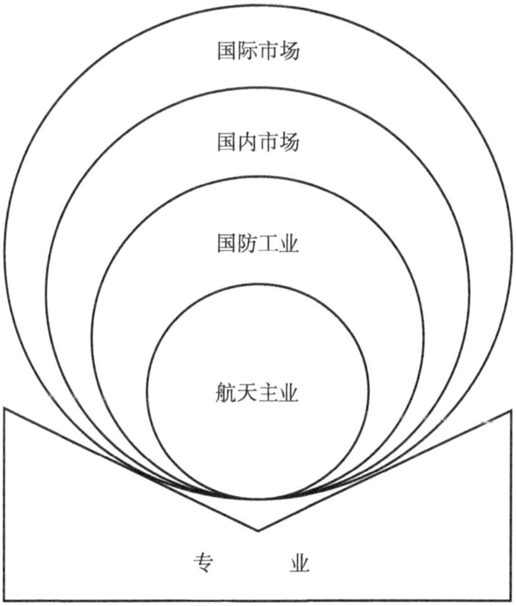

图 5-1　航天专业所 / 厂市场定位示意

---

① 齐王欲与田忌赛马，田忌的上等、中等和下等马，均不如齐王的马。表面上看，这场比赛田忌必输无疑。但是，田忌以下等马对齐王的上等马，以上等马对齐王的中等马，以中等马对齐王的下等马，结果以 2 ： 1 胜出。这说明，只要策略得当，弱势可以战胜强势。

2. 市场细分与目标市场选择

买方市场的形成，迫使企业转变经营理念。从研究用户需求入手，将不同需求划分为若干细分市场，从中选择一个或几个最有吸引力、最具竞争力的目标市场，尽可能为其提供最佳产品和服务并获取回报。目标市场管理包括市场细分、目标选择和市场定位。

目标市场选择是根据产品技术特点和竞争优势，拟进入一个或多个细分市场的决策过程。目标市场的选择有五种模式：一是单一细分市场集中化；二是多个细分市场的选择性专业化；三是适应多个细分市场的产品专业化；四是集中满足特定顾客群的市场专业化；五是全面进入。

目标市场选择应充分考虑产品吸引力、市场地位、投资回报三个要素。产品吸引力主要考量市场利润空间，可以进一步分为市场规模、成长性、战略价值等子要素。市场地位主要考量竞争优势，可以细分为市场份额、产品优势、渠道建设能力等子要素。投资回报主要考量收入增长率、对现金流的影响和研发投入产出比。

3. 航天专业所 / 厂的市场策略选择

根据航天产品的特殊性，航天专业所 / 厂可根据自身特点选取以下主导策略。

（1）领先策略

引领行业技术进步，以明显超越竞争对手的性能占领高端市场和新兴市场，获取超额利润。当追随者的产品性能与己方接近时，依靠产品成熟度的领先优势，适度扩大产能，降低生产成本，利用价格优势和规模优势保持市场占有率，获取规模利润。并持续开发新产品，始终保持领先优势。根据企业竞争实力，面向多个领域或多个细分市场，或聚焦部分区域的细分市场。

（2）跟随策略

技术研发和市场布局紧盯领先者，以高效率、低成本和优质服务挑战市场，争取进入市场份额的前三名。在军品市场普遍采用“双定点”的情况下，此种策略不失为一种明智之举。如同“肯德基”和“麦当劳”的相继跟随式门店选址策略。跟随者可以减少市场渠道早期建设投入，降低技术、产品路线试错和验证成本，规避先期进入不成熟市场的风险。实施技术跟随策略，需具备三个基本条件：一是有很强的市场信息搜集和营销公关能力，以“消息”制胜；二是有高效的决策和执行机制，在预定期限完成其他竞争对手难以完成的工作，后来居上，以“速度”制胜；三是有很强的技术“模仿”及权变能力、成本控制能力，触类旁通，以“灵活”制胜。

（3）差异化策略

通过市场需求分析和竞争态势评估，梳理用户的关注点和风险偏好，形成竞争要素的优化组合。以惯性导航技术和产品为例，导弹武器系统领域重点关注精度和安全性，运载火箭领域重点关注一次成功可靠性（可重复使用火箭是多个单次可靠性），航空飞行器领域重点关注平均无故障工作时间，卫星、水下舰艇领域重点关注长期精度保持性和长寿命，兵器装备领域重点关注成本和批量生产稳定性等。

（4）聚焦策略

针对细分市场的差异化需求，聚焦特定领域或区域的细分市场，塑造局部领先优势，做“专精特新”企业。当市场发展到一定规模、进入成熟期的中间阶段，市场领导者往往对“盲区”和空白地带不屑一顾，或因大举进军新兴市场而无暇顾及。这对跟随者和普通竞争者来说是一个很好的机会，可以通过见缝插针、拾遗补缺，获取“边际收益”；还可通过准确掌握顾客偏好，充分满足用户的个性化需求，获取产品与服务的附加利润。

4. 目标市场营销策略

目标市场营销战略一旦形成，需要转化为相应的营销组合方案，形成一整套营销工具，促使用户购买行为的达成。与一般工业品和消费品相比而言，航天专业所/厂的产品属于小众市场，客户群体规模相对有限，市场战略、市场营销方案的制定要围绕忠诚客户特别是聚焦大客户展开，即培育和维系战略客户。据统计，企业80%以上的利润通常是由数量占比20%的战略客户创造的。目标市场营销策略对技术的持续进步、产品的迭代升级、专业的长远发展是十分重要的，是可持续发展的重要抓手。

三、市场队伍建设与培养

重技术和产品，轻市场开发，把市场开发作为技术人员的副业来抓，是一些航天专业所 / 厂存在的突出问题。专业化市场队伍的建设和培养是航天专业所 / 厂经营转型的重要工作。

（一）市场人员的素质要求

1. 良好的品行

市场活动是一项塑造企业形象、建立品牌声誉的重要举措。要求从业人员必须具有强烈的事业心、优秀的职业精神和富有感召力的人格情操，诚实严谨、恪尽职守的态度和廉洁奉公、公道正派的作风。在代表企业进行社会交往和关系协调时，讲情义但不徇私情，恪尽职守，为人正直，处事公道，不谋私利，能充分履行自己的社会责任、经济责任和道德责任。

2. 强烈的敬业精神和开拓创新能力

最吸引顾客的往往是新技术、新产品和新观念，它们之所以有难度、有魅力，主要在于其“新”。市场人员必须具有强烈的专业心和开拓能力，既要具有很强的市场信息挖掘、综合分析能力，找到新需求、预判新趋势、发掘用户“痛点”和新“买点”，注重搜集用户的期望和潜在需求，为新技术和产品研发提供需求输入，又要在具体市场工作中在工作方法上不断创新，提高顾客满意度，吸引更多顾客。

3. 良好、亲和的公关能力

市场人员需要具备良好的人际交往能力以及语言表达、文字表达和沟通能力，通过真诚的交往，精妙的言辞，获得顾客的信任与支持。要有良好的仪表形象，在与顾客交往的过程中要以尊重为本，重视自己的形象和行为规范，维护单位形象和声誉。

4. 专而博的业务知识

市场工作需要渊博的科技、文化知识作后盾。其中掌握一般技术、文化知识是基本条件，精通本专业的知识是必备条件，包括技术产品、心理、市场、营销、管理、公关、广告、财务、物价、人际关系等知识。最好还具备广泛的兴趣和爱好，包括文史、地理、艺术、体育等领域以增加自身的知识面，这样才能与客户有更多的共同语言，有助于拉近与客户之间的距离，创造更多的面对面深入交流机会。

5. 扎实的信息搜集和处理能力

市场竞争日益激烈，单纯的用户走访、“问卷式”的信息搜集已经不能适应海量市场信息瞬息变化的情况。要善于利用各种数据分析、处理工具和手段，提高信息搜集和处理的能力和水平。

6. 敏捷灵活的应变能力

市场人员在工作中要与形形色色的人打交道，在这种复杂易变的人际交往环境下，就要求市场人员必须具有灵活机动的应变能力，具有极强的应急事件处理和危机公关能力，坚持原则的同时，化复杂为简单，快速取得市场活动的成功。

7. 思考和总结能力

市场人员在开展业务过程中，通常会使用不同的手段和方法来达到销售目的。优秀的市场人员会思考自己的特点、优势，不断总结、提升，对自身不足有着清醒的认识，扬长避短，形成良好的工作风格和人格魅力。针对不同的用户和不同角色、不同关注点和不同认知的受众对象，迅速抓住受众对象的“兴趣点”，快速提炼出己身的“特色”优势和产品的“卖点”。少用晦涩难懂的专业术语，尽量转化为受众对象喜闻乐见的通俗易懂、雅俗共赏的语言表达。

（二）加强市场队伍建设和培养

加强市场队伍建设和培养，提高市场队伍素质，重点从以下几个方面做实。

1. 严格的管理制度

市场工作是一种经济活动，从业人员必须有高尚的职业操守。职业操守的形成、工作习惯的养成，依靠严格、规范的管理制度。通过管理制度，规范各项工作流程、工作行为甚至个人生活习惯。

2. 认真选人用人

按照市场人员的能力和素质要求，吸纳“三观”端正，熟悉单位情况，有一定技术、管理、生产、服务等经验的优秀人员加入到市场团队，组建一支积极进取、攻坚克难、富有战斗力的团队。注意新老、性别合理搭配。将能力和秉性不适宜的特别是职业操守有严重问题的“害群之马”及时清理出队伍。

3. 精简高效的组织架构

按工作性质、工作量进行合理的工作分工，建立精简、高效的组织架构。按领域、区域等组建若干工作小组或地方分支机构。合理分工，大力协同。在内明晰权责，明确原则；在外充分授权，灵活处置。

4. 常态化培训机制

建立市场人员常态化培训机制，对市场开发人员、服务人员、参与项目的技术人员、管理人员开展培训。培训内容包括专业知识、管理知识、人文知识、心理学知识等，注重以老带新，实战练兵，提高相关人员的业务素质和水平。

5. 短期和长期相结合的激励机制

建立短期和长期相结合的绩效考核和激励机制，对市场人员和相关参与人员给予评价和激励。短期激励与当期业绩指标直接挂钩，如合同额、回款额、项目利润提成、任务超额完成奖等。长期激励采用项目分红，模拟项目股权期权、核心员工持股等形式，以实现个人发展与单位发展风险共担、利益共享，提高员工的忠诚度。

第四节 航天专业所/厂重组中经营与市场工作的实践探索

在航天专业所/厂的改革重组实践中，在强化全员市场理念，强化市场研究和市场战略研究，面向市场开发产品，做好专业、产品、产业拓展，加强专业化市场队伍建设等方面进行了积极的探索，取得了明显成效。

一、以市场需求为导向，着力抓好市场开拓

以市场需求为导向，以重点项目为牵引，完善市场营销体系，强化市场竞争意识，加大成熟产品的推广力度，加大新产品、新领域的开拓力度。大力加强横向市场拓展，挖掘新的经济增长点。建立下属单位、内部部门协同有序参与市场竞争的工作机制，做到市场细分、统一指挥、团队作战。

（一）传统市场需求增量新突破

市场是最好的老师。长期保持市场竞争优势，仅靠原有产品难以为继，必须不断开发新产品，持续提升产品性能、可靠性和服务质量。新产品开发能力事关企业前途命运，生产不出市场需要的产品，企业就失去了发展的基础和存在的意义。

1. 坚持市场为王、结果导向

提前介入总体院所等用户的早期技术发展规划和型号预研工作，建立与总体单位技术汇报、沟通和交流机制，推介技术发展规划和预研工作成果，

在专业方面形成对总体院所等用户单位的技术发展规划和型号预研工作的支撑，在后续市场竞争上取得技术方案路线和产品优先跟进的先机。以总体院所的型号计划纲要为重要依据，做好技术跟踪，从信息收集、指标分析、方案论证、原型验证、型号策划等多个方面做好综合论证工作，确保主体优先配套地位和任务的可持续发展。

工作辛苦不等于工作业绩，但辛苦的付出必然会得到长远的回报。把市场应用结果和利润纳入产品开发团队绩效评价，通过市场突破奖（针对新领域、新客户）、项目提成、项目利润分红等方式对产品开发团队实施奖励。

2. 坚持适销对路、量力而行

根据市场需求开发产品本是世人皆知的道理，但经常出现对市场需求、环境变化研究不透，产品刚一推出便过时、落伍的案例。因此，制定新产品开发策略，要系统性地做好市场调研工作，通过深入调查研究，准确把握市场需求及其发展趋势。选择既有市场潜力又与企业战略目标和现有能力相适应的项目。通过竞争分析，在市场营销战略指导下组织新产品开发。

新产品开发一般包括市场调研、用户交流、方案构思、初步设计、技术设计、图纸设计、样机研制等阶段。市场调研、用户交流是新产品开发的基础，也是产品获得市场认可的关键因素。因此，既要搞好方案策划，更要关注市场变化和潜在需求，避免产品上市无人问津的尴尬局面。

3. 坚持持续创新、快速迭代

市场需求无止境，技术创新永远在路上。近些年来，航天专业所 / 厂的技术创新取得长足进步，不少单位取得骄人的业绩，但也面临诸多挑战。任何安于现状、吃老本的企业都有被淘汰的危险，必须坚持持续创新、快速迭代，适应市场变化做出积极、快速响应。

新产品开发通常有 4 种策略：一是改进现有产品。该策略简便易行，开发费用低，一般来说利用现有技术和设备即可实现。二是增加产品种类。根据细分市场和竞争态势拾遗补缺，在已有产品线中增加规格、品种，或者延伸产品线。三是拓宽产品线。根据企业经营战略，依托现有市场，借助现有品牌的知名度，实现品牌扩展，开发新的产品线。四是仿制。对引进的外部技术进行二次开发，生产某种产品的替代品。一般应根据细分市场领域特点和产品成熟度、技术竞争力，选取不同的策略。

4. 坚持正向设计、严控成本

新产品研发要充分考虑经济性，并贯穿于研制工作全过程。新产品的技术路线通常在样机阶段确定，样机设计决定原材料、元器件、核心部件、工艺和试验条件，这部分投入约占产品成本的 70%，后续投入主要是解决产品性能优化问题。产品功能性能指标的确定，应以终端用户需求和系统整体最优为标准，指标分解不得层层加码，避免人为增加制造成本。推行标准化、模块化设计，减少差异性，尽可能采用成熟 CBB，以降低技术风险和研发成本。产品设计应广泛听取工艺和技能人员的意见，充分吸收工艺攻关成果，减少产品实现和制造风险，预控制造成本。

做好战略、资源、利润和竞争力四个维度的综合平衡，系统实施、降本增效，不断提升产品竞争力。强化成本策划、成本控制、成本分析和成本改进工作。从设计源头上确保方案的科学性和良好的产品性能价格比，科学制定与市场接轨的定价、报价和成本控制策略。对已经成熟、转入批产阶段的产品，围绕生产要素开展成本分析，在确保质量的前提下降低成本，提升利润空间。加强内部核算，模拟市场化运作，激发事业部等基层部门自我运营动力和活力，实现由成本中心向利润中心的转变。

（二）拓展边缘市场和新兴领域

奋战竞争市场，抢占空隙市场，拓展边缘市场，进军新兴领域，如图 5-2 所示。与几何学原理“圆心半径越往外，面积越大”相类比，越靠近传统市场（忠诚市场）的核心，后发者进入和突破的难度越大、投资回报率越低。而市场空白地带的投资回报率处于中位数，是一个不错的选择。

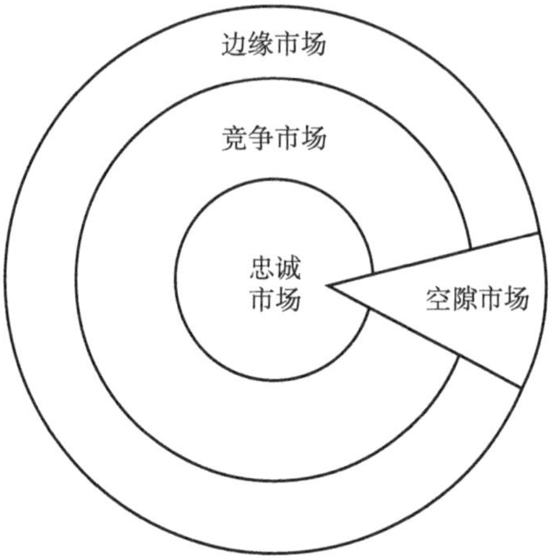

图 5-2 产业市场拓展模型

当市场需求大于产品供给时，参与竞争各方都有成长空间，出现购销两旺的局面。当供大于求或相对平衡时，市场竞争加剧。有的企业采用扩大产能方式维持市场份额，这种行为一旦成为普遍现象，就会加剧产能过剩，形成“内卷”的恶性竞争局面。此时，体量大、实力强的企业会通过降价压制竞争对手，迫使承受能力差的企业退出市场。这种情形在航天成熟产品市场也同样存在。例如：某型加速度计，上市之初，每只 5 至 10 万元，后来市场规模增长 10 倍，产品价格降至每只 1 万元，精度较低的甚至降至 3 只 1 万元，陷入产能扩大、利润不升反降的窘境。这个案例说明，市场需求饱和后，产品的局部改善对用户吸引力有限，只有持续创新，显著提升产品功能性能、降低成本，才能刺激新需求、提升市场占有率。对成熟产品来说，做大蛋糕，锚定新兴领域和边缘市场做文章，是市场拓展的明智之举。

1. 拓展边缘市场

紧密跟踪、培育非传统领域的业务。大力开拓多功能高集成度部件及其集成应用领域；引导和推动在役产品的实战化改进、延寿、旧装备升级改装等，延伸服务市场领域；推进专业底层技术和子产品进入战训、战场支持和后勤保障领域，如训练、演练、靶标、仓储、能源、医疗救治、工程机械、特种车辆等器材和装备应用；积极拓展直接面向终端用户的，以专业技术和产品为核心的系统集成一揽子解决方案。拓展和延长产业链，挖掘新的增长点。

2. 抢占空隙市场

针对国内空白和特种应用市场，将核心技术和产品进行环境适应性改造、功能性拓展和应用性开发，应用于重大特种装备的升级改造和国产化替代；针对前沿和基础科学研究的特殊应用，基于核心技术和产品进行定制化开发，拓展专业技术和产品应用范围；针对攻防对抗等尖端领域常规手段无法实现的深空、深地、深海、密闭空间等场景应用，开发专用装备或功能模块，填补极限测试、智能控制、健康诊断等手段空白，开辟新的应用领域。在拓展产品应用范围和市场领域的同时，拉动专业技术和产品的提升和功能性能拓展，同时积累工程经验，锻炼和培养复合型工程技术人才。

3. 开辟新兴领域

紧跟世界和国内卫星互联网、低空经济、无人装备（无人机、无人舰艇、无人车、机器人）等新兴产业潮流，有针对性地开发适用的产品和技术，抢占蓝海市场的先机；面向国民经济主战场，以公安、消防、铁路为重点，践行军民协同创新战略，大力推行军民两用技术和产品的应用开发及市场开拓，进行先进技术成果转化，包括产品适应性改造后的军转民用、知识产权和技术转让、以技术入股成立混合所有制企业实现产业化。

4. 进军国际市场

经济全球化时代，国际竞争与合作是一种必然趋势。20 世纪 90 年代以来，航天科技工业部门在民用领域实施“走出去”战略，不仅实现了外星的搭载、发射，而且实现了卫星的整星出口和卫星/火箭/测控全线出口。近些年，军贸市场也呈现快速的增长。航天专业所/厂的技术产品参与国际市场竞争，需要把握好以下几点：

第一，要突破发达国家设置的竞争壁垒，尤其是技术标准壁垒，取得专业机构的认证。例如，欧洲统一安全认证（CE）、德国安全认证（GS）、美国联邦通信委员会认证（FCC）等。为满足欧美技术标准，需要对产品原材料、设计、制造工艺、包装等进行适应性改进，如采用无铅焊接、选用符合标准的原材料和工艺、对产品设计和产品线进行改造等。掌握目标市场知识产权保护政策，规避侵权风险，不得使用非正版的操作系统、应用软件、开发工具，一旦触碰“高压线”，将面临长期诉讼、巨额罚款。同时，要积极申请国际专利，增强自我保护意识。

第二，把涉外风险控制放在第一位，严格遵守国内和国际法规，做好合规管理，尽可能借助具有相应资质的国际贸易公司和机构开展相关业务。

第三，加强产品质量、安全、环保控制。充分考虑包装物、废弃物回收的可行性和经济性，某些国家法律规定废物回收责任在厂家，如果缺少事先谋划，回收的成本可能高于产品利润。安全问题更是如此，一旦发生质量事故造成人身或财产损失，赔偿费用有可能使供货方倾家荡产。此外，产品设计和包装还要充分考虑目标市场的法律、民族风俗和禁忌。

第四，建立国际化人才队伍。提前布局，培养有国际视野的专业人才，研究目标市场的经济 / 政治 / 法律环境、用户偏好和潜在需求。市场开拓前期，可考虑设立联合研发中心、境外办事处等，我方人员与外方人士联合办公，解决“水土不服”的问题。积极与我国驻外机构、旅居华人建立联系，寻求各方面支持。

（三）新技术潮流中寻求新商机

同时诱发多个行业大面积出现商机的新技术潮流，具有广泛的颠覆性。这种颠覆性不仅仅是产品更新换代，它能够同时影响多个行业的技术发展路线和产业格局。

1. 新技术潮流对国防行业的影响

第四次工业革命的兴起，正在打破传统的行业界限，改变全球产业链分工和产业布局，对包括航天在内的军工行业产生深刻影响：研制模式发生变化，采用数字仿真、数字样机等技术，实现协同创新和并行研发，研究设计快速迭代；制造模式发生变化，推行自动化、数字化、智能化生产，劳动效率和产品质量大幅提高，生产成本显著降低；产品内涵发生变化，商品价值交换由物理形态转变为以硬件为载体的各种服务，如软件定义产品“通过软件更新丰富、改变和提升产品功能”，航空发动机“卖飞行小时”，机床设备“卖加工工时”，大型工业软件“卖使用时间”等。

新技术与传统装备的结合，孕育新的军事需求。无人化、自主化、体系化、智能化是下一代武器装备的典型特征，如蜂群作战、无人机、无人船、战场机器人、单兵智能装备等。新技术在改变传统作战样式的同时，还引发战场态势感知、通信数据链、授时定位与导航、自主控制等需求。企业管理者若能在新技术潮流萌芽阶段，对其走向做出准确判断，提前布局，就有可能获得巨大商机。

2. 技术和产品组合并转化为市场

产品是技术的载体，技术是产品的灵魂。同类技术会有多种用途、带来多种市场机会。市场人员必须转变传统的“买卖”观念,否则很容易陷入“产品不好卖”或“产品不对路”的困境。卖产品的是商贩，卖技术的是经理，卖方案的是大师。市场人员若能把产品提炼成相互关联的“技术”，就会发现处处是市场。技术转化成订单或收益必须通过载体实现，主要方式包括卖产品、卖技术、卖方案、卖项目、卖服务等。

3. 产品信息赋能和数据产品开发

信息已成为极具开发潜力的资源，与自然资源随着开采而枯竭不同，信息资源随着开发而增长，但开发的复杂度和技术难度越来越大。信息战成为一种新的作战样式，信息系统（含软件）在现代化装备体系中的占比越来越高。全面进入物联网时代，传统意义的装备很可能只是泛在信息系统的一个节点。信息系统难以复制的特点，使其市场收益具有延展性。传统产品向信息领域拓展的方式主要有：

1）在机电产品中嵌入具有特定功能的软件模块，形成智能化自治系统，实现自我健康诊断，必要时可通过技术手段提取数据，或通过网络传输至数据处理中心，进行数据挖掘或深度处理。

2）增加信息互联互通功能，如身份识别、定位标签、健康检测、信息加密传输等，使既有产品变成信息网络的一个节点。建立泛在网络分布式系统，将具有传感功能的器件、部件、单机系统作为终端接入专网或公共网络，由中央处理机进行数据处理。

3）基于积累的大量工业数据和经验知识，利用 AI 人工智能算法进行处理，提炼形成专业领域的工业大模型，赋予资产属性后开发新的应用场景，高度关注和布局数据产品开发。

采用以上方式，增加传统产品的智能化处理功能，一方面可以对产品运行状况进行远程监控，在线开展故障诊断与处理。另一方面，还可以搜集使用信息，为产品持续改进提供第一手资料。通过对这些数据进行加工处理形成知识，变成创新的资源。

二、大力而审慎地拓展专业与产业

专业拓展问题可以从技术链、产品链、产业链三个维度进行讨论。专业基础犹如树根，核心技术犹如树干，产品与产业犹如树的枝叶。根有多深，树才有多高。根系的深度和宽度决定树体的高度和延展度，根系越深、分布越广，生命力越强。与此同理，专业基础的深度和技术广度，决定产业的高度和生命周期。传统产业对产业链起支撑作用，具有品牌效应。成长性产业在产业链上居于主体地位，决定行业的经济体量，但会随时间沉淀逐渐演变成传统产业，直至退出市场。按照“物竞天择”理论，只要树的根系发达、水分和阳光充足，树干还会生长出新的枝杈——新兴产业或细分市场。假以时日，很有可能收获累累硕果。

（一）技术链 / 产品链 / 产业链联动

技术发展和市场开拓密不可分，技术创新的社会价值必须通过市场予以体现。首先，企业技术创新的目的是为社会提供有价值的商品或服务，离不开市场需求分析和产品开发的支撑；其次，市场需求是多元的，需要营销模式创新；第三，产业生态需要专业技术的支持和产业链上所有企业的共同维护。简言之，核心竞争力的塑造和产业链的形成，是多种要素共同作用的结果。航天产品与民用消费品生产有所不同，技术门槛高，市场针对性强，产品研发周期相对较长，必须将技术链 / 产品链 / 产业链融为一体，从专业、产品与产业等维度进行全面分析。

技术链是核心，产品链是载体，产业链是最终目的。产业链拓展对产品、产品拓展对技术不断提出新的需求，专业技术需要进一步明确发展方向，从而形成“需求牵引创新→产业收益→促进创新→催生新需求”的动态联动、螺旋上升机制。通过将三个维度的“微笑曲线”进行细分，从而确定技术、产品与产业转型和拓展的方向和领域。

通过“微笑曲线”的认知，可有效突破经验瓶颈，迅速化内隐知识为外显知识表现，实现研发、生产、营销紧密结合，从而确定创新和开拓的方向，通过核心技术研发、产品开发以争得市场渠道主动权、终端市场控制权，向产业链高端延伸升级。以航天惯性技术专业为例，其三个维度的微笑曲线如图 5-3 所示。

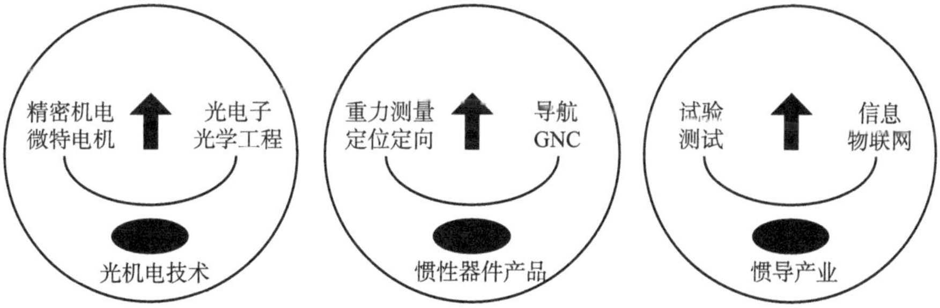

图 5-3 航天惯性技术、产品与产业微笑曲线

其中，技术链从惯性技术专业涉及的光机电专业向精密机电专业（如微特电机、测试设备、载荷稳定系统 / 吊舱）、光电子和光学工程专业（如光纤传感、光纤激光器及其应用系统）拓展；产品链由传统的惯性器件向惯性

拓展应用产品（重力仪、定位定向系统）、导航技术产品及GNC（导航、制导与控制）一体化系统（精确空投、单兵导航、精确制导弹药控制系统）拓展；惯导产业则从惯导专用领域横向向通用技术产业（如特种加工、微特电机、试验测试）拓展、纵向向新型信息系统产业（物联网等）上升。发展是一个不断变化的进程，必须根据环境条件变化，准确把握技术、产品与产业之间的关系，不断调整发展理念和工作思路。

（二）依托技术体系开发新产品新市场

在航天工业领域，技术是产品的内核，技术能力是企业的核心竞争力。专业所/厂在长期进行的科研生产实践中积累了大量专业知识，形成了独具特色的技术体系，具有新进入者难以与之抗衡的人才相对优势。众所周知，在人才为本、技术为先的年代，拥有专业人才和技术的企业就有了安身立命的本钱。然而，欲使本钱升值，必须通过专业人才将技术转化为产品，再通过专业人才去开辟市场，通过商品交换获取利润。这件事说起来简单，但并非每个企业都能做好。产品开发需要找准切入点，坚持“三个结合”。

1. 坚持技术研究与市场分析相结合

从应用基础、核心技术、产品开发三个层面，逐一研究新产品在传统和非传统产业领域的新的应用场景，分析市场规模、现状、竞争对手情况，评估本企业的技术积累在新领域中是否属于核心技术。倘若开发新产品，需要哪些核心技术和通用技术支撑；产品开发难度和风险是否可控；是自己开发、联合开发，还是从市场获取；通用技术的产业环境如何，是否需要扩大生产能力，以及资金、人员投入规模等。在厘清上述问题的基础上，遴选出具有市场前景的产品方案，组织内部评审，从投资的角度进一步审视项目的可行性；重大项目委托第三方机构独立评估，选取最优和次优项目，一旦时机成熟迅速启动。对有市场前景，但产业生态尚不成熟的项目，进一步完善其关键技术，做好市场储备。

2. 坚持集成产品开发（IPD）与市场开拓相结合

市场开拓是针对用户需求将技术物化为产品的过程，通常采取依托应用基础和预先研究成果，直接进入样机乃至工程研制的策略。研制工作重点是技术组合、结构优化、系统匹配、试验验证和适应性改进，以及少量工程应用技术研究。其主要任务是：针对新领域或用户特殊需求，对成熟产品的功能模块进行柔性重构，包括替代、增添、裁剪等技术改造，解决产品功能性能、环境适应性等与新需求的匹配问题。

3. 坚持自主研发与社会化大协作相结合

在西方对我国实行技术封锁的大环境下，自主研发、自主制造，把核心技术掌握在自己手里，实现产业链自主可控，是解决“卡脖子”问题的根本途径。从宏观层面来说，武器装备的核心技术自主可控关乎国家安全利益。就航天专业所/厂内部而言，单机系统、核心部件、关键元器件是否自主可控，直接影响企业的利润空间和长远发展。市场准入门槛越高，核心技术自主可控能力越强，利润空间越大。如果产品的核心技术过度依赖供应商，不仅丧失议价能力，生产周期也受制于人。供应商一旦将核心技术释放给竞争对手特别是新进入者，既有产品的竞争力将大打折扣。自主可控由高到低依次分为自主级、掌控级、可控级、受限级、依赖级。产品开发和产业链建设要把握 3 个要点。

（1）核心在内、通用在外

比较理想的模式是“两头在内、中间在外”的哑铃型结构，即关键技术自主研发，核心部件自主生产，总装、联调在内部实施；通用生产能力在外，充分利用社会资源，减少自身的资源投入。

（2）重视供应商的管理

供应商管理包括供应商的选择、产品质量管控、全层级管理等。重要零部件的采购，要选择信誉好、价格公道、供货及时的供应商。全层级管理的重点是，将技术和质量控制要求，层层传递到末端供应商，以确保产品质量稳定可控。对容易产生潜在质量隐患的产品，要采取现场监制、产品数据包验收等措施，加强过程管控。尽量不要选用单一供应商的产品，无法规避的要签订长期稳定供货协议，获得优先供货权和最佳价格权，避免受制于人。对确实需要的外部高价值技术或产品，可一次买断或股权合作，以保持己方产品的唯一性和独有性。

（3）建立长效激励机制

新产业开拓是一项投入大、风险高、回报周期长的商业活动，需要长期坚持。如何稳定队伍、激发活力，是企业管理者的必修课。较为有效的办法是建立长效激励机制，引导组织成员正确处理眼前利益与长远利益的关系。

（三）依托系统集成拓展用户需求

系统集成是指将具有相对独立功能的技术或产品，通过优化组合形成新的应用形态或服务的过程。系统集成不是几项技术或产品的简单堆砌，通常需要以添加的机械、电气等设备为载体，采用计算机网络和人工智能技术，实现各功能模块之间的信息和能量交互。系统集成类产品，一般面向终端用户和最终应用。航天型号系统、分系统、单机之间接口数量庞大，耦合关系复杂，开发类产品集成的技术和经济风险较大。工程类集成项目则占用人员、资金较多，实施周期不确定，后期维护工作量大。

对专业所 / 厂来说，由于拥有专业技术成果和基础性数据资源，可能更适合业务集成，即通过业务整合，形成独有的核心技术，以满足个性化应用需求。具体工作中要把握 3 个要点：一是注重采用软件工程化技术，提高系统软件的成熟度和功能代码的复用率，以缩短业务集成和项目产业化实施周期。二是致力于提高集成产品的技术成熟度，实现部件、组件、插件模块化、型谱化，尽量减少定制开发。充分利用原产品的冗余功能，实现成本和效率最优。三是利用 MBSE 模型，采用数字样机、数字仿真等技术，实现复杂系统设计仿真、远程维护和故障诊断，以降低业务集成和项目产业化的技术风险。

（四）依托市场资源拓展产业链

依托市场资源拓展产业链，属于高层次商业模式。通过培育忠诚战略用户，实现持续购买；依托老客户开发新产品，催生新的应用需求；利用先期客户的体验和评价，横向发力，扩大市场占有率；利用市场优势和企业商誉，纵向穿透，形成新的产业。思路决定出路，只要思路正确、功夫到位，凡事皆有可能。

1. 善于发掘市场潜在需求

满足“客户的客户需求”，是近几年兴起的一种市场开发理念和模式，包括技术、人力乃至资金支持。参与客户的市场开发，形成战略合作伙伴和利益共同体，有助于抵御市场风险。在航天科技工业领域，客户包括总体单位，军队装备领导机关，各军兵种，军事院校、科研机构。终端用户为一线作战单元。尽管终端用户不是任务提出方，但最了解真实的应用需求、掌握武器装备使用性能的第一手资料。

目前，航天专业所/厂承担的装备研制生产任务，大多来源于上级机关和装备总体单位的规划和计划，也有少数计划外的临时任务。计划外的订购合同，主要是为用户提供成熟或货架产品。该类产品，通常是企业长期跟踪研究、提前布局的结果。这种潜在的需求一旦形成规模应用，订货数量将出现爆发式增长，回报率较高，短期内被他人仿制的可能性不大。新进入的某些企业，正是善于发掘市场潜在需求而获得成功的。

2. 主动配合用户创造需求

发掘用户潜在需求是一种本领，且需要长期投入、密切关注。主动配合用户创造新需求，可有效降低风险、增加成功的几率。在航天领域，型号研制的立项，需要经过数年乃至十几年的技术方案论证和逐级审批。立项前期，航天专业所/厂应主动向项目总体单位和用户展示自身实力，包括基础技术厚度（知识积累）、专业技术广度（技术应用范围）、关键技术成熟度（用户对在用产品的评价），以及预先研究成果的技术先进性等信息，并协助用户开展立项论证、场景论证、仿真验证、摸底试验，针对缺失的关键技术提前开展攻关，做好技术储备。这种毛遂自荐的勇气、敢揽“瓷器活”的底气，一旦得到对方赏识，将出现“双赢”局面。

3. 售后产品延伸服务

传统的商业模式，通常将产品售后服务作为一种附加义务，如保质期 1 至 3 年，保质期内出现故障免费维修，保质期满产品维修收取成本费用。进入 21 世纪，售后服务已演变为产品和市场。售后服务是保证和延长产品寿命周期、最大发挥产品价值的活动。售后服务包括用户培训、走访、维修、延寿等。售后服务也是全面掌握产品使用实际情况，发现产品缺陷或改进方向，搜集用户需求以及潜在需求的重要环节。在用户使用现场或一线提供保障服务，建立装备靠前保障中心，急用户之所需。

（五）专业与产业拓展需注意的问题

航天专业所 / 厂有自身优势，面临重要战略机遇期。困难与希望同在，机遇与风险并存。只要思想不滑坡、办法总比困难多。不怕做不到，就怕想不到。想到的事用心去做必有回报。在拓展专业和产业发展空间的过程中，需要把握 3 项原则，以避免陷入误区。

1. 解放思想、守正创新

既要敢字当头，更要保持战略定力，理性思考、审时度势、量力而行，聚焦主业、深耕专业。避免随波逐流、盲目扩张。

2. 技术主导、产业聚焦

以持续的技术进步和技术先进性不断提高产品竞争力和营利能力，避免陷入恶性价格内卷。产业要突出重点、缩短战线，集中优势兵力打歼灭战，毕其功于一役。

3. 审慎跨界、稳中求进。

对不熟悉的新领域，以边缘市场为切入点，拾遗补缺。掌握敌情，立稳阵地后再逐步扩大。

三、提升经营精细管控能力，增强市场竞争力

航天专业所/厂要由粗放式管理向精益化经营转变，开源节流并举，增强成本策划和控制能力，强韧供应链，构建产业生态，不断提高市场竞争力和企业效益。

（一）管理精细化提高成本控制能力

航天产品历史上长期存在以成本定价的审价模式，干部职工成本意识普遍不强，存在“成本越高日子越好过”“挣不挣钱是领导的事”的陈旧观点。随着市场竞争机制的引入，干部职工的成本控制意识得到明显提高，但管理模式粗放，体系化的成本控制体制机制尚未形成，成本管控能力不强、措施不力、成效不足是当前航天专业所/厂经营中存在的难题。

由于管理层和中层干部普遍“不算账”“不会算账”，部分单位陷入营收规模增长与经营效益下滑的“倒挂”困境，干得越多、亏得越多。一些干部抓不住成本控制的主要矛盾和矛盾的主要方面。对以千万及亿元计的不良存货和库存、低效资产、采购成本、质量成本、售后服务成本、职能臃肿带来的人员管理费用等熟视无睹，把成本控制的焦点放在细枝末节，把打印纸、签字笔、饮用水等花费当成天大的事情使劲紧抓。结果是本末倒置，丢了西瓜捡芝麻。人为增加管理复杂度和管理成本，整体管理效能不降反升。同时，在限成本设计、独家采购、项目成本归集与人工费用分摊、备份件管理与剩余件利用，由于计划安排不合理、生产节拍不均衡造成辅助运维保障费用高等方面，成本管控精细化也有较大潜力可挖。

（二）产业生态化提高对上下游议价能力

航天专业所/厂处于产业链的前端，配套层次较低。由于质量等级要求高、品种多、批量小、周期紧，而供应商一般采用订单式生产，大部分

物料难以通过市购和完全市场竞争性手段压控成本。面向上级和总体单位，航天专业所 / 厂在技术、质量、周期、售后、付款等方面又处于显著弱势地位。造成航天专业所 / 厂对上下游议价能力都处于弱势，周期和利润空间被双向挤压。

需要在减少设计差异化提升产品化、拉高新技术和产品质量门槛以提升综合性价比、应用自动化和智能化制造提高生产效率等方面形成突破，避免同质化竞争而陷入价格战的内卷。通过自身持续创新，拉动和创造新需求，提升对上级和总体单位的供给能力和上游单位的需求拉动能力。通过市场先机和创新红利创造超额利润，反哺创新实现持续领先，与上下游共同营造良性产业生态。

（三）购销活动向供应商和客户管理转变

采购和销售的双方是合作伙伴关系，不应是对立面。利用自身的主导地位一味压榨供应商而提高自身利润，是一种竭泽而渔破坏产业生态的短视行为。引进竞争的目的是促使和倒逼供应商，在技术改进、生产效率、成本管理方面持续创新，而非纯粹的打压价格。

把零散的采购和营销活动，逐步向供应商管理和客户关系维护层面提升。将“一事一议”的采购 / 营销活动转变成遴选 / 加入战略供应商的管理活动，建立供应商动态遴选和评价体系。将以比拼价格为主导的单次或多次的独立招标采购，转变成对一类产品 / 服务的周期、质量、成本（TQC）综合最优供给能力评价的供应商招商，形成具有竞争优势的战略采购价格。

培养多元、多梯队的优秀战略供应商群体，打造利益共同体，将供应商和客户管理形成自身的竞争优势。减少供应商数量和采购活动次数，降低采购管理成本，提高供货速度和质量。对客户亦如此，努力成为其战略供应商。

案例专栏

航天13所/230厂重组后，牢固树立技术创新和产业创新“双驱动”市场营销理念，专注航天和军品市场，拓展军民两用市场，培育民品市场，致力发展优势产业和特色产业。

一是创新市场营销模式，完善市场管理体系。建立包括客户需求、产品价格、市场推广、售后服务等在内的市场管理制度10余项、市场工作流程20余项，有效规范市场行为。制定《市场奖励管理办法》，激励全员参与市场活动的积极性。

二是巩固存量市场，开辟增量市场。为适应瞬息万变的市场环境，领导亲自带队走访政府和部队机关，型号任务总体单位，军方和地方高等院校、科研院所，军工集团和大型国有企业数百家单位，与40余家单位签订战略合作协议，新增长期用户近200家，巩固了原有领域主导地位，开辟了航空、船舶等新的应用领域。

三是大力发展军民两用产品，不断拓展市场空间。形成惯性技术、精密光机电、智能装备和系统集成四个产业板块，坚持集成创新、合作创新的发展模式，大力培育包括卫星通信系统、转台与运动测试设备、载荷稳定平台、特种电机、重力仪、磁力仪等产品在内的惯性技术拓展产业；大力培育包括物联网、智能交通、安全监测产品等在内的信息技术产业，加大新产品开发和市场开拓力度，致力于主营业务产业化。

研制光纤传感/光纤光栅传感系统，激光甲烷气体传感器/SF6分解气监测装置，成功进入石化罐区、输油管线、燃气、煤炭、电力、地热与储能、城市管廊监测、周界安防、桥梁、隧道、大坝、边坡、历史古迹等健康诊断、安全监测领域。机载医疗救护系统填补国内空白，航空航海重力仪、曲力电机等实现国产化替代，无人探测与激光排爆系统、光纤干涉仪世界授时系统实现国内首次应用。

第六章

航天专业所/厂重组中的技术创新管理

实践充分证明，技术创新是航天专业所 / 厂解决历史问题和转型发展的不二法宝和唯一出路[①]。航天专业所 / 厂应把技术创新作为发展的第一要务，抓住创新范式和产业新业态重构的转换期机遇，做好技术创新管理工作，不断增强航天专业所 / 厂发展的创新活力。

第一节　面临的挑战

技术创新是航天专业所 / 厂在激烈的市场环境中获取竞争优势的关键，是推动航天专业所 / 厂高质量发展的核心任务。缺少创新的企业注定会老化、衰退，在当今这个剧变的市场经济时代，衰退的速度还会加快。建设一流的航天专业所 / 厂，必须以进一步深化改革和重组作为激发创新的动力源泉，形

① 这里的创新主要是指以科技创新为主线的创新管理活动，包含但不限于产品创新、产业创新、装备能力创新、技术服务创新等。

成与新质生产力相适应的新型生产关系，实现技术创新与管理创新“双轮驱动”，以创新驱动专业所 / 厂高质量发展，打造专业所 / 厂的第二增长曲线[①]。对照新时期和发展新要求，当前航天专业所 / 厂技术创新管理还面临不少问题与挑战。

一、对专业技术发展战略的研究和重视不够

高度重视并系统性深化开展专业技术发展战略研究，准确把握对技术、对创新的战略需求，准确洞察世界科技前沿和发展变化的走向，清醒认识竞争发展的环境和自身优势的不足，制定正确的技术发展战略，明确专业所 / 厂技术发展的方向、目标和战略重点，是航天专业所 / 厂重组抓好技术创新管理需要关注的首要问题。然而，当前一些航天专业所 / 厂对技术发展战略研究和中长期规划明显重视不够，在战略统筹上存在系统性短板，缺乏对专业所 / 厂专业技术发展的战略性、系统性、前瞻性思考和判断，以及对基础专业发展的长远布局和制度性安排。具体表现在：不熟、不会、不能准确认识科研规律和创新趋势，对创新引领发展的认识仍不到位，重当前、轻长远，只见树木、不见森林，急功近利现象较普遍；主动策划、自主创新和基础性创新还不多，集成创新和基础创新缺少结构性安排，重“短平快”项目和眼前效益而轻基础性和长远效益的现象还一定程度存在；不同类型的创新主体在专业所 / 厂创新全链条上的定位不准、利益关系不清、合作机制不畅等结构性矛盾比较突出；研发投入模式单一、规模偏小、结构不合理，投入和考核机制尚不健全等。

① 查尔斯·汉迪（Charles Handy）首次提出企业发展第二曲线理论，即：如果以一条曲线反映企业增长发展规律，任何一条增长曲线都会滑过抛物线的顶点再归于平缓、下降甚至消失。要保持企业持续增长，须在第一曲线下降消失之前找到一条新的增长曲线。

二、专业空心化问题突出，专业技术储备不足，应对新技术变革的能力有待提升

总体上，航天专业所 / 厂的专业创新能力仍要大力加强，不少专业所 / 厂面临专业空心化、技术空心化的危险，这已经成为制约专业所 / 厂可持续发展的瓶颈之一。具体表现在：对前沿、基础研究重视不够、投入不足，专业、产业发展需求与技术储备不足之间的矛盾日益突出；统筹调配研发资源的能力不足，新技术开发、产品研发、技术攻关的结构性安排不合理；前沿研究、应用基础研究和部分专业基础研究、产业化和市场化应用“两头在外”，科技创新的链条不完整，科技源头、终端应用验证场景缺乏谋划；应用基础研究的深度和广度不足，原创性、颠覆性成果不多，制约装备自主可控的先进动力、材料、高端部组件、元器件、基础软件等重大瓶颈问题仍然存在；学科结构和重点发展方向有待优化，还缺乏提出新技术思想和开创新科技领域的能力，跟随式集成创新、低层次创新、重复性创新多，基础性创新、原创性创新、引领性创新少，标志性的重大原创性理论成果和技术成果有待整体性突破。一些型号关键技术尚未见底，工艺实现保障能力不足，靠数量保精度，核心产品精度和批产质量稳定性不高。

三、研发与市场需求脱节，技术和产品的市场化程度低

部分航天专业所 / 厂习惯于根据上级和系统总体的任务需求来组织安排研制工作，向主动提供满足用户和市场需求的核心产品或服务的转型仍在路上。研发与市场之间存在脱节，在相当程度上制约了科技成果向现实生产力的有效转化，影响了资源的高效利用，也延缓了产业升级的步伐。一些研发任务需求调研不充分，市场定位不够准确，产品市场竞争力不强。跟踪仿制多，自主创新少，缺少支撑和牵引长远发展的技术研发能力。研发投入占营业收入比例不高，研发经费投入渠道单一，自主研发投入不足，且大部分经费用在了型号任务的研制上，真正用于应用基础和预先研究的经费很少。产

品与用户、科研与生产、技术与质量、市场与经营等存在一定程度的脱节现象，技术指标和资源分配的合理性、匹配性不足；成果转化水平低，产品化程度弱，产业方向多而散，市场竞争力和产业化能力不强。

四、技术创新管理能力不突出，创新激励机制亟待完善

技术创新是航天科技工作的主线内容，管理创新是技术创新的有力保障。只有实现创新管理的创新，才能更好地推动技术创新。然而，在以任务完成和经济指标为主的考核机制下，部分航天专业所/厂管理者专注于当前批产型号和研制任务，侧重追求短期回报；自主开展基础性、前瞻性技术研究的动力不足、投入不够，人员队伍视野和思路也不够宽，创新创业精神和动力不足，对条件建设的投入也主要围绕当前任务；由于缺少技术储备，专业话语权正在被产品话语权替代，整体优势逐渐丧失。管理上缺少针对创新的手段，个别管理者甚至把技术创新仅当成争取经费的项目、课题来抓，仅当成完成上级要求的任务和指标来抓；对技术研发与产品开发分不清，将关键技术突破和产品实现混为一谈，对解决自身有无的跟踪研仿和原创性创新分不清。优化、整合所/厂资源的管理创新手段还没有完全跟上，创新资源全面动态调配能力有待提升，尚未全面建立起与现代科研生产尤其是市场竞争相适应的高效集约研发模式，研发项目一定程度存在“散、小、慢”情况，从研发状态向产业化转化的路径和模式也需进一步探索和实践。

航天产品需经过基础研究、预先研究、演示验证、可靠性试验后，才能进入产品开发阶段，而现行的项目审价、产品定价机制是以制造成本为主，对科技人员创造性劳动考虑较少，需要进一步健全新技术研发大量前期投入的利润补偿、成果利益分享机制；知识产权保护管理机制尚不健全，某些企业通过技术方案评审、招投标、专业资质审查、技术成果奖励评审等渠道，违规攫取他人的技术秘密，包括技术方法、主要参数、关键工艺乃至产品图纸和实物，严重损害技术成果所有者的利益，挫伤自主创新、原始创新单位

的积极性；职务发明成果转化收益分配机制尚未理顺，一些具有市场前景的创新成果得不到推广应用。绩效考核以短期效益为主，单位将优质资源主要配置在型号主线，对从事难度大、风险高、见效慢的专业基础研究、型号预先研究和产业化前期技术工作的优秀人才激励措施不足。

五、所与厂的差异特点对重组中的技术创新管理提出更高要求

航天专业所 / 厂对技术创新管理的侧重点有所不同：研究所产出侧重于技术成果，工厂产出则更侧重于具体产品。具备生产能力的研究所，以获得科技经费和技术领先利润生存和发展。具备研发能力的工厂，则以技术应用转化规模利润为主。历史分立的专业所 / 厂重组整合后则兼具两者的责任和使命、优势与劣势，复杂度和难度更是多重叠加。

第二节　航天专业所 / 厂重组对技术创新管理的期望与要求

问题倒逼改革、危机倒逼改革、时势倒逼改革。党的十八大以来，党中央坚持把科技创新摆在国家发展全局的核心位置，把科技自立自强作为国家发展的战略支撑，多次强调要增强自主创新能力，要求强化技术源头供给，打造原始创新策源地，尽快实现关键核心技术突破，从根本上保障国家发展安全,力争掌握全球科技竞争战略主动。航天专业所/厂应努力穿越生命周期，开启增长的“第二曲线”，实现更多依靠创新驱动的内生性增长。

一、重视基础前沿研究，打造成为原创技术高地

基础研究是整个科学体系的源头，是所有技术问题的总机关。当前，基础研究对生产力发展和社会进步的效用越发凸显，国际科技竞争不断向基础前沿前移。作为创新体系的“大厦之基”,基础研究（对航天专业所 / 厂而言，

主要为应用基础研究，以下同）在推动航天专业所/厂科技创新中具有基础性、战略性地位。航天专业所/厂面临的很多“卡脖子”技术问题，根子都是基础研究跟不上，源头和底层的东西没有搞清楚。抓好航天专业所/厂重组中的技术创新工作，必须从基础研究开始发力，强化事关专业所/厂发展的基础研究和共性关键技术研究，统筹规划基础研究的前瞻性、战略性、系统性布局，建立并完善以基础研究为牵引的研发链与转化链的协同发展生态系统。航天专业所/厂应该成为航天科技原始创新的主导者、推动者、应用者和受益者。

（一）加强基础和原始创新，抢占未来竞争制高点

围绕国家重大战略需求，瞄准世界科技前沿，突出“从0到1”的原创导向，强化航天专业所/厂的基础研究能力，大力推动变革性技术关键科学问题研究，努力实现前瞻性基础研究、引领性原创理论和成果的重大突破，推动专业所/厂创新从跟踪型向开创型、引领型转变，提高科技创新源头供给能力。

统筹规划和布局未来重大新领域、新方向，以培育和实施重大科技项目为重要抓手，积极开展联合攻关和应用创新，统筹推进集成技术创新、核心专业技术创新、基础技术创新和前沿技术创新。强化技术创新与战略布局的契合度，加强长板、补上短板，构建系统、高效、专业、内外结合的技术创新体系。顶层谋划和部署基础性、战略性、前瞻性、颠覆性技术研究，全面增强原始创新、基础与前沿创新能力。航天专业所/厂要主动策划提供航天专业重大需求，当好航天专业技术创新的出题人，发现未解需求、预测未来需求、创造未知需求；成为航天专业原创性技术的源头，超前布局前沿性技术和颠覆性技术的研究攻关，为长远发展提供战略性技术储备；策划推进项目联合研究，当好航天专业技术攻关的组织者，组建创新网络，实现原创技术的共研、共用、共享；策划加快技术成果转化，完善升级产品应用水平，以用带创、以用促创、以用强创。

（二）突破“卡脖子”关键和共性技术，增强源头供给能力

瞄准世界先进水平，加强航天领域“卡脖子”关键和共性技术的前瞻布局和系统部署。强化共性技术原始创新，探索新原理、新概念、新方法和新系统，实现关键核心技术安全、自主、可控，培育实施满足未来发展需求的原创性重大工程，夺取未来科技竞争主动权。航天专业所/厂要奋力解决航天工程中的共性机理问题和关键科学问题，成为航天专业共性科学技术的源头；在核心器件、关键部件等方面发挥专业引领作用，强化航天动力、导航制导与控制、通信与遥测、先进试验与测试等核心专业技术的基础研究和应用基础研究，成为航天应用技术的源头。做好与国家专项基础工程、央企改革攻坚任务衔接，解决核心元器件、关键零部件、基础软件、关键材料等制约航天发展的“卡脖子”问题，努力增强装备自主可控能力。

二、重塑专业体系，以有组织的科研推动专业技术发展

新时期，航天科技工业发展的目标任务和环境条件均已发生深刻变化。对标新要求，需要对已有的专业体系进行适时动态的调整和优化，以适应航天发展新形势的需要。改革重塑，向新而生。应以系统性重塑航天工业体系建设为目标，遵循航天科技创新及产业发展规律，积极推进专业重组，不断优化航天专业所/厂的专业布局，重塑专业体系。

当前，科技发展已经进入到由国家和头部企业为主导、社会各界力量共同推动协同创新的“大科学”时代，构建有组织的科研模式，是世界主要科技强国应对全球科技竞争的重要战略。从科研范式变革看，大科学时代必须集中创新资源和力量开展科技攻关“会战”。习近平总书记指出：“科学研究向极宏观拓展、向极微观深入、向极端条件迈进、向极综合交叉发力，不断突破人类认知边界。”科学研究形态已经告别单枪匹马、手工作坊式，进入分工协作、整体推进的大科学新阶段。当今世界，国际科技竞争正日益演化为创新体系的竞争，哪一种创新体系能够从根本上解决创新资源和力量分散、

重复、低效的问题，哪一种创新体系就更能适应现代科技攻关的需要。为了集中优势资源推动专业技术创新发展，航天专业所 / 厂必须顺应大科学时代，加强专业技术发展的组织管理，立“大体系”、破“小而散”，适应并引领专业技术的大联合、大协作、大攻关，重视专业优先领域的选择、科研任务的统筹部署、科技资源的优化配置与科研力量的分工合作，以有组织的科研推动专业技术发展，提升专业所 / 厂科研的组织化程度。

三、整合创新资源，推动新质生产力加快发展

抓好航天专业所 / 厂重组中的技术创新管理，不仅要关注技术本身，在提升专业所 / 厂的技术创新能力上下功夫，也要在生产要素创新性配置方面下更大的功夫，充分整合科技创新力量和优势资源，推动新质生产力加快发展。新质生产力的提出，是当代社会生产力发展的内在要求，又是深入推进中国式现代化建设的重要举措，也是航天专业所 / 厂科技创新的重要路径和方向。

当前，不少航天专业所 / 厂仍不同程度存在科技人才要素质量不优、各类资源要素配置效率不高、资本要素不够集中、知识数据等新型要素价值发掘不足等问题。因此，如何因地制宜在专业所 / 厂创新性进行生产要素配置，将有限的资源投入到最能创造价值的创新领域，需要进一步提升科技人才要素质量、优化资源要素配置效率、引导资本要素集中、激活新型要素潜能，全面催生高质量发展动能。整合创新资源，就是指将各种分散的、不同类型的创新相关资源，包括人力、技术、资金、信息等，通过强化产学研合作、构建开放创新平台、引导多元研发投入与建立市场化激励机制等有效的方式和机制进行优化配置和协同运用，以实现创新目标的过程。专业所 / 厂整合创新资源的关键在于创新的持续融合，将横向、纵向乃至企业和产品生命周期各个组成部分的创新主体、创新要素、创新能力等整合起来，充分利用团队协作，通过并行的方法，形成开放、交互的创新系统，获得核心竞争力和持续发展的动力。

历史上看，每一次科技革命与产业变革，都是新的主导技术发展和形成的关键时期，而新主导技术的形成、扩散与吸收不仅是重塑产业结构和经济体系的过程，也是后发国家在全要素生产率方面追赶先发国家的重要机遇。随着新一轮科技革命与产业变革加速演进，全球已经进入主导技术战略竞争时代，未来 10 ～ 20 年是新的“技术—经济轨道”集中形成的关键时期。航天专业所 / 厂应当更加聚焦无人装备、人工智能、量子技术、先进动力、先进材料、先进制造等关键技术领域，通过抢抓主导技术突破与发展，加大场景导入，推动这些技术向航天专业所 / 厂渗透与扩散。

四、抓住数字化时代机遇，大幅提升全要素生产率

党的二十大报告强调“着力提高全要素生产率”[①]。2024 年 1 月，习近平总书记在二十届中央政治局第十一次集体学习时进一步指出，“发展新质生产力是推动高质量发展的内在要求和重要着力点”，新质生产力“以全要素生产率大幅提升为核心标志”。2024 年 7 月，党的二十届三中全会更是将“大幅提升全要素生产率”作为我国健全推动经济高质量发展体制机制的重要改革目标和举措。提高全要素生产率就是要提高技术效率和要素配置效率。新发展阶段，我国生产要素相对优势发生了变化，科技的重要性凸显，作为衡量科技进步、制度创新等的全要素生产率，也日益受到重视。

随着互联网、大数据、人工智能等信息技术的发展与普及，全球经济正在经历一场前所未有的深刻转型，数字化已成为全球经济发展的重要引擎，它的蓬勃发展为航天专业所 / 厂重组带来重大机遇，也带来不少新的挑战。数字化，本质上是对业务进行数字化改造，包括业务对象、业务过程、业务规则等，进而对整个流程进行重塑。数字化时代，大幅提升全要素生

① 全要素生产率（Total Factor Productivity，TFP）是新古典经济增长理论的重要概念，由诺贝尔经济学奖得主罗伯特·索洛在 20 世纪 50 年代提出，用来衡量难以用资本投入和劳动投入解释的经济增长部分。这一部分涵盖了技术进步、制度优化、管理改进、教育和技能改进、规模经济等。因此，全要素生产率既体现了科学技术直接作用于经济增长的方面，也体现了资源和要素的配置效率，涉及制度水平与管理能力等，代表了一个经济体有效利用全部生产要素推进经济发展的能力和水平。

产率，就需要专业所/厂着重于所/厂内部诸要素的优化配置、协调重组与功能互补，着重于数字技术、人才智力、政策环境等要素的功效叠加与集成提升，纵深推进产业数字化转型、虚拟技术的广泛应用，发挥数字对实体的赋能作用。总之，重大机遇为专业所/厂提供了机会和广阔的前景。对于专业所/厂而言，更需要其不断寻求创新，积极加以组织和加强管理，以便充分利用好这些机遇，推动传统产业“转轨并轨”，全方位推动全要素生产率提升。

五、深化科技成果转化机制，打通“最后一公里”

科技成果转化是我国科技创新的后端瓶颈。科技成果转化水平是航天专业所/厂创新能力的重要体现，创新技术成果要向军品型号和民品市场转化，需聚焦需求挖掘、模式选择、价值评估、资源整合、收益分配等核心问题，完善科技成果转化机制设计，打通科技创新“最后一公里”。

（一）提高市场研究专业化水平，从源头端提升产品研发需求生成水平

当前，航天专业所/厂的产品研发需求主要沿用传统方法自主开展市场调查研究，一些单位仍未建立体系化的市场研究机制与体制，也缺乏专业化的市场研究和策划队伍，以及科学化、规范化的流程、方法和工具。在技术快速更新迭代、产业分工布局快速调整、市场竞争全面加剧的新时期，航天专业所/厂必须补齐市场研究这个关键短板。技术创新要瞄准市场需求，把转化应用作为最终目标展开。

（二）强化系统策划，推动成果转化专业化发展

加强源头策划、打造专业队伍、提升转化能力。在项目立项时，要突出创新成果应用前景。在转化项目筛选中，要发挥核心技术优势，系统性评估转化收益和风险。转化孵化中，要建立技术负责人与市场人员结合的专职转

化队伍。转化项目成熟、壮大后，适时成立事业部或专业子公司开展市场化运营，与母体建立持续输血、利益反哺的有效机制。

（三）重视技术产品化、产品市场化、能力产业化

技术依托产品具化和物化，产品推向市场才能体现价值，市场形成产业才能形成稳定的收益和回报。通过将技术产品化、技术成果显性化和价值化，激发技术人员开展基础研究和应用基础研究的积极性。产品市场化就是瞄准市场开发产品，开发具有市场竞争力的产品。技术创新、产品创新都要围绕市场这个最终的目标展开。航天专业所 / 厂主要从事基础产品和中间产品等非终端产品的开发研制，能力产业化尤为重要。市场达到一定规模才能分摊研发的前期投入，占有稳定的、较大的市场份额，获得正常或者超过行业均值的收益回报。

案例专栏

美国的曼哈顿计划、阿波罗计划为美国的核物理应用技术、半导体技术、航天技术、高新武器等奠定了半个多世纪的绝对领先地位，阿波罗计划衍生出 1800 多项科学技术，应用于军事和经济生活的各个方面。微波炉、数字图像等都起源于航天技术，目前深入到日常生活中的互联网技术也起源于军事需求和应用并最终促进世界经济进入新发展阶段。

我国军工技术向民用的转化成功案例更是举不胜举：航天 11 所（北京）借助液体发动机特种管阀技术开发石油管网特种泵阀，实现了国产化替代；中电科海康威视利用数字图像压缩算法和板卡开发数字视频监控，打造了庞大安防产业旗舰；航天 13 所 /230 厂将惯性稳定技术应用于移动卫星通信、光学和雷达探测吊舱，将光纤陀螺光电子信号处理技术应用于特种光纤传感等。

第三节　航天专业所/厂重组中技术创新管理的基本思路

结合航天发展实际和科技创新规律，抓好航天专业所/厂重组中的技术创新管理，需要着重提升预先研究地位、坚持与时俱进和守正创新，高度重视型号牵引并同等关注同行业竞争，借鉴先进理念与模式创新以提高创新效率，同时创造高效集约的创新机制。

一、把预先研究与型号研制放在同等重要位置

创新工作是开拓性的，是促进航天专业所/厂良性循环的根本保证。没有技术创新，专业优势很快就会萎缩。专业所/厂要把预先研究和型号研制放在同等重要的位置，两手抓、两手都要硬。长期以来，型号队伍在航天系统受到高度重视，资源和激励都一定程度上向型号队伍倾斜，队伍、计划、经费和技术改造都按型号划分，这种"以型号为纲"的管理方式，对快速出成果、出人才起到了积极作用。进入新发展阶段，预研队伍应受到同等重视。要树立"抓创新与抓型号同等重要，甚至高于型号"的理念，将创新研发视为航天专业所/厂重要工作优先、紧前安排，纳入专业所/厂战略规划及科研生产计划，刚性预算优先保证研发投入强度。而且，开拓性创新工作要想突破，所/厂各级一把手应该挂帅亲征。

事实上，航天系统历来重视技术创新，航天型号研制过程的基于"正向设计"理念，一定程度上促进了航天技术创新。也恰是"正向设计"优良传统，推动航天的创新工作始终走在前列。当前，航天发展又站在新的发展阶段，新一轮科技变革浪潮已势不可挡。在现有重视航天技术创新的基础上，更应把预研工作摆在更加重要的位置上予以高度重视。

预研工作是聂荣臻元帅提出的"探索研究、设计试制、定型批产"三步

棋的第一步，后期演化形成的“四个一代”中的前两代，是国防现代化的关键。航天管理者曾系统总结了预研管理工作的特点[①]，例如：预研是全行业技术改造的出发点，是全行业新技术组合的出发点；预研要力争兼顾多个型号通用；预研要严格控制低水平重复课题的开展等，这些观点至今对预研工作仍有启发和借鉴。新时期，航天专业所 / 厂要把预研的战略地位提高到一个新的高度来认识和狠抓，把预研作为航天的生命线，专业所 / 厂一把手更要亲自抓预研。“再苦不能苦创新，再穷不能穷研发”。航天专业所 / 厂要摆脱对型号和任务投入的过度依赖，加大自主投入。

二、专业发展必须与时俱进、守正创新

抓好航天专业所 / 厂的技术创新管理工作，要坚持守正创新，处理好“守正”和“创新”的辩证关系。守正是创新的前提，守正才能不迷失方向、不犯颠覆性错误，创新才能紧跟时代、引领时代。把“守正”和“创新”引入航天实践，“守”更多的是寓意“守根本”“守初心”，而“创”寓指技术上的开拓创新，守正和创新同等重要，相得益彰，即要把“守根本”与“开新局”放在同等重要的位置上，处理好二者之间的关系。

专业技术发展是一个长周期的行为，需要长期坚持、持之以恒，需要专业所 / 厂的厚积薄发，只有持续不断地深耕专业技术，才能永葆专业的生命活力，获取更多的竞争优势。同时，专业所 / 厂的发展又需要与时俱进，科学研判市场需求和专业技术发展现状和趋势，根据外部环境和条件的变化，制定相应的创新战略，明确技术开发、产品研发、市场开发的路径并制定路线图，统筹安排创新资源，实现技术、产品、产业深度耦合，良性互动，螺旋迭代上升。

① 陶家渠 . 为中国航天奋斗［M］. 北京：中国宇航出版社，2022.

三、高度重视型号牵引并同等关注同行业竞争

航天专业技术创新既符合技术创新的一般性特征和规律，也反映了一些航天的特殊性，在不同的历史时期也折射出不同的特点。例如，在航天事业发展早期，航天专业技术大多是由系统和总体牵引的，在系统总体的需求牵引下不断进行专业创新；进入新时期，“十几亿人民群众的聪明才智充分涌流”，航天专业技术除了受系统总体的需求牵引，在很大程度上市场需求和同行专业进步也成为推动航天专业技术创新和发展的重要因素。因此，要高度重视型号牵引，同时注重专业规则和同行业的竞争。强化产品和市场发展趋势及规律研究，预判专业、产业发展动向，准确把握市场和用户需求，制定产品开发和市场开发策略。建立快速市场响应机制，开发研制适销对路产品。建立快速研发机制，不断推陈出新，引领、引导产业发展。要坚持市场规律，坚持效益导向，深入研究思考，提高创新的质量和效果。

需要强调的是，资源的有限性是一个普遍存在的现象。对于以技术活动为中心的航天专业所 / 厂而言，在资源有限性和需求无限性的矛盾下，其能力和资源保障的重点首要是技术活动，实现有限资源的动态优化配置。动态资源调配不仅可以帮助专业所 / 厂在短时间内适应市场变化，还能确保资源利用的最大化，最大限度满足发展需要。

四、借鉴先进理念与模式创新以提高创新效率

探索适合航天专业发展规律和市场规律的、契合所 / 厂自身发展战略和资源禀赋的高效集约研发模式，建立面向需求的快速迭代开发新模式，是航天专业所 / 厂转型、升级发展的必然选择，也是航天专业所 / 厂科研生产管理模式与时俱进的重要创新任务。要在创新管理和研发模式上创新，提高创新的效率和效能。要充分借鉴先进的、业界主流的、经实践验证的理念和模式，主要包括：并行工程（CE）、快速产品研发（RPD），以及基于模型的系统工程（MBSE）与限成本设计和制造等。

五、创造“以快为先”的创新机制

结合航天专业所/厂的特点以及专业技术创新活动的特点和规律，在航天专业所/厂重组中的技术创新管理过程中需要塑造“以快为先”“嫉慢如仇”的创新文化，在技术创新的日常管理工作中形成一整套从战略到战术的穿透式落实的方法和机制。其核心和第一要义便是快字当头，抢抓先机，快速迭代。“快”本身就是一种重要的竞争优势。从星舰研制伊始，SpaceX公司就采用了互联网思维的快速推出新产品、快速迭代升级的模式，遵循“小步快跑”的研发理念，团队从一次次失败中快速找到技术漏洞，进而做出优化。通过一次次真刀真枪的发射任务，发现问题、解决问题，提高可靠性，而不是把时间花在长期、反复的论证和测试上。这种“小步快跑”的研发理念对整个航天产业产生了颠覆性影响，也是“以快为先”“嫉慢如仇”的重要体现。

“以快为先”“嫉慢如仇”的理念主要体现在以下几个方面：一是专业所/厂要具备筛选出关键方向的能力，针对龙头、针对关键事项，特事特办、快事快办、急事急办。二是树立自信、克服畏难情绪，围绕一个领域的重要方面敢于突破，提前布局，获取先发优势。要树立“抓而不紧等于没抓”的危机意识，重视各类资源（单位内外），集中各种资源（包括动态调配资源的能力）打歼灭战。否则，时间拖长后，队伍状态很容易出现疲沓，斗志消弭、信心丧失。三是快速迭代、形成体系，快速形成非线性的积累（滚雪球般）效应。做好课题分类、梯次布局，不断地出阶段成果，实现良性循环。四是组建得力的“轻骑兵”和“特种兵”队伍，鼓励开放合作，积极“走出去”“请进来”，将全社会的智力资源为我所用，实现快速突破、高水平突破。五是成果记账、快速兑现，建立常态化的创新累进激励机制，激发创新队伍的积极性和活力。

第四节 航天专业所 / 厂重组中技术创新管理的实践探索

航天专业所 / 厂改革和重组中，在强化专业创新战略、布局产业链和创新链、营造创新环境等方面进行了积极实践，打开了航天专业所 / 厂创新工作的新局面，为转型升级和可持续发展打下了坚实的基础。

一、强化专业技术发展战略研究

强化专业技术发展战略研究，聚焦国家战略安全和国家科技创新战略布局，紧盯前沿，研判航天重大发展趋势，聚焦重大前沿领域，瞄准重大需求，谋划未来技术发展战略，明确技术途径，形成核心技术体系，制定技术发展路线图，建立重点项目迭代生成、实现及应用机制，做好技术提前布局和滚动储备，支撑航天专业所 / 厂长远发展。

（一）研判技术发展趋势

专业技术发展战略是面向未来的长远战略布局，需要站在国家的高度，赋予战略布局高度的大局意识和长远思维。开展专业技术发展战略目标和路径选择与设计，既需要技术战略研究者深耕专业、钩深索隐，又需要跳出专业、总揽全局，在对学科专业发展历史、现状与前景了然于胸的基础上，提出具有前瞻性、开拓性的战略性方向；要能够洞察时代和社会发展规律及总体趋势，站在科技发展前沿，对国家重大战略和现实问题进行全局性、方向性、前瞻性思考。因此，战略研究者和专家需要具有前瞻布局的宏大战略视野和引领创新的深刻洞见，在专业技术战略研究中站得高、看得远、抓得准。要做到这一点，从认识论来讲，应强调天下为公的博大胸怀和虚怀若谷的学习态度，努力跳出自己个人原来熟悉的领域、专业、单位的“小格局”，努力站在国家和航天事业长远发展高度来思考问题；从方法论来讲，就是强调广义的调查研究的重要性，加强调查研究是应对国内外挑战和风险，进行科学决策的前提和基础。只有通过深入实际调查研究，广泛学习，集思广益，听取和思考一切有益建议（包括反对意见），才能从根本上保证专业科技战略的正确制定。

（二）谋划技术创新战略

技术创新战略包括企业的整体创新战略和单一领域或产品的创新战略。整体技术战略是企业对创新的总体战略理念和部署，针对不同领域或产品，短期内可能会采取不同的创新战略，但与总体战略相协调并最终趋于一致。具体包括创新战略模式、创新策略和迭代周期选择等内容。开展技术创新战略研究，需要专业所 / 厂立足于科技发展规律的探索和对科学研究本质特征的理解，对科技发展方向、科技发展趋势、国家发展战略进行深刻把握、整体思考和前瞻性认识，提出基于科学实证的战略性规划和决策建议。参与战略规划工作的科技专家，需要接受系统、扎实的现代科技知识与方法的学习和训练，尤其需要重视实践经验和认知的总结和升华，需要把尊重规律、科学求实的精神融入思维方式和观念当中，需要能够立足现实和自身条件，一切从实际出发，知道自己的优势，更要知道自己的劣势，清楚自己同世界先进水平的差距，这是理性地开展科技战略研究工作的前提和基础。

（三）制定技术创新路线

技术创新是一项高风险活动，这种高风险主要来源于创新过程的不确定性，所以技术选择与决策至关重要，需要凝聚各方共识、汇聚各方智慧，需要善于利用一切有利条件，需要把分散的研究力量组织起来，组成一个相互协调的有组织的研发力量，有组织、有计划地进行研究工作。这个过程中，如何把不同部门、不同专业、不同领域的人集合到一起，通过专业研讨的方式，集思广益、汇聚众智地开展战略研究便是关键环节。既要落实技术责任制，又要充分发扬技术民主，即自由讨论、集体攻关，提倡在民主平等的氛围中自由讨论。被国外专家誉为中国“国产专家一号”的于敏院士曾回忆道：“大家发扬学术民主，畅所欲言，百家争鸣，通过一个个的学术报告会，提出了许多各式各样的突破氢弹的设想和途径”[①]。发扬技术民主，吸收各方面特别是正反两方面的意见，将多种技术途径及其风险进行充分比较，通过技术评审和技术决策，减小技术方案和技术途径选择域，减少时间和经济投入，降低决策风险。基于技术民主，在战略研究过程中引入建设性的“非拥护性评审”[②③]也十分必要。

（四）统筹技术创新资源

描绘好专业技术发展的蓝图后，航天专业所/厂需思考如何加强创新资源统筹和力量组织，针对专业所/厂科技创新组织化协同化程度不高，科技资源分散、重复等问题，必须健全科学统筹、集中力量、优化机制、协同攻关的组织运行体系，统筹各类创新平台建设，加强创新资源统筹和力量组织。

1. 引导各类创新要素向专业所/厂集聚

加强产学研深度融合，引导各类创新要素向专业所/厂集聚，推动专业所/厂真正成为技术创新决策、研发投入、科研组织、成果转化的主体；充分发挥市场的力量，构建更加完善的要素市场化配置机制，推动各类创新要素快速流动、迅速组合、不断反馈迭代。

加强统筹规划，集中资源要素，解决项目碎片化问题，提升资源投入的结构化、制度化、统筹化水平。目前，专业所/厂拥有多个项目渠道，同一

① 周继武，杨新之．请历史记住他们［M］．广州：暨南大学出版社，1999.

② 栾恩杰．中国航天的系统工程［J］．航天工业管理，2019（10）：16-22.

③ “非拥护性评审”这一概念由美国国家航空航天局（NASA）首先提出。航天系统工程运行中必不可少的非拥护性评审，是由参与评审的专家从被评审对象的各角度、各切面去审视与分析，尽量挖掘出系统可能存在的问题和隐患，在工程全生命周期内需要设置几十个关口进行评审与评价，是航天高可靠性要求的具体实践。

领域有多家单位支撑。散、小、乱的支撑现状给专业所/厂造成了很大的资源浪费。因此，必须从内部做到有效统筹。按需统筹安排管理经费，保障顶层设计和统筹管理责任落实；改进项目（课题）结转资金管理和资金结算方式，规范资金使用行为；加强项目管理，减少资金沉淀，提高使用效益，合理界定直接费用的支出范围。

2. 长期稳定并加强基础性、战略性投入

航天专业所/厂要提高站位，勇于担当起专业发展的使命责任，长期稳定并加强基础性、战略性研究的自主投入力度。由于科学研究及其成果的应用发展方向具有不确定性，从基础研究成果到产业化应用需要大量的研究投入，且具有长期性和不确定性，因此，航天专业所/厂必须保持足够的战略定力，遵循科研规律，建立制度化保障措施，加大对基础创新的支持力度，完善长期稳定支持机制，稳步提高研发投入强度，优先保障基础研究、应用基础研究投入比例，优化投入结构，充分利用基础研究投入的扶持政策。专业所/厂要主动地利用好自身的重要科技基础设施开展科技前沿问题研究，加快提升原始创新能力，抢占事关长远和全局的科技战略制高点。

3. 大幅提升科技攻关体系化能力

航天专业所/厂应统筹技术创新资源，着眼提升创新体系整体效能。坚持目标导向和问题导向相结合，从最紧迫的事情抓起，小切口、大纵深，坚决破除妨碍创新资源高效配置的思想观念和体制机制弊端，大幅提升科技攻关体系化能力；更加注重发挥专业所/厂作为本专业、本领域重大科技创新组织者的作用，加强组织协调，强化跨部门、跨地区、跨军地优势科技力量统筹调配，调动各类创新力量开展“协同作战”，主动争取并统筹推进专业领域航天科技基础设施建设，开放共享科技资源，积极探索并推动建立健全科研设施与仪器开放共享管理机制和后补助机制。

案例专栏

在航天13所/230厂的改革重组中，针对所/厂确立的总体战略以及技术和产品发展战略目标，对每一项核心技术和产品进行战略展开。制定每一项技术、产品的战略路径规划，采用功能特征分解定义（FFBD）对资源进行统筹分析后，结合内外部资源能力，确立每个技术和产品方向的实施策略，纳入科研计划实施。按照重要度（即核心、重要、一般）、先进性（即基础性、前沿性、颠覆性）、紧迫度（紧迫、紧急、一般）三个维度对技术和产品进行综合排序，形成技术和产品开发项目清单（目标、节点、资源）和项目库（目标方向）。研究不同的支持渠道的侧重点和扶持范围，做好项目储备，积极通过各种渠道争取上级和用户支持。建设惯性技术全国重点实验室、国家级惯性技术产品检测中心、国家级超精密机械加工技术应用中心、北京市光纤传感系统工程技术中心、航天科技集团量子技术及产品工程中心，承接国家重大科研项目、产品测试试验、测评鉴定，并向社会开放共享资源，提供服务。

二、瞄准航天领域急需，加强创新需求对接

航天专业所/厂要不断强化研发活动与需求生成、创新投入、场景应用、成果收益等全过程对接能力，使所/厂研发人员深入需求一线，防止闭门造车、自娱自乐的研发行为。一是建立新需求生成能力，立足科技前沿和科技发展新趋势，发掘前沿性、探索性、挑战性新技术可能带来的新需求和潜在需求，做好应用场景布局。二是建立与资本对接的能力，对于前瞻性技术中投资较大的，可以引入社会资本共同参与，对研发的结果按照出资比例和贡献大小分享成果，打通产业链。三是提升应用性技术的设计和使用能力，聚焦于应用性技术的市场化应用，在不断贴近市场、贴近客户、贴近需求的过程中，满足和适应用户需求快速多样的变化，引发间接性的技术创新。四

是建立创新成果“变现”的能力，对于对专业所/厂主业影响不大，且能够通过转让、授权使用方式为企业带来经济利益的技术和专利，促成其价值化；对于需要但自身没有的技术和专利，推荐通过购买专利或使用许可的方式为己所用，大大节约时间成本；对于未来发展需要且培育周期长的技术，通过市场筛选，将拥有该项技术的技术团队整体并购，使企业快速具有相应技术能力，并且同时阻碍竞争对手快速获得相应技术。

航天专业所/厂的很多创新不是自身能够独立完成的，而要通过与一系列伙伴形成互补性的协作，才能为用户创造具有真正价值的产品。建立产学研协同创新生态系统①，本质上是具有功能完善的合作创新群落，创新主体发挥各自特长、优势互补，实现价值创造，并形成相互依存、共同发展的伙伴关系。打通专业所/厂和总体院所的“系统内循环”，是构建协同创新生态系统的第一步。亟待提高统筹协调能力，明确角色定位，营造优势互补、开放共享的协同创新机制，以解决当前存在的专业所/厂与总体院所的协同创新机制不畅、效率不高等突出问题。

（一）建立重大项目生成机制

专业所/厂应定期组织召开技术研讨会、推介会，加强基础技术和预先研究的顶层谋划、战略布局和持续培育，及时交流用户需求、技术研究最新进展等信息。建立有效衔接用户、市场需求的技术储备和快速响应机制，构建基础技术、应用技术、产品开发、型号研制滚动协同研究机制。

（二）建立重大任务联合攻关机制

专业所/厂积极开展跨专业领域、行政建制的发展战略研究、技术体系论证，加强体系对抗仿真、作战效能评估等技术方法研究，聚焦“卡脖子”环节，研究提出发展自主可控专业技术的建设性意见。航天专业所/厂围绕各自的专业方向，加强基础性、前沿性、颠覆性技术研究，塑造先发优势，

① 创新生态系统是参与创新的专业所/厂与其他具有互补性关系的机构之间及其与外部环境相互作用形成的一个动态的、开放的、有机的统一整体。

并积极申报国家自然科学基金等经费支持。

（三）发挥创新主体作用

专业所/厂定期编制专业技术发展研究报告，提升技术供给质量，适时纳入重大项目予以推进。作为市场经济条件下的创新主体，专业所/厂要积极争当国家级科技项目（专项）牵头人，作为项目第一责任人，在战略制定、项目管理、科技力量组织、体制机制创新等方面发挥主体作用，开展具有重大引领作用的跨学科、大协同的创新攻关。

三、加强基础和原始创新，抢占未来竞争制高点

专业所/厂是航天领域加强基础和原始创新的重要力量，应牢牢把握新时期建设航天强国的责任与使命，坚持创新在专业所/厂发展全局中的核心位置，使创新的影响力、覆盖面、贡献度更加突出。

（一）把加强基础和原始创新作为专业所/厂的核心任务，分类布局和推进重点领域和方向

专业所/厂需着眼于重大战略需求，主动识变、应变、求变。坚持重大问题导向和目标导向，加强基础和原始创新的顶层设计和统筹协调，分类布局和推进基础和原始创新重点领域和方向。系统梳理专业所/厂参与的航天重大工程和重点项目中的专业性、基础性问题。梳理凝练和深入解决工程背后本专业及其交叉领域的关键科学问题，努力实现更多原创性的突破。深入挖掘专业技术所面临的关键技术攻关课题。定期组织所/厂内外部力量，滚动开展航天专业核心技术战略研究，整理其中存在的共性、基础问题，包括先进元器件技术、材料技术、工艺技术、共性软件技术、试验技术等，策划实施一批长线基础研究和应用基础研究课题。在本专业前沿技术和核心基础性技术方面持续发力并争取倾斜支持，重点研究具有战略性、前瞻性、全局性和带动性，在提高原始创新能力中发挥核心关键作用的科学及技术问题。

在若干重要方向构建多学科交叉的研究布局，重点支持新方向、新系统、新方法研究。

（二）突破专业所 / 厂内外组织边界，构建网络化组织生态

跨组织边界的创新行为以跨组织合作的形式日益盛行。专业所 / 厂应加强部门间多专业的融合创新，并联合外部力量，促进专业所 / 厂与科研院所、高校、企业、创客等各类创新主体协作融通。

一是加强专业所 / 厂内部多专业融合创新。当代科技发展日新月异，研究对象的复杂性不断增强，现代科学研究领域不断细分和融合，以学科为单位的研究正在突破彼此的边界，各学科正在以科技前沿问题为导向重新聚合，学科间交叉融合、相互渗透的趋势日益明显。专业所 / 厂应进一步加强内部多专业融合创新，通过撤、并、转等方式进行必要调整和优化，利用跨部门集成产品研发等方式，打破资源配置条块分割，集中优势资源联合推进重大技术攻关，发挥重大科研平台作用。

二是深入推动专业所 / 厂外部的协同创新，联合专业所 / 厂外部力量，促进专业所 / 厂与科研院所、高校、企业、创客等各类创新主体协作融通，把国家重点科技项目等打造成为专业所 / 厂融通创新的重要载体，加强创新资源共享和信息交流。不断完善协同创新机制和基础条件，形成可推广的协同创新工作机制和工作流程。

（三）优化协同创新环境

专业所 / 厂应积极主动地建立跨单位的联合实验室、协同创新中心，构建长期稳定的协同创新机制。尊重参与各方的创造性劳动，保护知识产权。独立开发的技术和产品，其知识产权归原创单位所有，联合开发的技术和产品，按照参与方的贡献度，协商分配知识产权收益。

案例专栏

航天13所/230厂在改革重组过程中，围绕主责主业和重点拓展的战略性新兴产业，由主要领导带队，与国内外重点高校、科研机构、优秀企业开展合作交流，三年内与200余家单位建立了合作渠道，与100多家单位建立了常态化合作关系；在重点前沿新技术领域、专业高端人才培养、尖端技术联合攻关等方面，与30余家单位达成了长期战略合作关系。在北美、西欧、东欧建立了5个海外研发中心，紧密跟踪世界前沿技术；在青岛、杭州等地布局联合创新中心，服务、辐射和融入区域科技经济；与下游分系统、总体单位，上游特种材料、核心基础部件与元器件厂家在需求生成、技术应用、产业推动等方面高度联动、深度合作，形成互为支撑、互相推动、携手共赢的良好局面。

（四）加强基础和原始创新发展能力的系统布局

根据发展战略及实际情况，建立起与专业所/厂自身相适应的技术研发体系，明确自身的职能和定位。针对前瞻性、应用性、基础性等不同类型的技术，着重培育专业所/厂差异化创新能力，在过程中直接或间接实现基础和原始创新。一是加强前瞻性技术的跟踪和研发能力。前瞻性技术的研发需要投入大量人力和资金，即使技术被研发出来，但是不是有市场、能不能为企业带来效益，都还是未知数。因此，应对前瞻性技术进行跟踪和分析，不断研判前瞻性技术未来商业化的可能性，并通过分析对技术进行筛选，挑选出未来发展需要具备的核心关键技术。对于这些核心关键技术，投入人力物力进行应用性研发，形成工程能力和成果。二是加强基础性技术的搜集和筛选能力。基础性技术形成的周期较长，需要投入庞大的资源，但其突破有可能会给专业所/厂带来新的发展机遇，解决遇到的技术瓶颈和工程难题。因此，需要跟踪相关基础性技术的发展动向，与相关研发机构建立联系，跟踪并筛选与本单位有关的基础性技术，通过引进人才或深化合作的方式为单位所用。

四、围绕产业链布局创新链

习近平总书记深刻指出，“要围绕产业链部署创新链、围绕创新链布局产业链，推动经济高质量发展迈出更大步伐。”要积极促进专业所/厂创新链、产业链精准对接，鼓励专业所/厂围绕产业链布局创新链。构筑好科技与产业深度融合的桥梁，积极推动与产业界创新能力的协同发展与相互合作，促进科技研究、技术创新及产业应用的充分融合，吸引、聚集优势领域的全要素社会资源，建设跨学科、跨部门、跨地区的联合创新高地，形成科技与经济紧密结合的专业化分工系统与协作网络。破解专业所/厂实现技术突破、产品制造、市场开拓、产业发展的产学研用“一条龙”转化的瓶颈，积极推动专业所/厂自主创新科研成果从样品到产品再到商品的转化。大力发挥专业所/厂创新主体的作用，重点加强对自主研发的新产品、新技术、新工艺等的投入和资金扶持，加快形成具有自主发展能力和市场竞争力的新兴核心关键技术优势。

（一）型号研制并行迭代发展

实施并行迭代发展战略，必须正确理解“代”的内涵。从技术创新的角度正确认识产品“升级”与“换代”① 的区别。中国航天已形成“生产一代、研制一代、预研一代、探索一代”的型号创新发展模式。利用预研成果制定年度研制计划、五年技术发展规划与中长期发展战略，已成为航天各专业所/厂的一种工作常态。任何一个技术战略方向的确定、任何一项研制计划的实施，都依赖于先导性技术探索和预先研究，这是新型号研制的前提和基础。一种新型号的先进性，取决于采用新技术的多少，而新技术的采用又取

① “升级”是采用局部改进方式提升产品性能、拓展功能，而“换代”是指采用新原理、新技术、新材料、新工艺，改变原有产品的结构，显著提升其功能性能乃至发生质的变化。如电子计算机核心部件，依次经历了电子管、晶体管、集成电路、大规模集成电路、超大规模集成电路五个阶段（俗称五代），尽管计算机的原理总体未变，但每次换代引起的计算机软硬件架构和运算速度变化是革命性的。再如，战斗机已发展到第五代，每代战斗机采用的新技术和性能与上一代都不可同日而语。

决于预先研究的成果。兵马未动，粮草先行。预研工作必须走在型号研制的前面；航天专业所/厂的基础研究和前沿创新，必须走在总体院所系统集成创新的前面。

案例专栏

在航天专业所/厂的改革重组实践中，13所/230厂始终将持续技术创新放在首位。作为航天惯性技术的发源地和领头羊，在近70年的发展历程中，创造了诸多的第一：在机械支承仪表、气浮支承仪表、静压液浮支承仪表、三浮支承仪表，光学陀螺及捷联系统，光学平台系统，旋转调制平台，以及MEMS仪表、固态波仪表（半球谐振陀螺）、谐振仪表（振梁式加速度计）等新型产品开发中都处于国内前列，超前布局下一代量子惯性技术，每3～5年提高一个台阶。以微纳尺度理论为支撑，以微纳制造工艺为基础，面向未来空天飞行器微型化、智能化、网络化的需求，超前开展自主多元GNC（导航、制导与控制）和PNT（定位、导航与授时）微系统研究。

（二）武器装备产品化

按照“塑造世界一流国防工业体系”要求，专业所/厂的技术研究要实现由跟踪研仿向自主创新、由科研向装备、由单一向集群、由系统向体系、由定制向批量生产的转变。武器装备要快速研制、快速部署、快速补充，提高装备保障快速反应能力。为此，航天专业所/厂的科研生产活动，要由“试验向作战转型”，适应高强度研发、高密度交付、规模化低成本生产新常态，加快构建“小核心、大协作、专业化、开放式”科研生产体系，采用数字化、智能化制造技术，缩短研制生产周期，提升产品成熟度、可靠性和先进性，降低综合成本。专业所/厂的新技术、新产品更应从源头阶段就加快产品化步伐。

1. 围绕技术链建立系列化产品型谱

早在20世纪90年代，国防工业主管部门就提出武器装备“通用化、系列化、组合化”的要求，航天专业所 / 厂陆续开展了包括产品成熟度提升、产品型谱和生产线建设、产品数据包开发在内的产品化工作，取得明显成效，但也存在一些深层次和结构性问题[①]，仍待解决。在任务牵引、总体主导的环境中，航天专业所 / 厂作为一线责任主体，要深刻认识产品化的重要性，围绕制度体系、技术体系、质量体系、标准体系，完善内部运行机制，建立专业队伍，对推动型号装备高质量发展的技术路径、方法步骤进行再认识、再定位。积极与总体单位和最终用户沟通，提前布局，做好技术和产品储备，主动参与系统总体设计，详细陈述己方的技术思路或建议，寻求总体单位的理解和支持。

型谱是货架产品的源头、产品升级换代的载体。专业所 / 厂要根据技术发展趋势，与总体单位充分对接可预见的潜在需求，按模块化、系列化要求，不断丰富核心通用部件组件、公用模块、标准单元等型谱，通过组合满足大多数用户的个性化、定制化需求。统一技术标准，实现工艺统型、模块化部件组件共用，减少本级和下级标准件、紧固件、原材料、元器件、通用机电等产品的种类和规格。通过构建系列化型谱，缩短产品升级换代周期。建立货架CBB出入库管理制度，制定CBB收益评估办法，建立职务发明长效激励机制。

2. 围绕产品成熟度优化研制生产流程

专业所 / 厂需要建立基于模型的数字化协同仿真体系、基于数字化和标准化的部组件智能制造体系、基于信息化的产品售后健康管理体系，提升产品制造的精细化控制水平和产品数据包精细化设计能力，降低产品指标的离散度，提高合格率和稳定性。同时，专业所 / 厂应开展关键特性分析和环境适应性最大包络试验、产品性能极限验证、技术状态固化、产品数据包完善

① 问题主要包括：一是对任务与产品的关系认识不统一，一定程度存在靠型号驱动产品开发、靠新产品研发支撑型号立项、靠产品个性化保市场的思维定势；二是总体院所之间、总体与专业所 / 厂之间、专业所 / 厂之间缺乏技术统筹，各自为政问题仍未有效解决。

和产品成熟度评价等工作，向下延伸到通用部件组件、公共模块、标准单元乃至基础产品层级，逐步实现设计与工艺的模块化、组合化和标准化。针对专业设备和测试软件，开展包括功能拓展、接口兼容、流程标准化等在内的通用化设计，建立规范的参数格式和统一的数据库。

3. 帮助供应商提升产品化水平

鼓励统一技术指标、接口和试验条件，以利于规格化研制和批量生产。由专业所 / 厂设计部门牵头，产品制造、物资采购、外协外包等部门参与，共同开展配套产品、模块、零部件、外购件、标准件以及机电接口的统型工作，将外包产品融入公用模块或标准单元，以利于实现产品通用化、系列化、组合化。开展软件结构化设计，研制可配置、可重用的软件产品，建立标准软件模块库，提高软件复用率，增强总体与分系统、分系统与单机数据交互的可靠性和安全性。开展嵌入式系统的协调性分析与验证，加强软件用例测试、抗干扰测试，组织第三方机构进行综合测评。

4. 推动产品化与数字化深度融合

鼓励专业所 / 厂构建通用部件组件、公共模块、标准单元、基础产品 CBB 资源库，研制可嵌入协同设计平台的三维数字模型和数字样机，供设计人员直接调用。创建功能仿真数字模型，开展产品数字化和数字化产品研究，形成“物理数字孪生”货架产品。开发数字化产品数据包，实现产品质量控制全程追踪溯源。

（三）武器装备实战化改造

所谓实战化（实用化）是从用户的角度对产品功能性能进行评价。产品质量既有显性的外在表现，也有隐性的功能表现[①]。武器装备实战化改造面临技术和管理双重挑战。因为产品交付是经过测试验收、多方签字确认的，

---

① 显性表现一般是指可测量的功能、性能指标和可维护性，通常用符合（合格或正常）或不符合（不合格或异常）进行评价。隐性功能难以测量或量化评估，通常作用于用户感受层面，如外观、人机界面、操作便捷性、使用者的劳动强度等。

产品的技术状态和物理形态已经固化。改善在用装备的功能性能，不仅需要投入大量人力物力，还涉及经费筹措问题。但为了国家安全利益，有条件要做，没有条件创造条件也要做，而且必须做好。航天专业所/厂是武器装备实战化改造的主力军，必须勇于担当，主动作为。从技术层面看，实战化改造是一种自我挑战，是对原设计方案、制造生产流程再认识、再提升的过程，牵一发而动全身，需要付出数倍于新品研制的代价。既要有深厚的技术积累,还要有识别风险的能力。武器装备实战化改造本身也是技术创新，要在符合科学规律、规避技术风险的前提下，最大程度满足用户需求，最大限度减小对总体结构、分系统和关联产品的影响。

案例专栏

航天13所/230厂某重点产品已经定型交付多年。产品启用前需要预热和空调制冷控温，操作十分复杂。由于当时的技术成熟度不高，产品的故障率较高，经常造成任务中断等，用户抱怨极大。为切实提升实战能力，所/厂下定决心对已交付产品进行实战化改造，并确定了不改变对外接口状态、尽可能减少实物产品变更、尽可能减少经费、技术风险降到最低的原则和目标。为达成既定目标，有效规避技术风险，所/厂主要领导亲自带领由设计师、工艺师组成的专业团队，到用户单位深入调查研究，面对面座谈讨论。在获取第一手资料的基础上，对技术状态变化可能带来的风险进行充分论证和实验性验证，获得详实的经验数据后，稳步推进改造方案实施。经过3年艰苦努力，彻底解决了某型重点武器系统寿命周期内的实用性问题，一次性通过试飞验收和技术验收，产品性能指标得到与会专家的肯定，工作态度和实效受到用户一线的充分褒奖。

五、确保技术链、产业链自主可控

党的二十大报告强调“着力提升产业链供应链韧性和安全水平”。党的二十届三中全会进一步提出，“健全提升产业链供应链韧性和安全水平制度，抓紧打造自主可控的产业链供应链”。提高产业链现代化水平方面，实现关键原材料、关键核心元器件、关键基础技术能力和产品供给的自主可控。消除受国外技术和高端产品封锁，产业链的部分“梗阻”“断链”风险。

（一）高质量供给

高质量供给就是不但要为当前的航天装备总体提供高水平、高质量的产品，满足当前总体需求，更重要的是要建立高质量供给的长效机制，超前建立技术储备，助推装备总体的发展和更新换代。高质量供给包括产品和技术两个方面，产品是显性的，相对容易纳入科研计划管理从而引起充分关注；而技术是隐性的，但更为重要，关键核心技术攻关需要全行业、全产业链的共同投入，建立稳定的联合创新机制。

（二）创造新需求

原创技术特别是颠覆性技术会对社会生产生活产生重大和深远的影响，激发新的需求和产业格局重构。重大的基础专业技术突破会影响甚至改变总体的技术路线和实现方式，延伸应用领域和范围，创造新需求、催生新业态，从而摆脱基础专业技术发展、产业规模完全依赖总体的困境。

在缺乏总体明确需求牵引的情况下，航天基础专业技术的自主创新超前发展，需要航天专业所/厂管理者和专家有超前的眼光，对基础研究和专业技术发展趋势有敏锐直觉和科学研判，超前进行布局，投入人力和物力，承担更大的技术风险，付出更多的试错成本。当然，一旦获得成功甚至是较少比例的项目获得成功，也必将获得极大的超额回报，属于高风险、高回报。

（三）构建产业生态

航天专业所/厂处于产业链和创新链的中间，是产业链、创新链的关键节点，同时又受上下游的牵引和制约，构建良好创新和产业生态尤为重要。航天专业所 / 厂在追求自身利益的同时，更要合理进行利益分配，实现利益相关方的双赢和多赢，实现整体利益最大化和共同发展。在利益分享时，要甘做贡献者，再当受益者。既敢于担当专业细分领域小创新链和产业链的链长重任，也甘于在相关的材料应用、高端装备等延伸产业链中发挥积极作用。

航天专业所 / 厂在提升产业基础能力，推动技术转移转化、工程化和产业化应用进程中大有天地。航天专业所 / 厂要主动作为，积极建立小核心、大协作、专业化、开放型的装备科研生产能力体系，提高批量化、实战化供给能力，带动产业基础能力提升。在推动经济社会高质量发展方面主动作为，加强航天专业技术在国家战略和政府治理中的深度应用，推动航天技术向国民经济各领域各行业渗透融合，带动传统产业结构转型升级，支撑实体经济高质量发展。

（四）强化共用技术攻关

航天产品研制生产依托的共用技术主要有标准化、计量、科技情报、成果管理与推广、质量与可靠性、环境试验与测试、无损与理化检测等。部分通用技术由国家层面和国防科技工业部门的专业机构供给，如中国计量科学研究院、各军工集团的计量研究所、情报研究所、标准化研究所、可靠性及环境试验研究所等。大部分专业领域的共用基础技术研究任务由核心专业所 / 厂承担。

应强化共用技术的支撑作用，将共用技术攻关与型号预研、总体设计、产品研制一并纳入技术发展、能力建设规划，研究经费单列。建立专兼职结合的基础技术研究队伍，设置相应技术职称系列和职业发展通道，建立与之相适应的考核评价机制，激发创造活力。国际标准化组织曾经把标准、计量、合格评定作为工程技术未来可持续发展的三大支柱。“没有精密的测量，就没有精密的产品”①。当前，航天专业所 / 厂共用技术供给能力整体

① 谭久彬．精密测量——科学探索的“眼睛” 高端制造的“尺子”［N］．人民日报，2022.03.22.

上亟待加强，应进一步加强应用基础研究投入、增强预先研究力量和创新动能。

应加强相关专业领域技术标准研究，形成标准化的共性技术体系，实现“制标、选标、用标、控标”有机衔接；开展与专业发展相关的计量（基准、校准）、检测技术研究和专用装备研制，完善计量、测试、试验规范体系。加强产品可靠性设计的验证模型、算法研究，以及产品可靠性增长的试验评估方法研究。

案例专栏

航天 13 所 /230 厂测试技术中心主要开展惯性产品试验与测试技术研究，编制相关国家标准、国家军用标准，建成了国内第一家惯性技术测试中心。在进行惯性测试技术研究，服务所 / 厂型号产品研制的同时，面向行业单位惯性产品评测、环境试验等开展对外技术服务，积极扩大行业知名度和学术影响力，年对外创收 5000 万元以上。2018 年 13 所 /230 厂时代光电公司首次发布国际标准 ISO 20780：2018 Space systems-Fiber optic components-Design and verification requirements《航天系统 - 纤维光学器件 - 设计和验证要求》，是我国航天领域首个光器件国际标准，并于 2022 年发布国际标准 ISO 24564：2022 Space systems Adhesives—General requirements《航天系统 - 胶粘剂 - 通用要求》，提高了单位的业内影响力。

六、加强知识产权管理和高水平学术交流

航天专业所 / 厂应当充分认识知识的“产权”价值和意义，有效运用知识产权管理手段，强化航天核心技术自主可控，加强航天技术对国民经济的带动效应，知识产权保护、成果推广和学术交流协调推进，护航航天专业所 / 厂的可持续发展。

（一）科技成果管理和知识产权

1. 加强知识产权高质量创造，强化自主可控支撑

充分运用知识产权这一有力工具，跟踪航天技术最新发展趋势，系统策划布局知识产权，找准研发目标，提高研发起点，优化研发路径，突破关键技术领域的“卡脖子”问题，实现核心技术及重要原材料、关键核心器件自主可控，关键核心技术指标达到国际一流水平。首先，积极开展知识产权策划布局，围绕航天核心技术体系，建立核心技术或产品知识产权数据库，形成核心技术专利保护群，并结合技术演进、市场变化、竞争态势等情况及时调整。加强商标、核心技术、版权、软件著作权、集成电路布图设计等方面知识产权工作，形成多维度知识产权保护，灵活选用知识产权保护形式，提升知识产权综合实力。其次，努力挖掘和培育高价值专利，在基础前沿、应用基础、预研开发、试验验证、推广应用等航天科技创新链条上，聚焦核心技术或产品，依托国家重大工程项目、创新研发项目和各类研发平台，挖掘和培育一批创新程度高、竞争力强的原创型、基础型高价值专利和战略性高价值专利组合。积极参与标准制定，探索将自身先进专利技术纳入地方、行业、国家或国际标准的路径。

2. 促进知识产权高效率运用，助力产业优化调整

作为科技成果转化的实施主体，航天专业所 / 厂应当提高站位、主动作为，提前策划、大力推动，充分认识转化的客观规律，以市场为导向牵引成果转化工作，让自身知识产权尽早与市场接轨。机制建设方面，应当进一步建立和完善内部技术市场，强化知识产权的有偿使用机制；根据单位自身能力和发展重点，形成技术推广目录，开展分级管理，盘活现有资源；落实研发工资总额单列、职务专利和成果激励、股权激励、分红权激励等分配激励政策，促进知识产权应用；模式探索方面，应当充分利用产业创新基金、专利基金等资本，挖掘和提升知识产权价值、探索知识产权转化运营新模式。

3. 提升知识产权保护能力，防范主业发展风险

深入领会习近平总书记“创新是引领发展的第一动力，保护知识产权就是保护创新”的重要指示精神，全面加强知识产权保护工作，营造尊重知识、尊重创新的知识产权保护氛围。将知识产权风险防范意识贯穿专业所 / 厂科研生产经营活动全过程。加强立项前的检索查新，避免重复研发；强化研发和产业化过程中的专利储备和预警，规避侵权和被侵权风险；明确合同中的知识产权约定，严格履行知识产权权利义务；针对领导干部、知识产权管理人员、知识产权专员和技术人员等，设计专门培训课程，开展形式多样的知识产权培训，提升员工整体知识产权意识和素养；开展发明构思筛选及技术交底书评审；建立健全专利权维持管理制度。

案例专栏

航天 13 所 /230 厂改革重组以来，加强知识产权和科技成果管理。将知识产权工作纳入研发和研制关键考核节点，设立专项奖励。两年时间，获得专利等知识产权数量由每年数十项快速上升到每年 200 项以上，在提升专业影响力和采购竞标实力的同时，多次成功实施了知识产权出让和知识产权入股产业化发展。

（二）建立内外部成果应用和转化机制

建立健全内部成果应用和转化机制，这是专业所 / 厂推动技术创新向产业转化的重要环节。近些年，国家和行业层面鼓励职务创造成果收益奖励，包括项目科技成果 / 知识产权转让 / 转化收益分成、产业化项目模拟股权 / 期权、混合所有制经济利润分红、员工持股等激励措施等。许多单位在这些方面进行了积极的尝试，取得了较好的效果。

案例专栏

航天科技集团五院502所多年实施产品保证体系，引入IPD集成产品研发，形成了从元器件、组件、部件、整件到单机产品的CBB（共用构建模块）货架，产品成熟度、生产效率和效益大幅提高。为强化和激励基础创新、原创技术创新，成立了独立于产品研究室的专业技术研究室，并将专项技术按产品管理，激发了技术人员从型号研究转向专业创新的积极性。

中船系统工程研究院建立内部CBB交易机制，采用成本法+平均收益率将技术、软件、部件、产品等进行作价入库。在CBB出库应用时，按价格计入CBB产出部门的收入，同时为鼓励其他部门应用货架CBB，将应用成熟CBB作价的20%计入应用部门的收入。同时，将应用、出库的收入对应的内部结算利润，按一定比例提成奖励原创人员。

航天13所/230厂重组时，参照GB/T 22900《科学技术研究项目评价通则》及单位特点，建立了常态化技术创新机制，将技术创新分为从概念创新、方案创新、工程创新到产业化创新的四个阶段共十三级。奖励额度从1000元～100万元基本按等比数列确定，累差发放，即本等级奖励额度减去下一等级已发放额度，以鼓励持续提高和创新，可以随时申报符合的阶段、跳级申报、多项目整合申报。实现了创新成果评价和奖励常态化，引导和激发了技术人员将创新成果向工程化和产业化转化的积极性。

（三）加强学术交流

航天专业所/厂是科研事业与企业的结合体，如果仅仅把自己当作制造型企业和“挣钱”的机器，定位太低，也势必“挣不着”大钱。应努力把提升学术影响力、话语权当作核心竞争力和吸引优秀人才的关键因素之一。航天专业所/厂主办（协办）学会/协会、专业期刊、学术交流会等，是专业所/厂学术水平和行业影响力的体现，是科研队伍开阔视野的必需，也是

专业所 / 厂永葆基业活力的重要路径。以下是专业科技期刊的探索实践，学会 / 协会、学术交流会的做法与期刊工作类似。

1. 做好专业期刊细分定位，打造专精特新小众品牌

发扬航天的优势和特征，遵循综合性与专业性相结合、前沿理论和工程技术相结合、学术性和实践性相结合的原则，准确定位受众群体，做好出版发行规划。聚焦工程理论、应用基础研究、共性技术攻关、先进技术工程化应用等领域，突出专业所 / 厂自身专业特色，办成细分专业领域读者喜闻乐见的刊物。

2. 加强编辑队伍建设，增强期刊权威性

按照专业所 / 厂自身专业定位，合理设置刊物栏目，不盲目追求文章数量和覆盖面，以质取胜，宁缺毋滥。聚焦专业前沿，邀请行业专家担任栏目编辑、特约撰稿人，设置专题研究栏目，增强权威性。科技动态栏目坚持与情报研究、研究生教育、型号项目预先研究相结合，及时发布非保密的理论与技术创新成果。将学术论文作为职称评定的必要条件，营造群众性学术研究氛围。

3. 改革期刊运作模式，扩大信息来源和传播渠道

加强与国内外信息检索、科技情报机构的联系，主动推介高水平论文，提高科技含量和引用频次。拓展传播渠道，利用网络大数据和移动终端 APP 工具，实现受众群体的精准投送，扩大知情面和社会影响力，把期刊办成科技创新协作的高端交流平台。加强与政府机构、学术团体、行业协会的联系，合作举办各种学术活动并取得独家刊登权，及时发布行业最新动态和产品信息，增加经济收益，实现“以刊养刊”。

案例专栏

航天 13 所 /230 厂改革和重组实践中，高度重视学术交流与学术期刊工作。鼓励专业技术人员参加仪器仪表、光学工程、惯性技术等国内

外相关领域高端学术会议，与国际知名专家同台交流，发起并定期举办国际学术交流会议。航天 13 所 /230 厂联合英国剑桥大学于 2020 年 2 月与国际知名系列期刊 Science 的出版商、非营利性国际科技组织——美国科学促进会合作创办了 *Advanced Devices & Instrumentation*（《先进仪器与器件》）国际英文期刊，该期刊是我国中央企业与世界顶级学术期刊主办方联合创办的首个国际顶尖外文学术期刊，并被 ESCI、EI、Scopus 等国际核心数据库收录，其成功创办显著提升了航天专业所 / 厂在业界的权威性、知名度和美誉度。

七、营造创新环境，提高创新效率

对航天专业所 / 厂而言，创新是对专业的热爱和责任，是对科学技术不断追求的执着和信念。航天专业所 / 厂通过创新环境氛围的营造、创新激励机制的建立，实现从观念引导到行动的实现。

（一）营造创新文化环境

专业所 / 厂应努力营造创新氛围，形成鼓励原创、崇尚自主、宽松自由的创新文化[①]，让科技人才能以“十年磨一剑”的精神潜心科研。营造创新探索所需要的宽松环境，鼓励研究人员放下“型号压倒一切”的思想包袱，强调基础创新与推进任务同等重要。尊重高水平研究人员的心理需求，形成植根航天但有别于工程型号的创新文化氛围，注重赋予创新文化以新的内涵，构建“使命、信任、自主、宽容”的创新文化。培育崇尚创新、尊重创造、鼓励创新、宽容失败的创新文化，鼓励创新灵感和冒险精神，赋予创新人才更大的尊重和自主权。弘扬科学家精神，加强科研作风诚信建设，发扬技术民主，培养求新求实的科学作风。弘扬企业家精神，发挥各单位主要领导在

① 创新文化（环境）包括创新价值观、创新准则、创新制度和规范、创新物质文化环境等，是创新精神财富以及创新物质形态的综合。

引领创新中的关键作用，激发科技创新活力。

（二）建立容错机制

创新的本质是“实践—认识—再实践—再认识”的迭代过程，容错机制的本质是将风险控制在可接受的范围之内。任何探索未知活动的成功，无一不是从失误和挫折中获得真知的结果。只有通过不断试错，才能获得技术和市场反馈，最终获得重大突破。管理学家彼得·德鲁克说，成功的企业家不只是善于识别和控制风险，更重要的是善于发现创新机会并加以利用①。

航天型号工程设计领域的容错机制，通常选择冗余、纠偏两种方式。冗余设计是指为降低风险发生概率而采取的双保险或多保险措施，这部分成本，远远低于风险带来的损失。纠偏是指充分估计可能出现的风险概率，并采取相应措施，将风险控制在可接受的范围内。航天专业所／厂在科研创新管理、经营活动中，要允许试错、支持试错。对试错成本给予科学合理的评价，形成敢闯敢试的良好风尚。容错机制包括但不限于以下几点。

1. 塑造容错的组织文化

硅谷的创业者有句口头禅：快速试错就是小步快跑、快速迭代。小米创始人雷军说“有机会一定要试一试，其实试错的成本并不高，而错过的成本非常高”。通用电气公司总裁杰克·韦尔奇认为，管理者过于关注员工的失误就不会有人勇于尝试，没人尝试比犯错误更可怕。试错虽有风险，但不敢打破常规本身就是错误。因此，企业建立容错机制既是一种理念也是一种组织文化，要从最高管理者做起并通过制度特别是考核激励制度贯穿全过程、全层级。

2. 厘清容错机制与“零缺陷”的辩证关系

容错机制与中国航天推行的产品质量“零缺陷”管理理念是相辅相成的，二者目标一致、关注点互补。容错机制是探索未知过程中，对难以准确预判

① 彼得·德鲁克．创新与企业家精神［M］．蔡文燕，译．北京：机械工业出版社，2007.

或无法有效控制的非人为主观差错的宽容；“零缺陷”是对粗心大意或有章不循等人为因素造成的低级错误实行“零容忍”。

3. 把握容错的合理边界

制定容错机制运行规则，建立行为免责清单，准确把握管理创新失误免责的“区分开来”原则：即把先行先试中出现的失误，与明知故犯行为区分开来；把无现成经验的探索性工作出现的失误，与明令禁止的违规行为区分开来；把改革中的非主观过失，与谋取私利的行为区分开来。

4. 建立科研诚信机制

科研诚信机制既是考核机制的有益补充，也是创新文化和容错机制的重要组成部分。诚信机制与容错机制相辅相成，互为支撑。诚信机制缺失会造成容错机制脱离本源，难以为继。容错机制缺失会导致诚信机制的弱化乃至恶化。建立互为支撑的诚信机制和容错机制，有利于减少科研管理活动中的信息不对称问题，以及夸大成绩、掩盖问题、敷衍归零等失信行为，提高运行效率和决策的科学性。

（三）统筹创新能力保障条件

统筹和强化创新能力建设，重点强化技术研发平台条件建设、研发投入能力、研发机制保障、人力资源能力、成果转化能力。

统筹规划科技前沿与应用基础研究、预先研究、新产品开发、工程设计与共性技术攻关、信息与情报研究、知识产权管理等领域的创新，准确把握应用基础研究与系统集成的辩证关系，统筹资源配置，夯实核心专业基础，提升技术供给能力，实现航天工程整体效能最优。

充分发挥机制保障作用。科研人员的创新动力来自对科技的执着、对航天的热爱。调动和激发科技人员的创新激情，需要系统筹划、综合施策，既要有宽松的政策制度、先进的科研设施，还要有良好的创新生态环境，防止出现只注重提高物质生活待遇，忽视价值观培养塑造的倾向。充分发挥机制、政策的保障作用，通过创新文化和创新环境建设，源源不断提供精神动力、激发创新活力。

加强创新人才激励政策的运用，对承担打造原创技术策源地的高层次人才采取年薪制、协议工资等更加灵活的分配方式。对承担原创技术研发的单位和部门，在资源配置、考核评价、岗位与薪酬方面给予特殊支持，努力做到应给尽给、能给尽给，探索实行项目经费包干制，推行揭榜挂帅，引导科技人员潜心钻研。实施研发项目分类管理和精准激励，进一步激发创新活力。针对研发项目的不同特点，对重大科技专项、背景项目、演示验证项目等系统级项目实施项目制管理；对基础前沿技术和共性关键技术研发项目实施课题制管理。保障课题制管理组长技术决策权、奖金分配权，持续完善按比例提取、分阶段发放、依贡献付酬的公平、透明激励机制。

（四）加快数字化转型发展，提升创新效率

将数字化转型作为专业所/厂改造提升传统动能、培育发展新动能的重要手段，不断深化专业所/厂对数字化转型艰巨性、系统性和长期性的认识。发挥专业所/厂在新一轮科技革命和产业变革浪潮中的引领作用，进一步强化数据驱动、群体创新、合作共赢等数字化转型理念。着力夯实数字化转型基础，建设基础数字技术平台，为创新提供高效数据及一体化服务支撑。加快推进产业数字化创新，推进产品创新数字化、生产运营智能化、用户服务敏捷化、产业体系生态化，加快构建跨界融合的数字化产业生态。加快推进专业所/厂全业务、全环节、全要素数字化发展，打造专业所/厂高质量发展数字引擎。

不断加强航天专业所/厂创新的数字化条件保障力度。开展协同设计、模拟仿真、数字试验等全流程研发体系能力建设，加速基于模型和数据驱动的科研生产体系能力建设，促进新型科学技术与行业融合，提高基于数字化、智能化的先进研发和制造能力。推进智能工厂和智能生产线建设，将传统制造能力优化升级为智能化数字化生产能力，开展大数据敏捷服务和精准保障能力建设，建设全方位、全流程科研生产的数字体系，夯实工业数字化环境基础，大幅度提升创新的效率和效益。

第七章

航天专业所/厂重组中的质量管理与先进制造

质量是航天的生命，是航天事业的永恒主题[1]。航天产业具有技术复杂性突出、研制周期长、可靠性要求高等显著特点，是高科技含量、高投入、高风险的复杂系统工程。在航天专业所/厂重组过程中，型号保成功、保交付是质量管理工作的红线、底线和高压线，是重中之重。改革重组中必须确保专业所/厂承担的航天重大型号研制任务圆满成功，不容有失，必须极端重视。因此，必须以“跳出质量抓质量”的大质量观，破解“高压带电作业”难题，突破“不改革是等死、改革是找死”的矛盾怪圈，必须把航天专业所/厂重组中的质量管理与先进制造当成“一把手工程”，这是航天专业所/厂重组过程中必须做好的特殊功课，否则很可能因重大型号挫折或批量交付迟滞而受到多方质疑，进而导致改革重组受阻甚至挫败。

① 质量是航天的生命 永恒的主题——栾恩杰副总经理纵谈航天质量［J］. 质量与可靠性，1994（3）：1-3.

第一节 面临的挑战

与国内一般工业发展路径不同，在国外严密封锁的条件下，中国航天是先有科研再有工业，推动形成“尖端技术+工业化”。新时期，航天工业既具有一脉相承的正向设计的优势，又面临一系列新问题和挑战。

一、准确把握航天质量管理的守正与创新

质量是航天事业发展的生命线，航天工程的特点决定了航天质量工作的复杂性和艰巨性。中国航天经过近70年的发展，逐步形成了具有中国航天特色的质量管理模式，成为保证航天工程任务成功的基本准则和有效做法，并沿用至今。航天事业创建伊始，就确立了“严肃的态度、严格的要求、严密的方式”的“三严”作风，明确建立质量责任制，实行校对、审核和批准的三级审签保证，强调校对与设计负同等责任，同时强调设计师对产品生产质量的监督职责。推行质量检验和验收，制定发布《试验工厂技术检验工作暂行规定》，设立独立的技术检验组织。1966年，周恩来总理提出“严肃认真、周到细致、稳妥可靠、万无一失”的十六字工作方针，成为航天人矢志不渝的工作信条。

与此同时，建立了过程质量控制制度，制定了《质量工作管理制度》，推行复查制、留名制、双岗制、三检制等8项制度，颁布《计量工作管理暂行办法》；在大型试验中提出了“双想”质量管理方法；1978年，实施《电子产品可靠性“七专”质量控制与反馈科学实验》，建立了元器件“七专”（专人、专机、专料、专批、专检、专技、专卡）质量控制与反馈的制度；1997年，下达《强化航天科研生产管理的若干意见（试行）》（简称72条），《强化型号质量管理的若干要求》（简称28条），归纳了设计、生产、元器件、原材料、

标准件、工艺制造、检验检测等方面最紧迫的质量管理问题，建立了独立的质量监督代表系统，精炼提出“严慎细实”的工作作风；20 世纪 90 年代中期连续多次发射失利，使航天人面临“失败不起、没有退路、只能成功”的严峻挑战。为消除重复故障和人为责任事故，扭转接连发射失败的局面，中国航天工业总公司创造性地制定了质量问题技术归零和管理归零的“双五条归零”标准①,成为航天科技创新和事业蓬勃发展的法宝,随后上升为国军标、国家标准和国际标准予以推广,成为航天质量管理获得广泛认可的典型标志。自 20 世纪 90 年代开始，航天系统全面推行质量体系认证，相关的标准体系也持续完善和丰富，步入了航天质量体系化、标准化建设的新征程。21 世纪以来，中国航天坚持以数字化转型为抓手，推动质量管理改革，积极构建新时代航天质量管理体系，推动航天产品生产制造过程从精细到精益再到卓越的梯次迈进。

世界航天史上多次惨痛的教训表明，任何一个小小的疏漏都有可能导致无法弥补的失败悲剧发生，因此，航天产品的质量管理形成了极其严苛的极端要求，航天科研队伍也形成了“只许成功、不许失败”的文化氛围。为保成功，研制团队更倾向选择成熟的技术方案来降低研制风险，在具体工作中技术创新和质量管理方面有时显得过于犹豫和趋于保守，不愿乃至限制采用新技术，一定程度上限制了创新活力。出现此现象的根本原因，是对创新与质量关系认识不深、不透造成的。

创新与质量显著呈现对立统一关系。一方面，苛刻的质量要求束缚创新的自由度和灵活度，一定程度上对技术创新形成阻力；另一方面，航天探索未知和对质量不断追求极致的要求，又是推动创新和航天科技进步的源动力，质量苛刻反催更高水平的质量管理。同时，规范的航天质量管理是创新活动

---

① 技术归零五条标准是：“定位准确、机理清楚、故障复现、措施有效、举一反三”。管理归零五条标准是：“过程清楚、责任明确、措施落实、严肃处理、完善规章”。简称“双五条”。2006 年纳入 GJB 5711《装备质量问题处理通用要求》，2012 年 GB/T 29076《航天产品质量问题归零实施要求》颁布实施，2015 年 11 月国际标准化组织 ISO 正式发布国际标准——ISO 18238 *Space systems-Closed Loop Problem Solving Management*（《航天系统—问题解决的闭环管理》）。

成功的有力保障，创新可以显著提高航天产品质量和本质可靠性。曾在航天科技集团一院工作过的小米公司创始人雷军也曾提出“质量与创新同等重要，创新决定我们飞得有多高，质量决定我们走得有多远”，对正确理解航天质量和创新的关系，有很好的借鉴意义。

当前，航天科技工业的加速发展比以往任何时候都更加依赖科技创新与质量管理统筹协调能力的跨越式提升，新时期航天质量精益化管理是航天工业当前都需要面对的时代课题。必须正确认识航天科技创新与质量管理的矛盾关系，结合信息化、数字化技术的普及应用，积极探索和创新质量管理工作机制，在矛盾对立统一中促进两者协同互动、有机结合、动态平衡、相辅相成。

二、面向实战化需求奋力打造航天精品工程

航天科技工业始终秉持“严慎细实”的科研作风，以质取胜。质量管理理念经历了从“不惜一切代价保成功、保交付、保增长”，到“质量是政治、质量是生命、质量是效益”，再到“高质量保证成功、高效率完成任务、高效益推动航天强国和国防建设”的演进。

“靠数量保进度、靠筛选保精度、靠技能保可靠性”，是针对航天产品质量要求严苛但技术能力和管理手段不能满足的现实矛盾，不得已做出的应对举措，曾是航天科研生产和质量管理的典型特征和主要模式，当前仍一定程度存在。采取这些“非常”手段保证了交付产品 100% 合格和总体的一次成功率，但也存在明显不足：一是成本高昂，价位高端，大大限制了航天技术和产品的应用范围和规模；二是产品加工、装配、调试等关键环节对人的责任心、技能依赖性较强，可靠性隐患不能完全消除，复杂系统的单点偶发故障串联叠加成交付用户后的整机产品多发故障，用户体验差，质量归零及售后服务需要投入大量人力物力，实用实战效能大打折扣；三是浪费大，资源效能低，企业效益差。三者都会对市场竞争力、企业生命力产生较大的负面影响。

“精品”是相对于合格品的一种更高的要求，有“精益求精、追求卓越”之意。同时包含了使用价值和用户感受两个元素，是对产品质量、科研和质量管理能力的综合评价。推进“精品工程”，是跨越式提升创新与质量管理统筹协调和相互促进能力，从而实现科研生产和质量管理模式转变的系统性质量提升工程。

（一）提高工序控制艺术，实现效率和成本最优

高质量、高精度产品，应是生产线的“自然”产物，不是“百里挑一”的代表性产品。高品质产品技术实现的主要方法是：优化产品设计、工艺流程和生产模式，运用统计过程控制（Statistical Process Control，SPC）[①]工具，深入分析产品工序质量的分布规律，迭代优化参数、配置精细化工装，采用数字化、自动化等手段提高工序控制能力，最大限度减少产品质量指标的离散性，增强一致性。“精品工程”不是只追求产品质量、不计成本的“形象工程”，而是强化科研生产过程管理、提高工序控制艺术的结果。实践表明，工序控制前置是降低成本的最佳选择，工序控制越靠后，付出成本越高。

（二）辩证认识精度与可靠性，着力解决共性问题

透过质量问题离散性，可以认识偶然性与必然性之间的辩证关系、精度和可靠性之间的关联关系。离散性是多种因素共同作用的结果，精度突变、趋势性变化往往存在可靠性薄弱环节。存在故障隐患的可靠性薄弱环节，一般也会在精度上有所体现。只是在前期显现的量级较小，受测试精度和数据分析方法的制约，特征信息被离散性误差、随机噪声所掩盖而已。

严控共性、低层次、重复性问题。共性问题实质上是技术认知和能力不足的表现，低层次、重复性问题的深层次原因就是质量管控能力的不足。打造精品工程重点就是加强技术攻关、系统整治生产现场管理。技术归零、管

① 统计过程控制（Statistical Process Control，SPC）是一种借助数理统计方法的过程控制工具。它对生产过程进行分析评价，根据反馈信息及时发现系统性因素出现的征兆，并采取措施消除其影响，以达到控制质量的目的。

理归零、失效模式与影响分析（FMEA及p-FMEA）[①]、统计过程控制（SPC）是有效的工具。此外，通过大力开展现场QC[②]活动，推行六西格玛管理[③]，提升员工综合素质。

（三）坚持底线思维、逆向思维，杜绝低层次重复性问题

传统的质量控制目标是提高合格率，精品工程则是在关注合格率的同时，用底线思维和逆向思维方法审视存在的薄弱环节。底线思维就是充分辨识风险，特别是潜在的故障隐患，而不是简单的合格与否。逆向思维就是以不放心的角度，对产品研制过程进行“回头看”，开展再分析、再设计、再验证活动，剖析产生不合格品的原因，从偶发的不合格品中找到共性问题，扎扎实实补短板。

三、全面系统的质量管理新体系亟待创建

原有质量和工艺控制能力难以满足新时期、新模式发展的要求，制约着技术创新和生产模式的转型升级，全面深入推进卓越质量管理和精益工艺势在必行。

（一）质量控制手段与可靠性研究存在较大差距

对低层次、重复性、难操作质量问题的控制手段和方法不够丰富、有效性不足。多余物、虚焊、绝缘失效、密封泄漏、异常磨损、疲劳破坏、高温

---

① FMEA（Failure Mode and Effects Analysis）指失效模式与影响分析，是一种系统化的分析方法，通过对产品设计和过程设计阶段的各个子系统、零件和工序进行分析，用于确定潜在失效模式及其原因和后果，从而预先采取措施以提高产品的质量和可靠性。FMEA通常特指产品设计，过程设计一般用p-FMEA（p指过程，process）以示区别。

② QC（Quality Control）指通过运用质量管理理论和方法，提高产品质量、降低消耗、改善环境、提高人的素质和经济效益的质量控制活动。

③ 六西格玛管理，是一种质量尺度（每百万次中不超过3.4个）和追求的目标，运用一套科学的工具和管理方法对过程进行流程的设计和改善，追求“零缺陷”的经营管理策略。

烧蚀、老化等故障机理未能见底，控制和筛选手段不够有效。可靠性评估、预防性维修、寿命预测等技术研究不深不透。软件复杂度越来越高，软件故障和隐患成为重点和难点。供应商质量管理的覆盖性、有效性有待系统性提升。知识体系建设处于初级阶段，对确保型号成功所需技术能力的预见性不够，重点型号核心技术瓶颈未彻底突破，核心专业拖后整体研制进度和拉低实战可靠性的被动局面未彻底扭转，工艺支撑能力仍显不足。面向过程的质量改进机制仍需完善，管理与技术责任还要进一步落实到位。共性、老大难问题缺乏彻底有效的解决方案，设计、制造、试验可靠性研究还不深不透，质量本质保障能力不足。

（二）在全面系统的管理精细化方面还有差距

当前，质量理念正在由全面质量控制向精细化、精益化转变，质量控制向全过程、自动化、信息化、数字化、智能化转变。全生命周期实战化（实用化）质量保证的必要性、重要性进一步凸显，并逐步成为质量控制的难点、热点和重点。低成本、大批量、规模化的常态化要求也迫切需要制造模式转型。当前一定程度存在的生产效率低、成本高、质量不稳定，与实现大批量、变批量下的定制化生产、柔性化制造、稳定性生产、数字化生产和“工业 4.0”的智能化生产还存在较大的差距。

面对快速发展的新形势，还需进一步优化管理模式，细化管理流程，明确岗位职责，缩短管理链条，不断完善和改进管理，建立符合时代特点的管理方式。需不断提高质量管理体系的完备性、有效性，切实提升质量管理效率、效果、效益。多品种、批量化工艺研究和应用不足，可控成本制造推行力度不够，数字化、自动化技术和装备的研究和应用尚需加强。

（三）聚焦产品质量的共性问题发力

低层次、重复性质量问题，一直是专业所 / 厂的切肤之痛。既然是长期未能解决的问题，就不是简单的孤立事件，必然隐藏着某种内在逻辑和共性基因，必须从科学原理、技术机理、管理机制等层面，分析产品质量问题的深层原因，防止就事论事、浅尝辄止，要注重从根上解决问题。某类共性问题的解决，往往会产生正向的蝴蝶效应，带动行业相关技术整体进步。新形势下要敢于对标国际先进水平，正所谓“取法乎上，仅得其中”。

四、工艺技术发展不充分不平衡的羁绊亟待破解

长期以来，受工艺服务于设计的研制理念影响，航天专业所／厂管理中一定程度上存在“重设计、轻工艺”现象，导致工艺滞后于设计和产品技术发展，这种不平衡，成为航天专业技术整体进步的羁绊。

（一）工艺严重滞后于设计和产品技术发展

同等技术路线下，诸多核心产品水平主要取决于制造技术水平，制造技术差距决定了产品的差距。与世界其他航天大国相比，我国航天制造工艺的差距比设计和产品技术更为显著，存在很多“能设计出来，制造不出来”的现象，成为技术突破的“拦路虎”，产业链的“卡脖子”环节也较多集中在制造领域。

先进的核心工艺技术是买不来的。先进工艺既需要先进的工艺机理和应用基础研究作支撑，更需要在长期实践中不断试错、优化迭代，需要大量的精力和持续的人力、财力投入。由于长期存在“工艺服务于设计”的工作导向，高端工艺人才和经费投入严重失衡，造成部分专业所／厂工艺发展严重滞后甚至阻碍设计和产品技术发展，应当引起充分重视。

1. 关键工艺技术预先研究滞后

关键工艺技术预先研究滞后，工艺摸索随产品研制进行，缺少对更高精度、更高效能等关键工艺技术的预先研究，先进工艺技术储备严重缺乏；工业母机、特种装备受制于人；加工制造批量生产过程可测可控能力不足，产品质量不稳定。

2. 工艺机理研究不深不透

工艺研究缺乏系统性，研究的深度、广度严重不足。存在大量依赖经验和技能进行加工和装配，缺乏材料加工特性、表面特性、微观特性等基础性工艺技术研究；数字化仿真和数字化制造应用程度不深，深层次的工艺要素，如基于精度特性的宏微结合虚拟装配、胶接力 / 热 / 密封 / 老化特性、力 / 热 / 光 / 电 / 磁等物理特性耦合工艺要素的仿真和控制还处于初期探索阶段；制造工艺的可控性和精益性不足，对密封、残余应力、多余物、胶接、焊接、螺纹连接、微干扰（力矩）等共性问题缺少根本性解决措施。

3. 产品精度、可靠性保障能力不足

产品精度、可靠性保障能力不足，质量波动大，生产的延续性、可重复性较差。精密加工依靠研磨、试装、修配，一次装配合格率低；尺寸稳定性控制仍沿用小切削量加工、高低温时效等传统方法；缺少先进的精确测量和辅助装配手段，装配配合尺寸、空间几何对准、光学对准等基本操作依赖技能人员经验。

4. 部分传统工艺难以为继

部分传统工艺难以为继，尤其是含铅、苯、氟化氢等有毒 / 高危 / 非环保化合物等化学加工、热表处理、电气连接、清洗和装配工艺，缺少替代工艺的技术储备，一旦被迫停止使用，将对生产造成严重影响。

（二）新时期卓越质量迫切需要精益工艺的支撑

当前，航天系统还存在批产型号工艺成熟度不高、产品质量可靠性保障能力不足等问题，往往成为制约型号研制、批量生产的短板。在工艺精细化方面，与美国、日本和德国等先进水平的差距仍然不小。采取同等原理甚至是通过逆向工程或购买设计图纸获取国外先进技术，引进先进装备，但做出来的产品性能、可靠性和使用寿命与国外产品差距较大，其根本原因就是制造工艺的精益化不足所造成的。需要建立工艺创新与设计创新、质量创新的紧密联动机制。

产品实现能不能、质量保障精不精、稳定批产优不优，关键在工艺技术。一些工艺实现的难度甚至超过设计和产品本身，创新是工艺技术发展的必由之路。当前，制造精度越来越逼近理论精度，质量可靠性要求愈发苛刻，各类工艺因素的影响已不容忽视且相互耦合，必须从工艺机理着手研究，创新工艺手段和工艺装备，以先进的手段和方法实现工艺量化、可测、可控。质量控制由以人主导转向流程主导、技术主导：人机结合，低层次重复性劳动由机器人替代；提高质量一致性，严控质量波动，实现生产线质量综合控制和自治；试错式生产转向可预控，生产资源由静态分配转向动态调配。针对部组件间优选和匹配引起的流程高度不确定性，建立非均衡生产脉动生产线；尽可能多采用数字化仿真和虚拟装配，在位、在线、线侧测量；消除关键设备因潜在故障而导致的非预期停产，倡导准时生产方式（Just In Time，JIT）[①]，实现按预期生产和准时交付；严控“增生、老化”等慢性病，事后归零转向事前预防；留出产品足够的可靠性裕度，拉宽可靠性浴盆曲线，努力实现免维护或少维护；采取产品健康体检和自诊断、自修复技术，预测和控制潜在故障，进行预防性维护和维修，确保实用实战效能。

第二节 航天专业所/厂重组对质量管理与先进制造的期望与要求

质量问题往往是多种因素综合作用的结果，其产生根源也往往是错综复杂的，对机理的技术认知有时也难以马上吃透。航天专业研究所与工厂分立时，两方在质量理念、制度和方式方法方面存在差异性。出于维护自

① 准时生产方式（Just In Time，JIT），最早由美国人提出，后传播到日本，由丰田汽车公司真正实现并推广到整个日本汽车行业，成为与欧美汽车厂家取得竞争优势的利器。JIT 是基于杜绝浪费、降低成本的思想观念，追求最合理的制造方式以取得竞争优势（高质量、低成本），谋求在经济低速发展中增加利润的一套完整的生产过程和库存管理制度体系，是战后日本汽车工业适应“多品种、大批量”的市场需求的产物。

身具体利益，在一些质量问题处理特别是涉及追责时，这种差异和分歧有时会激化为矛盾。迫于多方面压力，双方博弈的结果往往是追求管理责任和经济损失最小化。工作思路的不良导向就会使一些质量问题偏离技术本源，从而导致一些质量问题一直不能得到有效、彻底的解决，长期沉淀就成为“老大难”问题。航天专业所 / 厂改革重组的一项重要任务就是打破这种体制围墙，努力实现设计与工艺的贯通，彻底扫清机制障碍，不断推进质量提升和技术进步。只有从根本上解决这一顽瘴痼疾，才能取得改革重组的实效。

一、直面挑战老大难，技术手段亮真招

关键产品质量的“老大难”问题是长期积累沉淀和根深蒂固的，是制约航天装备实战成效的暗雷，也是掣肘企业效益提升的镣铐。隐患不除，梗阻不通，隐患和风险只会越积越多，积重难返。越早解决，损失越小。必须下决心、有信心触碰并解决这些老大难问题，对新出现的老问题坚决不放过，使老产品存在的隐患逐步消除。

（一）领导层的信心决心是首要

“老大难”问题涉及面广，影响程度深。在问题的解决过程中，可能要“推翻”以前的归零结论，对已有和交付产品进行处置，需要较大的精力和经费投入，也可能产生较大的经济损失。由此可能会触及多单位和人的利益，会遇到多方的阻力。但这些与强军首责、国家利益相比，与产品质量问题引起装备重大故障或者影响实战效能相比，简直微不足道。这是航天专业所 / 厂领导层应该具备的基本政治觉悟和责任担当，是对其工作魄力和驾驭复杂问题能力的考验。

1. 正视问题，久久为功

以对国家负责、终生担责、对历史负责的胸怀和魄力，放下思想负担，

抛弃狭隘的个人功利和单位短期利益思想。消除畏难情绪，抱定“路虽远、行则将至”的信心，“事虽难、做则必成”的决心，对“老大难”问题拉条挂账、挂图作战。成功路上无坦途，冲出逆境天地宽。

2. 大胆质疑，系统整治

消除对“盖棺定论”问题质疑的顾虑，重新全面审视质量问题的技术和管理因素。项目上要多型号、多产品关联展开，时间上要大跨度、多批次串联穿透。从单个独立事件的微观上，重新审视质量分析和归零的有效性和完备性；从同类产品、同类故障多个事件的宏观上，在故障模式、原因定位、发生机理等方面查找其关联性和共性；既要对归零问题进行回头看，也要对生产过程中的不合格品审理进行再分析。通过全面分析，找到问题的症结所在，找出工作系统中的薄弱环节，综合治理、循序渐进、逐个突破。

3. 科学研判，谨慎处置

理性、客观地看待历史，既要在存在的问题和隐患方面，敢于大胆否定；也要正确认识历史的合理性和必然性，不能简单地全面否定既往。要正面、积极地认可原有技术、产品以及管理，不因技术认知、方法手段和管理要求的变化而过度泛化追究既往责任；要对可能存在的瑕疵和隐患做出科学量化的研判，采取可行的追加或补救措施，如增加健康状态监测、加大维护维修频度、追加备件择机更换等。既要认识到个别问题、小概率事件中存在的共性原因，也不能以偏概全，否定一切。坚持底线思维，从最坏处设想，向最好处努力，确保底线红线不突破。

（二）技术问题突破是根本

技术认知的提升是解决工程质量问题的根本。即使是管理和人的问题，也要尽可能采取技术手段予以弥补和解决。没有技术理论的支撑和认知的突破，一味增加管理措施就可能是盲目的、低效的，还可能带来新的隐患，起到负面效果。

要转变被动解决质量问题的习惯，提前预想、预判，主动预防、预控。列出产品的全图谱故障树，穷举列出各种已经发生的以及可能存在的故障模式，层层分解到最小独立事件，根节点要到工步、操作环节甚至单个动作、参数。列出各种、各级故障的最小割集。在故障树定性分析中，引入定量分析，扩展加入每个节点的发生度、危害度、检测度，从而得出完整的故障树可靠性数学模型。对可靠性低的节点要逐个采取相应的技术和管理措施，对每个技术疑点和认知模糊地带，要组织力量进行攻关。通过逐个点的突破，最终实现面上的整体提升。

（三）科学方法和先进工具是保障

好的质量管理是科学机理、工程技术和质量管理综合作用的结果，要善于运用现代科技和管理学科的先进理论、工具和方法论，使问题迎刃而解、事半功倍。

在具体工程技术问题的解决中，技术手段和方法论处于同等重要的地位，这就需要单位和个人要主动补上这些短板。弘扬科学精神、养成良好的科研工作作风，掌握并善于运用工程技术和技术工程的方法论和工具箱。在技术创新和工程难题解决工作中，将科学作风与技术民主相结合，采取头脑风暴法、思维导图、鱼刺图、故障树等方法进行问题定位和原因分析，采用无损检测、黑盒测试等方法进行测试，采用理论推算、数字仿真等手段进行理论演算，采用正交试验、等效试验、加速试验、破坏性试验等方法开展试验，采用概率论、可靠性模型、SPC 统计方法等工具进行数据分析。

案例专栏

某型号研制初期，航天 13 所 /230 厂承研某型精密仪器产品，其稳定性精度合格率只有 10% 左右，且经常出现合格仪表在系统测试中精度漂移超差问题，产品交付用户后超差甚至成为故障等严重问题，一度成为重大装备研制生产进度最拖后、质量最薄弱环节。在所 / 厂和上级领导高度重视下，组织单位内外行业专家，对涉及的设计、工艺、操作、测试、试验等逐个环节集中诊断、分析，设计/工艺/工人三结合联合攻关。通过有限元分析优化马达配合精度和微观形貌提高重复启动寿命，优化改进马达安装结构减小材料蠕变引起的质心稳定性变化，改进浮液提高介质的温度稳定性；从零件、元件、部组件、整表等各个工序质量进行全面内控，对各个工序特别是部门间的产品交接检验方法和判定准则进行逐个评审并严格把关；在重点/关键工序全面推行量化控制、多媒体记录，全面推行数字化测试和自动化测试，对每个产品的测试数据由设计人员进行分析并逐步形成若干判异准则；增大电老炼、加速老化、环境试验筛选强度，增加元件/仪表在后装配中的健康性能监测手段和研判准则。实现了精度的全方位控制前移，可靠性隐患的有效排查。产品合格率三年稳步提高到90%以上，平均精度提高了1/3，在生产人员基本不变的情况下，年交付能力提高了10倍以上。

二、不欠新账、还清旧账，预防预控抓好重点

航天专业所/厂改革和重组质量管理不但要解决眼前的现实质量问题，也要消除产品全寿命周期内未来使用中的潜在质量隐患，还要对已交付产品的质量问题和隐患负全责，其难度是逐步增加的。这就要求在处理质量问题时，不能只顾眼前，要从历史、现实和未来的全视野审视，系统施策，综合治理。新账不能欠，旧账也要理。

（一）技术本源再认识

技术认知不到位是质量问题发生的主要原因，具体又分为几种情况：一是技术理论基础缺乏有力支撑，如新型发动机工程研制的实现需要建立在高温、高速气动力学、燃烧力学等理论的突破的基础上，没有理论和方法的突破，仅靠工程试错几乎是不可能达到设计最优的；二是对材料、元器件、基

础部件等特性掌握不全面，未经过全面的、系统的验证，选用不当或使用不当，一些潜在缺陷随数量增加和时间增长，性能出现缓慢变化而引发质量问题，如老化失效、润滑失效、磨损多余物等；三是设计裕度不够，设计工艺性不强，存在可靠性和寿命隐患；四是技术上有认识但缺乏有效的检测和控制手段，过程筛选有效性不足；五是制造工艺控制的质量稳定性不足。

质量问题通常情况下是多种原因耦合综合的结果。在进行 FMEA 和 p-FMEA 失效模式和影响分析时，一定要尽可能地做到穷举，并对每个因素和环节可能出现的危害度、发生可能性、检测可行性逐一进行全面分析，逐一制定预防和纠正措施。根据找到的薄弱环节要系统性组织开展基础的、共性的研究，研究透理论和机理、掌握事物本质规律，从本源上找到解决问题的办法，确保交付产品不带隐疾和慢性病出厂。

（二）质量分析再回头

在各级质量分析中通常采用同比和环比进行数据统计分析，为了提高统计分析的针对性，通常还会从多个维度再进行细分。常用的细分维度包括按产品类型、按发生问题阶段、按产品种类和层级、按发生原因性质等。这种分析方式对于诊断质量管理体系存在的系统性问题和共性问题，从而进行系统性改进和施策，能取得较好的效果。但对于具体问题的处理，特别是老大难问题的处理，这种质量分析方式存在的局限性就较突出。主要体现在：一是对比分析数据的颗粒度、对比和环比数据分布的差异性，导致纯数据统计分析的结论与实际质量趋势存在较大的偏差，辛普森悖论[①]就是统计学中的最典型“陷阱”。二是传统统计分析方法适合于批量连续生产，而航天产品生产相对批量较小，且多是间歇性生产，用固定的周期数据进行统计，产品的差异性对质量数据的差异起主导性作用，简单的数据对比不能客观反映质量控制能力的真实情况，

① 辛普森悖论（Simpson’s Paradox）是指在数据分组比较中出现的现象，即各组数据呈现一种趋势，但合并后整体趋势却相反。这种现象通常由混杂变量引起，可能导致错误的结论。辛普森悖论提醒人们在数据分析时要谨慎，避免忽略重要变量，确保结论的准确性。

同类产品按批组进行对比则更为科学。三是质量问题暴露存在较大的时移性和滞后性，甚至是交付用户储存或使用很长时间后才发生，当期出现的质量问题特别是出厂后的重大质量问题很多是多年之前交付的产品，已经失去了进行同比和环比分析的意义，在生产过程中能及时发现的质量问题不可怕，最可怕的是生产中不能发现或尚未表现出症状的隐性质量问题。四是在质量双归零过程中，急于剥离质量问题，在机理和原因分析时更倾向于发掘问题产品的特殊性而忽视其隐藏的共性深层次问题，对以往交付的产品采取的措施不够等问题还一定程度存在，归零不彻底，导致一些问题长期不能得到有效解决。

在质量归零和质量分析时，从产品的全生命周期进行全视角的统计、分析和诊断。应该全面打开、全层级穿透，从暴露的质量问题穿透到的产品层面，再深一步打开、穿透到技术和操作层面。充分利用大数据分析等工具，从庞杂的数据中寻找规律。针对不同阶段的产品采取相应的针对性措施，举一反三，要坚决打破型号界面，切实做到技术层面的横向到边、纵向到底。要善于采用逆向思维，开展合格率分析的同时也要开展不合格率分析，将合格率统计控制逐步转向工序能力指数控制，推行六西格玛管理，不断追求零缺陷。

（三）管理问题再回想

产品质量问题的出现必然是技术和管理原因共同作用的结果。技术问题的解决需要管理措施的配套，管理问题的解决需要技术的支撑。越是表象上的低层次质量问题，其表象下面隐藏着深层次的管理和技术问题，往往更严重、更复杂。要双管齐下，“老大难”问题的固有技术原因占主导，但其管理原因不容忽视，但在解决“老大难”问题的系统整治中，管理措施可能起的作用更大。

案例专栏

操作失误是频度最高的低层次质量问题，常见的有错漏装、极性接反、连线错误、压线、断股、碰伤/磕伤/咯伤、多余物残留、错漏检、表面划伤等。在质量原因分析中，常常把此类问题主要归结在操作人员失误或检验人员质量意识不强等人为因素导致的个别问题。深一步分析这些看似简单的问题为什么出现，且在不同时段、不同产品、不同人员"重复"出现而不能杜绝，必然有其深层次的技术和管理原因，如：设计工艺性是不是差，造成操作难度大，出错的风险大？是否有防差错、防插错措施？操作和检查空间是否足够，工序中是否有防护措施，是否存在操作和检查盲区？为什么在生产过程中没发现，而是在整机甚至出厂后才出现，检验方法、判定准则是否明确、清晰，检测方式方法是否科学、有效？为什么出现批次性问题，首件检验职责履职是否到位？所谓的质量意识不强，是能力不够，还是对技术文件和质量要求理解有偏差，抑或是岗位培训、日常监督、考核不到位造成的，是不是还有违章指挥，"萝卜快了不洗泥"赶进度等原因？等等。

三、关键在人、不全靠人，系统管理务求实效

在长期的航天质量管理实践中，准确把握住"人、机、料、法、环、测、流"[①]七个环节中"人"的核心地位，并通过经常性质量意识教育、严格的管理制度、严苛的技术和技能培训，培养和锻炼了一支责任心强、素质高、能力强的航天科研和技能队伍，在条件不足、手段短缺的情况下，培养出了一大批大国工匠、航天技能大师和行家里手，充分发挥人的能动性和创造性，靠精湛的技艺弥补了条件上的不足。同时，也应该清醒地认识到，在技术快速进步，产品性能不断提高，设计制造难度迅速增加，大批量低成本规模化生产

① 质量管理中将人、设备/工具、材料、工艺方法、环境、测试称为质量管理六个关键要素。结合中国航天管理归零的实践，作者认为应该将"流程"纳入并作为第七个关键要素，是对六个要素相互作用和运行机制的控制。

逐步成为主流的新的时代环境下，航天产品研制中的“作坊式”年代已经成为历史。信息化、数字化和机器人技术大量应用，大量的报表和数据存储在服务器和企业私有云空间，人工智能技术和设备替代了人的体力劳动，甚至是低端的创造性活动，人的创造性和能动性被推高到了更高的层面。

（一）理性认识人的创造性和随意性平衡

人的创造性发挥效果与人的认知能力相关，当认知与客观规律相向时，人的创造性会产生积极的效果，推动事物的发展和生产力的提升。当人的认知与客观规律相悖时，就会产生相反的效果，阻碍事物的发展，降低生产力。

人的随意性与创造性相伴而生，对人的行为约束不充分时，人就会有意无意地尝试无约束的未知领域。这种尝试的结果具有不确定性，正确的就会成为经验，错误的就会成为教训。在质量控制过程中，设计意图通过技术文件显现和传递，工艺人员将设计文件分解、细化、转化成可以指导生产的工艺文件，技能人员按照工艺文件进行操作和实施。技术文件生成、转化都是不完备的，甚至存在瑕疵和歧义，而不完备必然带来理解和实施的不确定性，技术文件细化就是要减小不确定性。技术文件的细化又存在局限性，还需要通过质量管理体系、人员素质和技能培训来弥补小的缺陷和瑕疵，并做好平衡与持续优化。

（二）做好质量管理复杂性与有效性匹配

质量管理的复杂度与质量成本呈强相关、与有效性呈弱相关关系。复杂度过高时，由于环节过多反而会造成错误的概率增加。质量控制要精准施策，追求质量管理效率和效益的最优，质量管理目标和理念也要实现从精细到卓越转变。重点强化以下几个方面的工作。

1. 源头控制

狠抓设计源头。质量控制的难度、实现的效果主要由设计所决定，70%的成本也是由设计决定的。通过合理冗余设计以提高产品对制造过程质量波动性的承受能力，通过防差错设计从根本上解决易错问题的发生，提高设计工艺性以降低生产制造的难度，从而降低出错几率和制造成本，强化、做实通用质量特性设计（可靠性、安全性、维修性、测试性、保障性和环境适应性）以提高质量综合保证能力。强化各类技术评审的有效性和实效性，把设计工艺性、经济性以及通用质量特性作为评价设计质量和水平的重要指标。

2. 控制前移

问题发现越早，解决问题就越简单，成本就越低。切实把好原材料、元器件入口关，并将质量控制要求传递到供应商，做好过程质量监督和下场验收，确保其执行到位；工艺提前参与设计，设计评审要有工艺师参加，做好、做实设计交底和设计工艺性审查；设计、质量管理、技能、检验人员参与工艺评审，提高工艺文件的可操作性；设计基准、加工 / 计量基准、装配基准相互协调并尽可能实现统一，经济性地提高前工序的质量一致性以降低后工序的难度；合理确定前工序、上一级产品的内控指标，以提高后一道工序、下一级产品的合格率。

3. 重心下沉

把实物质量作为工作目标，把操作者作为内部顾客，以工作质量保产品质量。狠抓现场管理，确保各项技术和管理要求完整、准确、及时传递到生产现场，落实到产品实物操作过程中；强化数据统计和分析，全面掌握生产过程中的质量波动情况，加强趋势分析，关注合格区间内的个性异常跳变并闭环处理；加强特殊过程的工艺、设备参数的监控，强化关键工序手工操作环节的多媒体记录手段的应用。

（三）人机结合提高质量确定性和稳定性

人机结合，将机器的精准性与人的能动性优势叠加，机器的确定性与人的随意性优劣势互补，提高质量的稳定性和确定性。劳动强度大、具有较大安全和健康隐患的重复性工作尽可能实现机器换人，不能完全自动化的要努力实现机器辅助人。将工序和工步打开，实现操作的可视、可测、可控，减小靠人员责任心和技能把控的随意性。对易造成可靠性隐患的关键工序的核心环节，能机器换人或辅人的能上尽上，即使牺牲部分效率和短期成本，以质量换效率、换长期成本最优。大力推行质量和生产管理数字化，全面掌握现场质量情况，动态发现薄弱环节，持续优化改进提升。

第三节　航天专业所 / 厂重组中质量管理与先进制造的基本思路

新时期航天科技工业加速发展，技术封锁和市场竞争同步加剧，比以往任何时候都更加依赖科技创新与质量管理统筹协调能力的跨越式提升。坚持中国航天特色的质量管理模式的自信，充分吸收和借鉴、创造性运用国内外先进质量管理理念、模式、方法、手段，创建全生命周期的航天质量卓越管理新模式，以适应新时期、新形势下催生的新的质量要求。当前，航天专业所 / 厂常态化面临“没有丝毫退路、容不得半点差池、绝对失败不起”的严峻质量形势，质量问题直接影响专业所 / 厂的生存和发展，绝不能让质量问题成为压倒所 / 厂改革重组与创新的最后一根稻草。针对重组中的质量管理和工艺制造，航天专业所 / 厂必须承认现实、直面问题、理性对待、重树信心。

一、树立新时期大质量观

（一）把握新时期大质量观的核心要义

大质量观念是广义的质量观，是强调产品内在质量、外在质量与服务质量完整性和统一性的一种基本思想，主要是指从系统的、整体的和综合的角度进行质量管理。树立新时期下大质量观，要求航天专业所 / 厂从各方面把握好质量的本质和核心要义。

1. 强化理念

以用户为中心，持续专注于专业领域的品质领先；摒弃就事论事的思维定势，以工作质量保证产品质量；关注过程管理，坚持一次把事情做对；从小事做起，下细功夫、“笨”功夫；精益求精，“零缺陷”工作，向德国、日本等的先进制造文化学习。

2. 面向实战

习近平总书记深刻指出，“武器装备是用来打仗的，必须面向未来、面向战场、面向部队。能打仗、打胜仗，最重要的是提高武器装备的实战化能力”。按照面向实战、服务实战的标准和要求，全面构建覆盖装备全系统全寿命各环节的质量法规标准体系、质量工程技术体系、质量保障条件体系和质量管理组织体系，并保持常态化高效运行[①]。

3. 人是焦点

人才队伍的奋斗精神、科学方法论和严谨工作作风是龙头，也是基础；高质量主要通过人的素质、工作状态及技术水平来保证，要提升各类人员质量意识和素养，提升控制质量的能力、丰富质量管理的手段，建立各类人员在工作中的广义诚信体系。

4. 吃透技术

一流质量必须有一流的技术能力水平、先进的技术手段；确保产品研发的技术先进性，不断提高产品设计水平和能力；要有吃透技术的决心，要有打持久战的信心，不能只求一时偏安。

---

① 2024 年 11 月，航天科技集团第九次工作会明确提出，以实战化为导向，聚焦提升全生命周期武器装备实战化水平，努力建成面向实战化的航天卓越质量管理体系，重塑科研生产能力，优化构建满足备战打仗实战化要求、更加科学高效的航天科研生产新模式。这是新时期航天科技集团对“实战化”理念的总结和创新。

5. 源头抓起

强化正向设计，推行田口玄一的三次设计方法[①]；经济性实现产品质量的冗余、冗差、冗错设计；在产品开发和设计早期阶段防止质量问题，争取用最低生产成本制造出满足顾客需求的、成本最小的、质量最高的产品。

6. 强化流程

强化过程管理，强化工业现场管理；丰富制造手段，提高工艺水平；大力推行数字化，提升智能化管理水平；推行卓越绩效管理、六西格玛管理，形成航天特色的卓越质量管理。

7. 持续提升

强化管理、技术双归零，强化内部常态化双归零；通过质量问题的解决，实现技术和管理的持续快速迭代更新。

8. 举一反三

通过对研制过程中的质量归零信息进行全面的收集、整理和分析，按照举一反三的要求严格开展复查，并落实相关措施，确保问题一次性彻底解决。

（二）切实贯彻新时期质量理念

树立新时期下大质量观，彻底转变老旧思想观念，摒弃陋习，共同努力，推动质量工作上一个新台阶，要遵循：

1. 自我变革

各项工作都要主动作为，不能以被动的姿态等待问题暴露。时刻以更高标准、更严要求审视自身不足，不断自我变革。

---

① 三次设计（Three Steps Design）理论，世称田口方法，即系统设计（一次设计）、参数设计（二次设计）和容差设计（三次设计）。田口玄一认为：产品质量首先是设计出来的，其次才是制造出来的，检验并不能提高产品质量。他这一观点与质量管理的“事前预防、事中控制、事后分析”的观点不谋而合，得到国际质量管理界的高度认可。

2. 维护信誉

以工作为重，对用户，对其他部门以及对本部门同事要真正地支持，做到以诚相待。将航天品牌信誉放在第一位，绝不能自砸招牌、自毁命脉。

3. 严守规矩

工作质量要统筹兼顾上下游、横向相关环节，各个部门之间要坦诚沟通、相互配合得当。把难题留给自己，把方便留给他人。

4. 全员履职

行动自觉胜于繁缛的规章制度。全员要正本清源，打造符合时代潮流的、具有航天专业所/厂特色的质量文化；预防为主，自我管理并持续改进，全员担责、精确度量；主动靠前工作，敢于担责，用户和一线出现质量问题，领导和机关部门要第一时间到现场；质量意识和工作要求要入脑入心见行，落实到工作日常的方方面面、点点滴滴。

（三）强化质量保证与全流程控制

航天科研生产未知因素多，系统机理复杂，要从任务来源抓起，对产品质量控制进行整体谋划，实施过程融入通用质量保证体系，形成全方位全过程体系化管理。

1. 坚持系统思维

针对研发、设计、试验、制造、批生产等环节，全过程开展风险识别与控制方案评审、实施效果评估。要把包括产品可靠性、安全性、维修性、环境适应性，材料、元器件、工艺、软件，以及地面试验设备等质量保证要求融入研制生产流程，按照研制程序分解到各级产品（系统、分系统、单机设备）和外协产品，通过独立评估，提高生产状态的稳定性和一致性。

2. 坚持以技术活动为主线

产品质量由设计决定，通过制造实现。要消除将质量管理活动等同于质量认证过程的认识误区。控制设计和工艺源头，做到有法可依，有法必依，每个制造环节规定到位、执行到位、检测到位、记录到位，全过程可测、可控、可追溯。狠纠差错疑点，深究根源，措施到位，举一反三，彻底归零。

3. 坚持以过程控制为着力点

产品质量是设计、制造过程控制输出的结果，建立企业内部设计、工艺、试验、科研管理、维修保障等技术与质量管控规范体系和工作导则体系，建立基于流程面向岗位的质量管理体系并持续改进；岗位职责、目标、界面、接口清晰，上下游、横向环节实现无缝衔接，全员互动，实时高效；持续改进，杜绝一切不必要的管理、时间、生产资源的浪费；在技术文件中对产品质量有重要影响的辅助工序做出详细规定，避免低层次质量问题发生。

4. 坚持以综合产出最优为目标

全面推行数字化、自动化生产，消除随机误差，减少离散性，提高一致性。全面控制生产成本，减少生产流程中的非增值环节，杜绝资源浪费。避免不必要的移动、多余的操作，减少待工、不合格品返工和库存。在满足国军标质量管理体系的基础上，建立符合专业所/厂实际的考核评价体系，增强自我约束能力，实现全过程、全员管理，将工作质量改善活动纳入绩效考核。

5. 完善对供应商的管理和质量检验措施

加强对供应商的闭环管理，将质量保证要求和技术工艺标准传递到最末端供应商。严格外协、外包和外购产品的质量控制，统一制定质量验收标准和方法；在满足产品功能/性能指标要求的前提下，尽量选用成熟的货架产品和通用产品；新产品开发要超前布局，切实做到技术标准详尽、外部接口协调、质量保证要求明确、技术和经济风险可控；产品验收环节不仅要关注与设计要求的符合度，还应通过生产过程回溯对批次质量的稳定性和一致性进行验证。

6. 质量检验用数据说话

采用先进的统计分析方法工具，通过对数据资料的全面分析，掌握质量波动规律，对症下药，防患于未然。针对工作质量改进，组成若干项目团队，采用统计方法，对作业中的关键变量同标准和基准参数进行比较。坚持预防为主，对产品质量进行事前控制，使每一道工序都处于有效控制之中。

二、加强工艺和制造本质提升

产品可靠性由设计实现，由工艺保证。要提升工艺技术水平，丰富工艺手段，保障产品质量实现的过程能力，提升本质质量保证能力。

（一）工艺与设计协调发展

通过航天专业所 / 厂重组，工艺与设计更紧密有机地协同工作。工艺与设计工作要做到承上启下、界面清楚、接口明确、交叉协作、相互促进、共同提高。强化工艺理论和工艺基础研究，做到“扎实做学问，术业有专攻”。建立“有关必攻，有攻必破，有破必提升，有提升必有新目标”的学习型、创新型、活力型、具有团队合作精神的工艺队伍。

提高工艺文件可操作性。设计、工艺、工人三结合，全面推行 p-FMEA 等手段下的作业指导书，做到每个工序、每个工步、每个操作环节风险和质量受控，减小随机性，杜绝随意性。推行三维工艺和多媒体工艺，采用三维模型、图片、影像、思维导图等多媒体手段，将传统的以文字、符号（一维）、图纸与图表（二维）为主要载体的工艺，转变为以文字、图表为辅，以三维模型、动画、声音、影像为主要载体的多媒体工艺。将知识和工艺禁忌要求嵌入到工艺文件和作业指导书中。

（二）构建关键工艺技术创新体系

工艺技术涉及的机理、新技术、新材料、计量检测等，是当前专业基础研究的薄弱点。加强工艺技术研究，梳理、构建关键工艺技术体系。持续完善工艺技术体系、工艺规范体系、工艺管理体系，加强重大工艺专项研究和工艺攻关。按专业领域（方向）编制工艺管理、设计工艺性指南、技术标准、操作手册等工艺规范，构建关键工艺技术体系，形成工艺研究路线图，建立核心工艺技术、重大工艺瓶颈、共性工艺问题等项目储备库。

（三）大力推行数字化与智能制造

按照专业化、模块化、自动化、脉动化思路，建立数字化生产线。全面推广应用 CAD/CAPP/CAM（即计算机辅助设计 / 计算机辅助工艺规划 / 计算机辅助制造技术）。将生产计划、设计文件、工艺文件、三维模型、电路图、数控程序等推送至工位。大力推行数控加工、自动化装配、人机协同装配和自动测试，实现试验数据的智能化采集 / 分析 / 判读。采用机器视觉和多媒体技术，全面实现质量记录、统计、分析过程电子化。根据型号产品属性和工艺特点，建立连续型、离散型、脉动型生产方式。采用物联网技术，提高仓储和物料配送效率和可追溯性。

三、建设信息化质量管控平台，提升数字化能力

依托现代信息技术，开发在线检测、过程控制、质量追溯信息化系统，建立以数据为支撑的可视化质量管控平台，直观展现产品质量精细管控和服务质量信息，准确掌握市场对产品和服务质量的真实评价。利用 SPC（统计过程控制）、大数据、人工智能等分析工具，揭示质量波动趋势和规律，为持续改进产品设计、优化制造工艺提供基础支撑。建成覆盖全业务流程的、跨地域的管理信息化、现场数字化能力，实现科研生产管理信息化、可视化、科学化，制造过程数字化、智能化。

（一）建立流程驱动的事件管理机制

科研生产活动是按照技术文件规定的流程，将原材料转化为产品的过程。

流程驱动产品加工制造（事件）发生和状态改变，经检验符合预期的进入下一个流程。产品加工制造过程就是一个事件跟着一个事件，直至实现预期目标。技术流程决定事件的演进逻辑和顺序，操作规程决定事件流转过程中测量、分析、判别等操作的启动时机，测量、分析、判别结果决定事件的走向。

由于技术和管理文件都是事先制定的，难以对加工制造和批量生产过程的所有细节做出详尽规定，百密一疏的现象在所难免，客观上给予了技术/操作/管理人员自由裁量权。由于人的认识能力有限，很难对某些异常现象做出准确判断并有效应对各种突发事件。某些质量问题的发生，与人的认识偏差、处置不当和误操作有关。这类问题通过整肃工艺纪律、严格管理，可以大幅降低发生概率，但仍难以杜绝。根本出路在于实现质量控制信息化、数字化和智能化，将管理文件转化为流程，嵌入管理系统和技术设备。在这个过程中，人的主要作用是对各种参数和流程进行优化，并不断迭代管理系统和技术设备的软件和流程。

（二）建立基于数据分析的质量决策机制

基于数据分析的质量决策机制包括：产品数据包管理、关键环节控制、多余物预防与控制、测试覆盖性分析、极性测试、单点故障模式识别与控制、不可检测项目质量控制等要素。通过细化量化管理流程，确保质量控制过程记录真实、完整、准确，真正起到追踪溯源的作用。质量监督用工具检测，质量分析用数据说话。运用产品数据包验证预设控制流程及其承载的技术参数和操作规程的执行情况，出现非预期结果或异常情况及时中止流程，分析原因，制定改进措施，持续迭代直至最优。

（三）丰富质量管控的工具手段

加强可靠性及环境试验、元器件、原材料、工艺、无损检测、标准化、计量等技术研究，丰富质量管控的专业工具和技术手段，并嵌入科研生产流程和技术文件。提升质量保证的规范化水平，组织编写设计规范、试验规范、工艺规范、检验规范，形成体系化、系列化的入职培训教材、从业履职应知应会手册。依托信息化系统建立工程知识库，实现知识复用。持续推动星级现场建设，加强生产现场管控，确保操作规程、行为规范落地生根。

（四）推进知识体系工程建设

专有知识是企业重要的异质性资源。航天专业所 / 厂在实践中形成了大量专有知识，包括显性和隐性知识。显性知识通过设计文件、工艺文件、标准规范、操作规程等载体予以传播。大量只可意会（领悟）难以言传的隐性知识（又称默会知识），只有通过切身体验、长期实践才能获得，往往掌握在年长的技术和技能人员手中。他们一旦离职，这些弥足珍贵的资产很可能流失。因此，推进企业知识体系工程建设，强化显性知识积累、收集整理传承隐性知识，是一项十分重要而紧迫的任务。

按照学科、专业、产品、岗位对企业内部知识进行搜集、整理和分类，形成知识资源库，包括：标准、规范、手册、管理制度；设计图纸、技术文档、试验文档；数学模型、计算模型、仿真模型、设计模型（含 CBB）；基础部件、标准件、元器件、原材料等的模型库和选型库；工艺文件、典型工艺 / 公式 / 算法；加工程序、加工参数、工具、工装、刀具库等。对这些知识进行结构化加工，以便存储、检索和利用。对难以结构化的知识，如图片、声像、数据流等，提取其主要特征进行规范化表达。推行设计、工艺、试验等技术文档结构化，对已有文件进行结构化处理，对思路、理念、经验等隐性知识进行加工整理，以文字、图表、影像等形式，将隐性知识显性化、结构化。

依托企业内部信息网络对知识库实行货架式管理，提高知识复用和利用率。开展知识获取、表达、加工方法、存储利用等方面的技术研究，把隐性知识的收集、整理工作纳入部门、员工绩效考核和科技成果评价体系。探索建立知识价值评估、收益分配机制，加强知识权益保护。

案例专栏

航天科技集团18所为伺服系统所/厂合一、产研一体单位，2012年之前长期存在核心关键产品合格率稳定性不高，出厂后渗漏油、多余物等质量问题屡发，交付能力存在短线的困境。经过10年持之以恒的集智攻关，数字化、自动化、智能化的生产能力大幅提升。

1. 提升合格率、稳定性方面

1）识别关键控制环节，不断提高设计能力。深入开展仿真研究和基础试验研究，解决了微小流场设计等瓶颈技术，设计制造一体化深度融合，深入开展“三再”工作，不断提升设计的制造工艺性和一致性，建立完善设计标准体系，巩固形成知识成果。

2）持续改进关重件精密加工及检测能力。大力开展精密加工工艺技术改进，突破精密构件加工及自动配磨、微小孔流量及射流质量等精密物理量自动测试三项关键技术。

3）持续优化提升装调能力。识别、优化装调过程10余个关键环节，细化量化控制参数85项，提升产品性能一致性。编制装调过程知识库手册，提升生产过程问题定位的准确性和及时性。

2. 提升密封性可靠性方面

1）开展大量试验研究，形成8份设计及装配规范，规范密封设计、装配标准体系。

2）全面推广设计新方案，采用组合式密封、双道密封，取代普通同轴密封、单道密封，彻底取消螺纹密封，通过可靠性增长试验验证，10余年渗漏油问题无发生。

3. 健全多余物防控体系方面

深入研究产品结构特点，开展全过程、全要素、全流程多余物来源识别，通过设计、机加、装配、测试过程等20余类控制措施，健全形成了所级控制指导书、管理制度、技术规范、操作规程四级多余物防控体系。

4. 提升出厂质量方面

设计特性梳理要求横向一致，确保设计要求传递至最末端；工艺细化量化覆盖设计要求，精细化管控措施逐级落实；识别短板不足，实施专项整治，建立预警机制消除短板；落实外协外包穿透式管理并跟踪措施落实；强化测试覆盖，复查标准实行逐级放行承诺，放行检查责任落到实处。

5. 提升交付能力方面

1）产品全面采用数字化控制，依靠软件算法替代原有单纯依托尺寸反复配调和零件修配的机械调参方式，大幅减少返修工作量，实现了一次配调成功，提高了产品性能及稳定性。

2）持续开展设计、工艺、制造环节流程优化，改进关键环节工艺方法，精简细化生产流程，推行 MES，实现数据自动化处理。

3）推行智能制造，开展机械加工、电子装联、总装、调试 4 条生产线建设，研制数字化检测管理系统、自动化检测设备，以及应用数据复用技术自动判读，产能大幅提升。

第四节 航天专业所/厂重组中质量管理与先进制造的实践探索

在有关航天专业所/厂改革与重组工作中，紧密结合流程再造，对卓越质量管理的制度体系、思路、方法和途径进行了创新性探索，使所/厂的质量管理与工艺制造呈现新面貌、进入新的发展阶段。

一、强化设计源头质量供给能力

产品设计是质量管理的源头，决定产品的可靠性、可实现性、经济性，以及生产质量控制的复杂度。针对产品质量，要重点关注以下工作。

1. 产品健壮性设计

健壮性也称鲁棒性、容错性，是物理系统在环境或参数扰动下，仍能保持正常运行的能力。健壮性设计是指对环境适应性的允差进行全面论证，使系统对不可预知或不易精确控制的环境或参数扰动具有一定的承受或容错能力。健壮性设计包括系统设计、参数设计和容错设计（即三次设计），其目的是减少产品制造非必要的控制环节，从而降低过程控制的复杂度，提高可制造性和经济性。健壮性设计不是片面追求性能指标越高越好、冗余度越大越好，而是对“好吃不贵”的平衡，既是产品设计水平的评价指标，也是一种设计理念和方法。要根据应用场景和特殊环境，强化型号产品健壮性设计，提高容错能力；充分利用系统仿真、质量功能展开（QFD）等工具，提高健壮性设计水平。

2. 可制造性设计

在不影响产品功能的前提下，实现产品策划到生产的过程标准化、工艺简约化，以减小产品制造难度，降低生产成本。尽量选用标准化元器件、高通过率工艺，以降低模具、工具的复杂度及其成本。优化生产过程，提高生产效率和优质品率。工艺人员提前介入，实行产品设计与工艺设计相结合，是增强可制造性的重要途径。

3. 防差错设计和防差错工艺

这既是一种消除产品原发缺陷的技术手段，也是将质量管理由事中控制、事后“算账”，转变为事前主动预防的一种工作方式。推行防差错设计和防差错工艺的目的是降低质量控制难度，从源头上消除或大幅减少误操作。防差错设计方法主要有：通用性设计，以提高零部件的互换性；差异性放大或直观化，以增强区分度；装配唯一性，各种部件的装配方式不可互换。防差错工艺主要采用颜色、标记、简易装置等手段，以及工位隔离、分时加工、顺序控制加工等方法。

4. 通用质量特性设计

通用质量包括可靠性、安全性、维修性、测试性、保障性和环境适应性，简称“六性”设计。落实六性要求，一要系统性策划各专业领域的技术流程和工作安排，做好相关设计、分析与验证工作。二要制定可靠性设计、分析和试验验证规范，建立评价指标体系，严格执行试验操作流程，包括试验子样数量和极限试验。三要将综合保障贯穿于产品全寿命周期，确保武器系统效能满足实战需求。通用质量特性设计涉及多个专业领域，需要深入开展通用质量标准、模型和算法研究，增强产品数字模型的完备性，提高知识的复用性。

5. 精准化设计

精准化是相对精细化而言的。一般来说，加工制造流程越多效率越低。但是，大而化之的粗犷式设计极易引发质量问题，事后亡羊补牢往往事倍功半。解决这对矛盾的唯一途径，是变一般设计为精准设计。所谓精准化设计，简言之，就是因事制宜、一事一策，即根据用户需求和产品的技术成熟度，秉持有所为有所不为的原则，严把关键节点的质量关，该强化的强化，能简化的简化，在保证产品质量的前提下兼顾效率和成本。

二、构建科学高效的制造技术体系

（一）构建关键工艺技术创新体系

面向未来技术发展，凝练产品核心工艺技术。完善核心工艺技术体系，开展核心技术攻关。形成面向未来制造的前沿工艺技术研究项目库，指导工艺技术创新方向。系统梳理产品批产薄弱环节，攻克短板弱项，以提升产品生产效率为着力点，深入开展关键集成制造技术、管理模式及方法研究，提高质量稳定性、制造一致性和批生产效率。

1. 工艺基础研究

工艺基础研究包括加工机理、加工参数、残余应力、表面特性、润滑、磨损、介质相容性、材料蠕变（老化）、微干扰（力矩）等研究，以提升基础工艺水平。重点需要注意以下方面：关注持续提升精度，既要追求单个部件的精度，更要注重单机（系统）的整体优化，通过对普通精度部件 / 组件 / 零件的合理匹配、选配和组合，装调出高精度的产品，要关注极限偏差可能引起的故障及可维修性；关注精度保持性，产品精度长期保持稳定的技术难度更大，力 / 热 / 光 / 电 / 核 / 磁以及时间因素都会影响产品使用精度，要从机理、仿真和工程验证等方面深入研究；关注产品性能指标评定，强化特殊、关键过程稳定性控制，加强在位 / 在线 / 线侧测量、无损检测研究和应用，实现过程参数可检测、可控；关注污染与抗污染能力，提高产品自身的抗污染能力，最大限度减少由设计和制造带来的污染，包括多余物、腐蚀、润滑油泄漏、有机材料气体挥发、涂覆层气隙、化学 / 磁性吸附，以及装配过程中的焊锡渣、线头、漆皮、导线外皮、溶剂、辅料残留等；关注寿命及可靠性，针对运动磨损、电刷和电枢磨损、触点电化学沉积污染物、水 / 空气造成的氧化、腐蚀及绝缘强度下降、密封件的泄漏、电子组件 / 有机材料老化、润滑介质挥发等，研究其随时间的变化统计学规律。

2. 材料应用技术研究

材料应用技术研究包括：理化特性分析、微屈服强度、蠕变特性及规律研究；磁性 / 隔热 / 导热 / 防腐等功能材料的温度特性、力学特性、老化特性、电磁特性、环境适应性研究；介质材料、改性材料、摩擦副材料的吸附 / 腐蚀 / 磨损特性及处理工艺研究；变密度 / 变模量 / 变膨胀系数智能材料、异质材料层、功能梯度材料等的制备及应用技术研究等。

3. 先进工艺应用研究

先进工艺应用研究包括：高效加工，超精密加工，特种加工，力 / 热 / 光 / 电 / 磁特性测试，绝缘 / 导热 / 导电 / 电磁屏蔽，边界润滑，表面贴装，空间对准，三维组装，结构功能一体化，产品表面预防护，传感器预埋与直写，结构传感一体化，高密度三维立体组装，微组装，微小焊点焊接及评价，结构电路一体化装联，结构电气智能联调等。

4. 通用共性工艺技术研究

通用共性工艺技术研究包括：精密清洗，多余物控制与检测，精准对接（多维偶件、对轴、对中、空间电磁/光学对准、检测及辅助装配技术），精细连接技术（胶接、焊接、灌封、螺纹连接、过盈装配等），介质填充密封与检漏技术，微力矩控制及检测技术，结构稳定性技术，快速稳定及精度保持技术，检验计量及过程检测技术等。

5. 数字化工艺技术研究

数字化工艺技术研究包括：工艺规划、工艺仿真、力/热/光/电/磁密封老化特性的工艺控制仿真，实物精密计量模型（三维计量、云图拼接、宏微特性关联的数字模型），基于精度特性的宏微结合虚拟装配，精度预分预控技术等。

（二）加快工艺知识化与制造智能化

建立包括工艺流程、工艺方法、工艺参数在内的工艺知识库，规范工艺管理，实现精益设计。全面推行 p-FMEA，对工艺文件的可控性进行量化评价，采取针对性措施，不断提高工艺文件的可测性，降低质量问题发生概率；持续提升工艺可操作性、可检查性和可靠性。推行工艺改进前向反馈并行迭代，不断提升产品质量精细控制能力。

1. 工艺精益化

精益工艺具有可行性、可达性、可控性、容错性、稳定性、经济性等特点，以数字化为典型特征，包括工艺结构化、知识化、信息化、数字化、规范化。加快推进基于数字化模式下的精益工艺设计模式转型升级。研究制定基于产品特点的精益工艺设计指南，开展基于 MBD（Model Based Definition）的三维数字化工艺设计研发平台的建设与应用，加强工艺数据顶层策划，建立健全工艺设计规范体系，构建结构化工艺知识库，制定系列典型工艺模板/通用工序卡片，实现典型产品基于结构化知识复用的高效工艺设计，进一步提高工艺文件的指导作用。

强化基于差异化的精益生产。加强产品批产工艺保证，深化竞标阶段工艺参与设计力度，深入开展工艺可行性分析等工作。强化批生产工艺再设计，合理配置资源，优化工艺方法、工艺流程与布局，精准规划物流路径，调整形成适应产品特点的批产制造模式，确保制造过程流畅衔接，高效率低成本完成产品批生产。

推进制造环节精益成本管控，突出数据驱动，从产品制造、调试、测试角度对产品研制成本和运营维护成本进行成本分析和计算，寻求项目全寿命周期总成本的最小化和总效益的最大化。引入制造成本审查机制，融入工艺总方案评审、生产准备评审等管理活动中。在产品关键计划节点监控成本预算执行情况，提高工艺技术人员及相关制造人员关注成本管理、参与成本管理的积极性和主动性。通过工艺路线优化、工艺方法替代、合格率提升、精贵原材料替代、智能排产、精准物流配置等手段，明确产品制造环节降本增效路线图和目标计划。

2. 工艺知识化

构建工艺知识库、刀具/切削/操作参数库、典型工艺/操作规程等，实现工艺模块化、标准化、参数化。建立工艺 CBB，推动工艺设计由流程设计为主向工序设计为主转变。编制结构化工艺和作业手册，增强工艺文件的指导性和规范性，构建集流程、规范、控制、多媒体记录、数据记录于一体的 MES（制造执行系统），实现过程控制可视化、生产无纸化。

推动设计工艺深度协同。实施设计工艺并行工程。构建设计工艺制造协同研发平台，形成设计与工艺协同工作模式，充分发挥工艺在产品设计中的支撑作用，提炼工艺禁忌，选取典型产品全面研究建设 DFMA 规则库。形成产品 DFMA 设计准则、设计工艺性审查细则，开展自动化工艺性审查软件的研究与应用，提高产品的可制造性。

3. 数字化制造与智能制造

加强检测计量溯源和非标计量检定方法研究，编制检验、计量分类标准和导则。综合运用人工智能、机器视觉等先进技术，研制非标专用加工、装配、测试工装和设备，提升工艺装备自动化水平。面向关键工序环节，择优实施机器换人、机器助人及人机协作、协同推进适应生产自动化的设计改进。

提升工艺仿真验证能力。推进数字孪生新模式应用，实现数实双向映射、动态交互、实时连接，推进仿真模式简化与轻量化。开展过程参量和数据分析，结合装配仿真、误差模型和生产验证，确定制造参数的控制阈值和置信度，实现生产过程智能化控制。

案例专栏

航天13所/230厂改革重组以来，紧密跟踪“工业4.0”的技术进展，针对质量问题多发、交付能力不足等难题，秉承“设备助人、机器换人”的理念，大力推进智能制造与生产过程的融合，加速推进自动化、智能化设备的研制、开发和应用。三年内，自筹资金相继建成精密加工、特材精密加工、电磁元件和组件生产、仪表装配、惯性平台系统装配、动压马达等6条智能化、数字化生产线。通过识别仪表装配关键薄弱环节，对复杂工序进行细分、拆分，将单人独立完成装表全过程转变为多人流水化作业，装配难点和瓶颈工序由“能工巧匠”完成，提升了仪表整体装配质量和效率。以信息化建设为抓手，开展了流程再造工作。以ERP系统和PLM产品数据管理系统为主线，推进型号任务、物资管理和基于产品设计、工艺、制造一体化流程的全生命周期数据管理。三维数字样机、设计工艺仿真系统的推进，生产车间MES、生产数据采集与管理系统的全面建立，以及综合质量管理等系列管理系统陆续应用，有效提升了综合管控精细化水平。

智能生产线采用自动货柜、传送带/AGV（Automatic Guided Vehicle，自动导引运输车）、RFID（Radio Frequency Identification，无线射频识别）/条形码/二维码、机器视觉、机器人、多媒体记录、PLM/MES等技术，实现了效率和质量管控的双提升，对传统惯性器件研制、生产和管理模式产生了颠覆性影响。2016年7月，集团公司党组主要领导率队深入13所指导质量工作并就所/厂改革与重组工作进行调研和督导，参观了智能生产线，对所/厂开展的各项工作给予了高度认可与充分肯定。之后，集团公司多次推介13所在智能化建设和质量管理方面的先进做法与经验成效。2016年9月，按照集团公司党组指示要求，结合集团公司质量月相关计划安排，由集团公司主管领导带队，一院、四院、五院、六院、七院、八院、九院、十一院的110余名所/厂主要领导、各院质量技术部门领导组成参观交流团队，前往13所就智能化、数字化生产线建设与管理等内容进行实地观摩与学习交流。之后又有多批次的军工单位的管理专家和科技专家进行实地考察和交流。

（三）工艺技术管理创新

动态完善工艺研究体制机制，不断升级工艺成果生成、评价和转化模式，加强工艺研究专业队伍培养，开辟新时期工艺创新管理新局面。

1. 动态完善工艺研究体制机制

强化工艺情报搜集、研究，紧密跟踪国际先进材料、工艺和装备发展动向，提前布局工艺预先研究工作；定期、不定期梳理科研生产过程中影响质量和效率的问题和难题，提炼形成工艺课题，纳入所/厂综合计划和工艺工作计划，保障自主投入的工艺研究经费；设置专职的工艺研究机构或团队，建立工艺研究的公共资源平台和研究平台，与设计师、产品工艺师相结合，重点开展所/厂内部的基础工艺、通用共性工艺和先进工艺研究；与高校、科研院所等外部技术资源联合成立领域、行业的基础、共性、先进工艺研究平台，如国防科技工业工艺技术创新应用中心、全国重点实验室等，联合开展行业重大工艺项目研究，推动行业和领域整体工艺水平的进步。

2. 不断升级成果生成、评价与转化模式

将工艺技术成果和知识产权纳入工艺研究项目策划，形成包括论文、专利、软件、算法、工艺标准、工艺规范、工艺装备等的成套工艺技术成果；提炼工艺流程、配方、参数等不宜公开的核心工艺秘密，纳入企业商业秘密和技术秘密严格管理；建立科技成果评价、职务成果转化收益激励机制，激发和保护工艺技术人员的创新积极性。动态升级，原则上每三年就升级。

3. 工艺研究专业人才队伍的培养

统筹产品工艺师、专业工艺师队伍建设，打通职业晋升和横向转化通道；加强工艺研究人才引进、使用和储备，给优秀的年轻人才压担子；从单位层面统筹谋划工艺技术带头人、工艺专家的培养，带队伍、出成果；对应关键工艺技术体系，统筹布局和持续优化工艺技术人员梯队建设，既要有专业能力深邃的拔尖型专业人才，也要有跨学科专业整合能力强的复合型工艺人才。工艺队伍自身也要自尊、自强，自主作为。

案例专栏

航天 13 所 /230 厂的改革实践中，大力构建工艺技术创新机制，提升进度和质量的工艺保障能力。工艺技术和产品工艺研究相结合，加强工艺基础研究、材料应用技术研究、先进工艺应用技术研究、共性工艺研究、数字化工艺技术研究。作为国防科技工业超精密机械加工创新中心，除每轮次申报军委装备发展部先进制造技术专项、国防基础科研、航天重大工艺专项、九院工艺项目外，还设立工艺创新专项基金，每年内部立项工艺课题 30 余项，每项经费 10 ～ 50 万元不等，重点项目可达上百万元。通过工艺研究，吃透关键工艺技术，打牢工艺基础。此外，设计、工艺、操作者紧密结合，着力开展精度攻关和设计与工艺“三再”（再分析、再设计、再验证）工作，有力保障多个型号、多种状态并行研制。工厂工艺和所的工艺各有所长，取长补短，既抓研制生产，也抓批生产（降低成本）。加强工艺研究队伍建设，分类引导工艺人员钻研技术，加强工装的设计和开发，针对特种加工课题组织研究，提升和培养工艺队伍整体素质。设立工艺技术研究室，加强共性工艺研究和特种工艺装备的研制，自主研制各类智能检测、装配设备数十台套。系统开展防静电和多余物综合治理工程。加强多余物清洗清理、防护、检查等工艺手段建设，研究析出物、挥发性有机物、磨损脱落等原发性多余物的生成机理，对环境、服装、包装、工装、零件、工具、仪器、物料等实施综合治理。对生产现场洁净度实行集中监测，杜绝外部引入多余物，从源头控制生产过程产生多余物。质量问题下降80%以上，取得了显著效果。

三、坚持技术和管理“双归零”

1997年，原中国航天工业总公司总经理刘纪原就提出：“仅靠技术归零不行，还要有管理归零的标准，所有问题要从管理上去找原因。”管理归零的提出有效地回答了技术原因和管理原因谁是根因的问题，管理是根因，管理体系的问题不解决，技术上的问题也不能彻底地解决。技术和管理“双归零”是中国航天解决质量问题的核心方法，通过归零认识问题、解决问题，在同问题的斗争中成长。

（一）回归本源真归零

“双归零”是中国航天在长期的质量活动中，总结和创新的先进质量管理方法，是运用矛盾对立统一且螺旋上升的辩证思维在工程实践中的具体体现，成为航天型号成功和科技创新的法宝，已经在航天科技工业全面应用，并上升到国家标准和国际标准。不合格品分析也是贯彻“双归零”理念，一种合二为一、简化的“双归零”活动。

1. 双五条归零是制胜法宝

"双五条"归零是航天质量管理的宝贵经验，其作用是确保产品研制过程中的所有故障能及时报告、彻底清查、正确纠正，达到并保持产品可靠性要求。"双五条"作为一个整体不是单纯的事后纠正，而是贯穿各个环节、涵盖全过程的预防机制，不仅要求各项工作的各个阶段必须把好质量关，更重要的是通过质量问题"归零",推动各方面工作上台阶。归零就是要"搞清、说清"，要归真零、真归零。

"双五条"归零是以问题导向，将矛盾对立统一规律和 PDCA① 质量管理思想应用于航天工程实践的具体体现。找到质量问题的根源，就打开了技术进步的半扇门。面对复杂技术问题，要有正视困难、解决问题的勇气和信心。

"双五条"归零还体现了建立在实践基础上的认识论和管理哲学。技术归零五条标准所体现的是知与行、认识与实践的统一。尤为重要的是"举一反三"，其内涵是不满足于对已发生问题的解决，而是着眼于类似的工作都能从中汲取教训，并采取相应的预防措施，防止同类问题再次发生。换言之，举一反三旨在将对航天工程的认识与实践转化为经验和知识，从总体上提升发现和控制质量问题的能力，使整体可靠性不断增强。

2. 正视问题"真"归零

归零过程中，可能存在因技术认识不到位、手段不齐备、证据不完备、预设周期/定性/影响域等非科学理性干预导向、怕处罚规避责任等各方面因素对归零过程造成干扰，或无法严格按照五条标准按期进行归零，就会出现就事论事、浮于表面、避重就轻、以偏概全、断章取义、移花接木等归零不彻底行为，造成真正的技术问题和管理问题被掩盖。

---

① PDCA 质量管理思想由美国质量管理专家沃特·阿曼德·休哈特（Walter A. Shewhart）首先提出。PDCA 的含义是将质量管理分为四个阶段，即 Plan（计划）、Do（执行）、Check（检查）和 Act（处理）。在质量管理活动中，要求把各项工作按照作出计划、计划实施、检查实施效果的步骤进行，然后将成功的纳入标准，不成功的留待下一循环去解决。这一工作方法是质量管理的基本方法，也是企业管理各项工作的一般规律。

质量技术问题要真正解决，正视问题是前提，而不是一知半解，不求甚解。再偶然性的问题的出现也有其必然性，如果不彻底解决，必然还会出现，墨菲定律[①]表明，如果事情有变坏的可能，不管这种可能有多小，长期积累后它总会发生。海恩法则[②]又表明，任何不安全事故都是可以预防的。

科学地认识质量问题偶然性与必然性的关系，注重从个性问题查找共性原因。透过现象看本质，通过客观存在的问题查找主观原因和深层次技术原因。在以往的工作中，有些单位技术“归零”之所以不彻底，一个重要原因是将质量问题“想当然”地定性为偶发事件，正是这种侥幸心理导致低层次问题重复发生。

3. 吃透技术真“归”零

质量问题归零不仅是事后行为，更是从源头抓起的一个新循环。技术归零工作要搞透质量问题发生的机理，只有搞清机理，做到真“归”零，措施才能真正有效。统计表明，约85%的质量问题是由于系统性的原因造成的，只有15%是由于具体岗位的原因造成的。管理者应对系统性原因负主体责任，并建立有效辨识系统性原因的机制。管理者应建立面向产品、面向流程、面向组织的质量分析机制，动态辨识系统性的技术原因、系统性的管理原因，主要管理者要亲自示范带动，才会事半功倍。

“老大难”质量问题的核心原因之一是没有吃透关键技术，没有总结出有效的技术和质量整顿措施、制度、要求并真正落实到生产过程中。要坚持“归真零”底线，追求“真归零”终极目标。首先要正视问题和短板，更加严格地把控各项过程，切实做到汲取教训，思想到位，措施到位，落实到位。要眼睛向内，没发生质量事故不代表没有质量问题，要认清现实产品质量问

① 墨菲定理在统计学上的解释是：假设某意外事件在一次实验（活动）中出现的概率为p（>0），则在n次实验（活动）中至少有一次发生的概率为$P=1-(1-p)^n$。当n足够大时，P趋近于1，成为必然发生。如一个故障单次出现的概率为1%，则459次中必然出现的概率高达99%。

② 海恩法则，是航空界关于飞行安全的法则。海恩法则指出：每一起严重事故的背后，必然有29次轻微事故和300起未遂先兆以及1000起事故隐患。海恩法则强调两点：一是事故的发生是量的积累的结果；二是再好的技术，再完美的规章，在实际操作层面，也无法取代人自身的素质和责任心。

题多发与全寿命周期实战化要求存在差距的事实。要举一反三，结合自身工作，认真分析仔细排查，确保不发生同类事故。要解决燃眉之急，质量复查工作一定要细，工作要到位。要保持工作定力，持续坚持质量问题整顿，鼓励内部归零，求精求质再求量，从队伍、从细节、从根本上转变，要摒弃陋习，彻底扭转错误认识。

4. 内证外用真归“零”

故障复现、措施有效和举一反三是技术归零的难点。从标准的严格定义看，故障复现是在机理分析的基础上，采用重复激发错误、正常产品植入故障点看能否激发故障模式的方式进行复现验证。由于有些故障的原因是偶发的，有些故障是在特定的、难以在实验室模拟的极端或特殊环境才会激发，有些故障是多种因素综合作用的结果，故障点或激发模式难以精确复现，如微小多余物、残余应力、静电损伤、电磁干扰、极限力/温/压/速等真实环境条件等，此时往往以理论推演、计算机仿真、模拟试验、等效试验、加速试验，或者以故障多次出现等作为故障复现的等效方式。措施有效性验证亦然，存在对单一故障激发因素唯一性验证时，其他可能排他的因素与故障产品如何保持绝对一致，亦是很难完全做到位的。用以上方法难以复现、验证但又有证据证明确实存在而非误判时，对可能存在的原因进行综合整治是一种常用的做法。

案例专栏

历史上一些质量归零彻底性和有效性不强，原因多定位于产品微观特性和操作者个性差异等特殊性层面，措施本身在其他相同和相似型号产品的推广“价值”不高，部分人员“默契”地规避“举一反三”，使同类问题多发且是本质上的“重复”发生，长期得不到有效解决。在13所/230厂改革和重组实践中，对5年内的质量问题集中进行“三再”。编制典型故障案例，并提炼出关重件、机电组件、电磁元件、仪表和惯性系统等的共性技术难题30余个，统一组织进行型号技术攻关，将攻关的成果全面落实到各型号产品中，并进一步提炼出需要深入探讨的机理研究和应用基础课题20余项，组织设计人员、工艺师、专业工艺研究人员和技能大师，并联合高校和单位外部专业研究机构共同开展研究。将项目研究和工程实践紧密结合，确保成果验证和推广应用，在保障多个新型号研制的同时，有力推动了整体设计和工艺技术水平的提高。

（二）内部归零出真招

工作质量、产品质量直接关系着单位形象和市场开拓，乃至生存发展，要坚决彻底摒弃错误的惯性思维方式，全面提升工作质量。所谓内部归零，就是按照“双五条”归零标准，在单位或部门内部对质量问题进行技术归零和管理归零，与所/厂级以及出厂后质量问题“双归零”相比侧重点有所不同：

1）在作用域和影响域上减少顾忌，实现五个打开，即思路打开、设计/工艺打开、单位/部门打开、限制打开、范围打开。即使打开后局部无法立即完全关闭，也可以作为遗留问题另行开展。

2）时间可相对自主把握，工作做得更充分。内部归零可以排除外部人为因素干扰，时间相对可以宽松，各项分析、试验、验证工作可以做得更充分，可以分阶段设置目标，持续改进。

3）坚持发扬技术民主，在解决质量问题过程中同步提升队伍技术和管理素质。通过深度“三结合”，头脑风暴、各抒己见、群策群力，使机理分析得更透、措施制定更有效、举一反三范围更全面。

4）坚持将责任追究和改进不足区别开来，更侧重改进而适当淡化或不追究人为责任，甚至对取得明显改进成效的实施正向激励。排除责任追究和局部利益等可能产生负面作用的敏感因素后，更利于举一反三、规章完善的范围扩大化，更利于系统性解决问题。

正确处理技术认知长期性、阶段性和持续性的关系，制定强有力的措施，从技术上、管理上进一步挖掘改进点和改进线索，开展专题质量技术提升。针对发现的问题做好跟踪闭环和举一反三，对问题的整改闭环情况进行跟踪，形成内部归零工作机制，常态化开展内部归零总结、交流工作。

案例专栏

航天 13 所 /230 厂在改革重组实践中，鼓励内部归零。所 / 厂对部门在生产过程中主动发现和预防质量问题进行内部归零的，原则上不进行处罚，对通过内部归零消除风险隐患，显著提升产品质量可靠性的，实施奖励。平台装配车间梳理出质量管理、工艺纪律检查、现场管理等相关要求 100 条，形成部门质量考核细目，分类分级考核。日常工作中，一经发现违反考核细目当月进行处罚，对重复出现的加倍处罚。首次出现的细目外的新问题原则上不进行处罚，问题整理后形成纳入考核细目，作业禁忌库持续完善。作业问题数由每年 20 多件降低到 3 件以内，重复性问题基本消灭。

（三）系统治理真提升

全面贯彻技术归零“五个打开”① 和管理归零“三个面向”②，确保归零的规范性。杜绝由质量部门代替业务主管部门或责任部门开展管理归零，质量部门负责全程监督管理归零工作，督导是否按标准流程要求、规范开展相关归零工作。

重新端正认识，确保产品交付不带隐患出厂。在完成当前任务的过程中，对之前生产过程中和交付后出现过的问题要有新的认识，设计、工艺、生产要紧密结合，在主管领导的统管下对已发生问题进行全面梳理和复查，必须深挖问题根源，下大力气，彻底解决。产品交付后的质量优劣直接关系到航天专业所 / 厂的声誉和后续发展，要保证现在交付出厂的产品不出任何问题，尤其是不能发生重复性问题和低层次问题。

① 五个打开是指：思路打开、设计 / 工艺打开、单位 / 部门打开、限制打开、范围打开。

② 三个面向是指：面向产品开展质量分析、面向流程开展管理分析、面向组织开展责任分析。

质量复查没有禁区，要全面覆盖产品整个研制流程。画出流程图，从管理和技术流程两个方面，开展再分析、再设置，不断优化流程，提升能力和效率。梳理管理流程时，要复查每一个过程的制度、标准和规范，查找制度要求的完整性，是否存在缺失；查找流程要求的合理性，查找工作流程和组织管理等方面存在的隐患和薄弱环节，尤其是关键易错环节，持续提升问题把关能力，发挥体系保障作用。质量问题复查的目的就是消除隐患，对一切有可能造成出厂隐患的问题都要坚决处理，绝不能将就和回避、心存侥幸，这是新形势下的新原则。设计、生产、物资、质量、检验都要从更高的全局角度出发理解这个原则，该返修的返修，该报废的报废，该补投的补投，不留任何死角，做到任何细节不疏漏、任何疑点不放过。

重点查找各级责任制落实情况，将质量压力向一线队伍完整、正确传递。针对问题暴露的流程不清、制度缺失、流程漏洞、有章不循、重复发生等情况，在查找当事人责任的同时，要逐级查找责任部门、单位的管理责任。针对设计差错、审签漏洞、状态不清、未落实技术要求、未细化量化等情况，在查找当事人责任的同时，还要查找型号产品技术负责人、研究室相关领导及工程组长的技术管理责任。要将现在面临的形势和发生的问题讲给一线队伍，要让一线员工迅速转变观念，提高工作标准和要求。通过对机加、装配、调试、测试全流程的复查，从新的角度去梳理生产工艺，确保将工艺要求再次细化和量化，补充量化和检测手段，对过去的问题要认真归零，将复查结果、举一反三情况、量化手段形成措施，适当修改流程，细化操作，进而落实到产品质量中。要加强班组级工艺纪律检查的有效性，严格问题的闭环管理，进一步加强各级人员工艺纪律执行的严肃性。

案例专栏

航天 13 所 /230 厂改革重组后，紧密围绕惯性器件“质量”这一核心，眼睛向内找问题、开放思维想办法、集中火力攻瓶颈，多措并举、多管齐下，将质量工作抓实、抓好、抓出成效。为获取用户对改进提高惯性器件性能的直接建议，2015 年起，13 所主动出击、急用户之所急，所/厂第一责任人亲自带队走访一线，通过授课、交流、座谈等形式，面对面与用户沟通。结合上级要求和用户反馈意见，组织开展了高精度惯性仪表精度攻关工作，组织实施了系列“攻坚战”——面向客户抓改进①。为击破“掣肘点”、解决产品研制薄弱环节和瓶颈，深入开展了“三再”（即再设计、再分析、再验证）和“三结合”（即设计、工艺、操作者结合）工作，明确了设计人员、工艺人员、生产人员融合的责任捆绑机制，通过“三再”审查提出了300余项问题，并依据审查结果进一步优化工艺流程及方法，细化操作过程，加强了对多余物和关键环节生产过程的控制。2016年，启动型号批产产品靠前维修保障中心建设工作。采用“4S”店服务模式的保障中心具有调试、试验、维修、备件管理和培训展示等功能。通过故障快速诊断平台和售后服务管理系统，保障中心在现场解决80%的产品质量问题和维修工作，在有效降低人力成本的同时，避免了长途运输带来的耗时和产品安全等风险。

四、动态升级质量基础保障能力

航天装备作为复杂系统，零部组件数量庞大，相互作用复杂，故障类型和故障机理多样，如何提前预测和诊断故障，面临技术和工程的诸多挑战。

（一）高度重视潜伏性质量隐患控制

隐患是指潜在的质量缺陷，初期不易察觉，随着时间推移逐步显现。例如，材料内部微观缺陷导致的疲劳强度下降，氢脆导致强度突然丧失，高分子材料老化造成性能下降，摩擦磨损等形成多余物，加工装配残余应力导致结构缓慢变形，多余物随机移动造成运动部件卡顿或短路，绝缘下降，泄漏和密封失效，以及各种原因造成的精度下降、性能衰减等，积累到一定程度

① 眼睛向内找问题 多管齐下抓落实——航天科技集团九院13所多举措并举提升质量管理工作侧记［N］. 中国航天报，2017.8.25.

就会发生故障。

正确认识局部质量问题的影响和扩散效应，强化潜伏性质量隐患控制。在研制生产实践中，某些局部性质量瑕疵，对整体的影响可能是有限的，甚至不易察觉。但一旦出现缺陷，问题一经形成，会向相关环节传导，若不加以控制，随着使用和贮存时间的延长，会逐步扩散、扩大，引起局部质变，进而影响系统的整体性能，正所谓“隐患猛于虎”。

（二）强化故障诊断和健康管理技术研究

深化故障机理研究，实现以定性分析为主向定量分析为主转变，重点研究故障特征提取与故障模式识别。因故障特征具有非线性、时变、高维等特点和难点，需要处理大量数据以提取故障特征。将提取的故障特征与故障模式库进行匹配，识别故障类型和可能部位。应加大大数据处理和人工智能技术的研究和应用力度。

要关注数据质量及实时性。测试和监测数据量巨大，可能包含大量噪声、缺失值和异常值。同时，故障前期的征兆一般具有随机性和偶发性特点，需要能够实时处理数据，以捕捉住转瞬即逝的“征兆”，并及时做出故障诊断结果，采取相应的故障处理措施。

要关注故障诊断和健康管理的环境适应性、可解释性与可信赖性。航天装备工作环境复杂多变，包括高空、低压、高温、低温、强辐射等，故障诊断和健康管理系统自身也要适应复杂多变的环境并能够在环境中稳定可靠工作。

（三）强化质量体系运行有效性监督

质量监督与自我保证是相辅相成的，没有自我保证，监督就失去了基础。而没有监督，自我保证则难以控制，整体质量水平就很难提高。考核与激励是保证质量监督效果的必要行政手段。

质量分析与诊断要坚持实事求是，透过现象看本质，做到把脉准确，意见中肯，具有公信力。航天专业所 / 厂质量分析和诊断的成功经验是“用事实说话”“用数据说话”，这是质量分析和诊断活动的基本原则，也是管理决策的基础。数据搜集和分析过程中，要关注三个问题。

1. 注重数据的真实性和完整性

真实有效的数据分析才能找到问题的症结，得出正确的结论。数据按照来源分为原始数据、中间数据、结果数据。原始数据是采用工具对实物或活动进行测量的直接结果，具有不可改变的特点，其可信度取决于检测工具的精度和检测方法的科学性。中间数据是采用算法或统计工具对原始数据进行滤波、组合、转化的表征化数据，可信度取决于算法或统计工具的科学性。算法或统计工具的选用必须经过科学论证。结果数据是对原始数据、中间数据进行综合分析得出的结论，被他人引用时就变成中间数据。

质量分析和诊断既要关注结果数据，也要关注中间数据所采用方法和工具的科学性。数据统计必须完整，尽量不用抽样或局部数据分析方法，避免倾向性选择导致统计结论错误。要多维度分析，而不是数字的简单累加，以免陷入“辛普森悖论”。例如，机加零件数量可能成千上万，而整机产品只有几十个甚至数个，数据汇总时，整机产品数量会被零件数量淹没，这时就需要分类、分组统计分析。采用同比、环比分析方法时，要特别关注“时移”对数据统计的影响，周期越短“时移”带来的误差越大。数据录入、不合格品审理有意或无意的延时，都会导致数据统计结果失真。

2. 保持统计规则的稳定性

质量考核指标应是通过努力可实现、可测量的，确定质量指标时，要明确测量方法和统计口径，公平考核，避免投机取巧。同比 / 环比分析、不同要素和维度之间的对比分析，以及变化趋势分析等，是质量分析和诊断最常用的方法。数据统计分析时，要保持统计口径和判定准则的一致性，通常采用二八原则对分类、分组的合理性进行研判，找出主要问题所在，必要时再进一步细分。当质量指标与考核激励相关联时，有的基层单位有可能采取对数据进行“预处理”的方式规避处罚。隐情不报或延缓上报的现象，依托信息化系统可大大减少，辅之数字化生产过程监管系统可以堵住这个漏洞。

3. 关注趋势性变化和数据包络分析

回归分析质量随时间或数量变化的趋势，判定系统运转是否稳定。数据包络分析一般采用成功的历史数据作为极限容差，对符合技术要求但接近或超出极差的情况进行深入分析，判断是正常波动还是生产线异常。这对少样本、一次可靠性产品质量潜在风险控制是一种有效的方法。

（四）强化自我完善的正向激励

航天型号产品研制生产过程控制、质量问题的成因分析及责任区分是一件复杂的事情。质量考核是“双刃剑”，质量考核处罚手段要慎重使用，并引入正向激励以引导和促进员工自我改善。

要辩证认识“零缺陷”。如同世界上只有相对真理一样，零缺陷是一种质量理念和追求，由于认识能力的局限，很难保证所有环节不发生任何质量问题。因此，要秉持相对真理标准，实事求是，区别对待。例如，受客观条件的制约，某些工序存在偶然性和离散性，产品合格率不可能达到100%，甚至维持一定水平的合格率都很困难。在这种情况下，评价工序能力应以质量波动为标准。又如，操作环节引起的产品瑕疵，是有章不遵还是无章可循、是能力不足还是疏忽大意、是客观条件制约还是操作不到位，对诸如此类的问题要具体分析，以免造成操作难度大、风险高的工作岗位无人问津的被动局面。

引入正向激励，引导和促进员工自我改善。质量奖惩的主要目的是激励员工的责任意识、最大限度减少低层次问题发生。为激励员工积极开展质量改进和工艺创新，把握重奖轻罚原则，对非人为主观因素造成的问题，少用或不用处罚手段。质量累进奖就是一种很好的尝试。常态化开展“五小成果”①和“学习改善”活动，对工作中的小改小革（主要面向一线管理、操作岗位），只要有效就实施奖励。

① 五小成果指小发明、小创造、小革新、小设计和小建议，20世纪80年代由共青团中央发起。

质量累进奖励具有普适性特点，日积月累，操作岗位的大多数员工都能享受。因偶尔发生质量问题而停止累进，会使员工产生被“处罚”的心理，进而引发投机取巧（钻政策空子）甚至弄虚作假（掩盖问题）的现象。因此，建立实时监测系统、完善评价方法手段，是保持质量累进奖初衷不变、激励效果不减的关键因素。

案例专栏

航天 13 所 /230 厂在改革重组中，通过对质量管理专项奖惩实施效果的反思，推出一种新的激励方式——质量累进奖。其基本内涵是：秉持“第一次就把事情做对”的理念，对未发生质量问题的生产制造一线人员实施奖励，对连续未出现质量问题的员工按月累进、叠加奖励。对 1 个月内未出现质量问题的员工，给予 50 至 100 元奖励。逐月累进，连续 N 个月无质量问题的当月按 N 倍发放奖励（12 个月封顶）。部门主动发现问题并进行“双归零”，及时发现、制止和预防质量问题发生的，给予团队集体奖励。

第八章

航天专业所/厂重组中的人才队伍与文化建设

航天专业所 / 厂的竞争力归根到底是人才战略与文化力量的竞争力。人是一切工作的关键，精神和文化是团队的灵魂。一代代航天人塑造了以航天传统精神、“两弹一星”精神、载人航天精神、探月精神、新时代北斗精神为核心的航天优秀文化，值得倍加珍惜并大力弘扬。在内外部环境发生剧烈变化的过程中，航天专业所 / 厂工作的一些方面也逐渐沉淀了一些不适应时代发展的落伍因素，影响着干部职工的思想、斗志和作风，需要高度重视并切实加以解决。

第一节　面临的挑战

航天专业所 / 厂改革重组工作涉及人员多，情况复杂，职工来自不同法人单位，在认知、理念、文化和意识上存在差异。需加强引导、正向激励、从严管理，将思想认识统一到改革发展的主线上来。需进一步转变思想观念，认清形势，凝神聚力、全身心投入到二次创业的主战场上来。

一、队伍和文化建设的历史和现实羁绊

改革重组和创新发展的使命任务，多元文化和价值观的冲击，消极因素的积聚，所 / 厂文化差异的冲突，都对所 / 厂人才队伍和文化建设提出了挑战，是专业所 / 厂改革重组突破重围必须跨过的“雪山”“草地”。

（一）社会多元化文化和价值观冲击航天传统文化

多元化文化必然导致多元化的价值观，多元化文化和价值观引发专业所 / 厂人才成长中的职业道德、价值认同问题，对当前航天专业所 / 厂的人才队伍建设提出新的挑战。多年来党和国家对航天赋予重任、寄予厚望，给予诸多赞许和荣誉，但光环下也有不足。航天专业所 / 厂在长期发展的历程中，既受到了航天传统精神、现代文明、红色基因文化的熏陶培养和正面影响，也不同程度地受到了市场经济中经济利益至上，以及传统小农意识、大企业病等的影响，逐渐形成了几类文化并存、交织的局面，体现出不同的行业文化、企业文化、部门文化、团队文化特点。总之，秉承传统航天文化精髓，并与时俱进培育和弘扬积极向上的新时期航天精神文化，抵御多元文化和价值观的负面冲击，是航天专业所 / 厂改革重组中的政治责任和重要任务。

例如，受制于过去计划经济思维影响，部分基层干部和职工依赖思想较为严重，自主开拓发展意识不够强；一定程度存在“平均主义大锅饭”等落后思想；相对稳定的任务来源、收入，较好的福利和离退休保障，使得部分干部职工不想干、不敢干、不会干等现象时有存在；容错机制、诚信体系尚不健全；形式主义和官僚主义还未彻底消除；人浮于事、揽功推责、报喜不报忧的现象也时有发生；坐井观天、固步自封，小富即安、圈子文化等还不同程度存在；创业者、奋斗者精神相对不足，在作风上本应积极主动想办法而不是“要条件”，职工工作能力与专业所 / 厂转型升级要

求还有一定差距。

自由主义是涣散人心的诱因、破坏纪律的根源。对照毛泽东同志在1937年发表的《反对自由主义》提出的自由主义的11种表现[①]，在航天专业所/厂文化和队伍建设中也或多或少以不同形式存在，例如：受“大企业病”等文化影响，少数干部一定程度存在“标准不高、不愿承认自身的不足，盯别人短处、不求进步，什么事都是等上级要求，缺乏主动工作和自主开拓意识”等突出问题；出了问题、有了困难推给上级和下级，不敢承担岗位管理责任，不作为现象时有发生，长期造成有问题而不反映、不解决，不了了之。而与之对应的，是少数员工在高目标、高要求下，缺乏自信，不善学习，不看危机、不理外部形势，缺乏克服本领恐慌的能力和勇气，难以面对困难和挑战，总想省力气、捡便宜，选择躺平等，这些都是毛泽东所言“自由主义”的典型表现。

（二）所/厂队伍及文化显著差异是改革重组的难点

经历多年发展，航天专业所/厂积累和沉淀了深厚的文化底蕴，形成了在三大航天精神[②]统一引领下又各有特色的企业文化理念。单位目标导向、

---

① 毛泽东在《反对自由主义》中列出了自由主义的11种表现：①因为是熟人、同乡、同学、知心朋友、亲爱者、老同事、老部下，明知不对，也不同他们作原则上的争论，任其下去，求得和平和亲热。或者轻描淡写地说一顿，不作彻底解决，保持一团和气。结果是有害于团体，也有害于个人。②不负责任的背后批评，不是积极地向组织建议。当面不说，背后乱说；开会不说，会后乱说。心目中没有集体生活的原则，只有自由放任。③事不关己，高高挂起；明知不对，少说为佳；明哲保身，但求无过。④命令不服从，个人意见第一。只要组织照顾，不要组织纪律。⑤不是为了团结，为了进步，为了把事情弄好，向不正确的意见斗争和争论，而是个人攻击，闹意气，泄私愤，图报复。⑥听了不正确的议论也不争辩，甚至听了反革命分子的话也不报告，泰然处之，行若无事。⑦见群众不宣传，不鼓动，不演说，不调查，不询问，不关心其痛痒，漠然置之，忘记了自己是一个共产党员，把一个共产党员混同于一个普通的老百姓。⑧见损害群众利益的行为不愤恨，不劝告，不制止，不解释，听之任之。⑨办事不认真，无一定计划，无一定方向，敷衍了事，得过且过，做一天和尚撞一天钟。⑩自以为对革命有功，摆老资格，大事做不来，小事又不做，工作随便，学习松懈。⑪自己错了，也已经懂得，又不想改正，自己对自己采取自由主义。

② 指航天传统精神、“两弹一星”精神、载人航天精神，是航天精神的三大核心。

工作属性、人员教育背景等环境和土壤不同，由此生长出的价值导向、文化理念、工作风格和思维习惯等必然存在差异，甚至产生碰撞和冲突，人才队伍和文化的融合与重塑是改革重组工作的挑战、重点和难点。

对航天专业所 / 厂队伍和文化建设来讲，要应对多重困难叠加与交织的复杂、多变局面，要能够处理危机、战胜困难，领导者要“弹好钢琴”，厘清战略思路、抓住战略要领，要有“兵来将挡，水来土掩”的灵活应对多发、突发事件的战术对策组合。要有智商、情商，还得有逆商，超乎常人的承受挫折、突破逆境的毅力和能力。

案例专栏

在航天 13 所 /230 厂改革重组的实践中，解决所、厂文化差异和碰撞的思路和做法：领导干部和管理人员对下属和职工要一视同仁，摘掉有色眼镜。不以出身和过往而是以新业绩论英雄。成事不说、遂事不谏、既往不咎，功在当下。在处理矛盾时，坚持一碗水端平，胳膊肘要往外拐。对新队友要多一份包容，多帮助少责备，对老队友要严批评少忍让；尊重各自的文化渊源，合理引导文化碰撞。周而不比，和而不同。坚持积极向上的先进文化导向，坚决与不良文化作斗争。多学习别人长处，不掩饰自己短处。去糟取精、求同存异、学其所长、补己之短、相融共进。在重组初期，重点采取问题点评、思想研讨、自我反思等方式。以问题为导向，眼睛向里、刀口向内，坦诚剖析自身的短板。在融合初期，针对双方人员工作能力和文化差异较大的现状，分别对所 / 厂干部工作作风进行整顿，坦诚交流思想，以消除思想顾虑和面子羞涩。同时以鼓励为主，发掘闪光点，树立优秀榜样，用鲜活的案例做出示范。以目标为导向，以航天优秀传统文化精髓为主导，建立和弘扬新文化。在所 / 厂人员工作能力水平相对趋近、文化相对趋同时，充分开展交流和碰撞，使其对新文化达成一致认同和共鸣。

二、新时期自立自强、高质量发展对队伍建设的迫切需求

队伍建设是做好一切工作的基础，是航天专业所 / 厂改革重组的主战场和硬骨头。队伍能力不足、梯队支撑不够是当前航天专业所 / 厂较普遍存在的难题，与新时期自立自强、深化改革、高质量发展的客观需求还有差距。

（一）队伍建设理念和方法跟不上时代发展

人力资源管理中上级计划管理的烙印深重，部分航天专业所 / 厂人才建设缺乏顶层谋划，技术队伍水平和整体创新能力亟待提升。一些专业所 / 厂人才引进与使用、岗位匹配调整、绩效考核与评价等方面拉关系、重人情的现象还未彻底杜绝。一些单位考评和激励机制僵化，职业晋升渠道相对单一，行政职务升迁成为高端人才职业发展的主要通道，金字塔效应导致部分中老年员工进一步追求职业发展的动力不足，组织活力、岗位效费比下降。高层次人员和业务骨干流出快，“劣币驱逐良币”效应造成低层次的人员沉淀多。一些专业所 / 厂面临着人才队伍学历、专业、年龄等结构持续的老化、僵化和劣化压力。队伍中对国内外同行同类专业先进方法和水平不知、不懂情况仍存在，没有高目标，同时又缺乏自信力，缺少建设一流高水平专业所 / 厂应有的工作氛围和精神状态。在复合型领军人才引进与培养、激活队伍、强化培训、加强交流等方面，力度和速度还亟需强化。

（二）高端人才对专业发展的支撑能力不够

高新产业的竞争是高科技的竞争，根本上是人才的竞争。当代科技复杂度越来越高、产品迭代更新也越来越快，航天专业所 / 厂肩负向科技前沿和尖端科技进军的使命，高端人才短缺是制约专业所 / 厂发展的瓶颈。集中表现为高层次复合型、创新型人才稀缺的短板明显，拔尖人才尤其缺乏。

交叉学科、边缘学科的技术研发与应用越来越广泛，单一专业技术背景难以满足航天事业对专业技术人才的需求。群体创新、多学科协同创新逐渐成为主流，要求专业人员不但要有深厚的专业基础，还要有项目组织、团队领导能力，对复合型人才提出旺盛的需求。从当前人才结构上看，航天专业所 / 厂的拔尖人才数量还不够大，存在尖子不够尖、缺的补不上，中坚力量不足、优秀人才难以为继的问题。应进一步加大优秀人才引进，尤其是高层次优秀人才引进力度，拓展高层次优秀人才引进渠道，大力培养各方面的领军型、开拓型、复合型人才，加大政策扶持和待遇保障的力度。

占人数主体的专业人才队伍年龄和知识结构老化，能力与不断提高的岗位新要求不匹配问题突出，且差距有越拉越大的趋势。应多措并举，强化其能力危机意识和本领恐慌，提高其在职自主学习能力，促进现有人员队伍的能力提升，以适应随着知识更新快速迭代，事业对专业素养越来越高的需求。

（三）航天专业所 / 厂对优秀人才的吸引力度不足

近年来，航天专业所 / 厂的专业地位下降，导致对优秀人才的吸引力也在不断下滑。由于总体工作更容易出显性成果，更容易评奖、晋升，而专业性工作则需要更长的攻关周期，且同类型的专业所 / 厂同质化竞争严重，内卷现象突出。进入航天的大多数优秀人才也是倾向于干“总体”工作，不愿意或是不得已才坐“专业”的冷板凳。这也是航天专业所 / 厂对优秀人才的吸引力不断下降的原因之一。突出的问题表现在：专业发展缺乏长期战略，发展前景不确定性大，个人对未来充满担忧和焦虑；晋升渠道狭窄、不畅通、不确定，高端、优秀人才自我价值实现路径不清晰；绩效考核、价值体现体系老化、标准泛化，平均主义严重，人才获得感、成就感低。久而久之，整个专业技术队伍的激情消磨、干劲消沉、冲劲耗散。

第二节 航天专业所/厂重组对人才队伍与文化建设的期望和要求

面对建设航天强国和专业自立自强的政治使命，面对航天专业所/厂重组转型的艰巨任务，亟需振奋精神，打破思想僵化的牢笼，发挥人才的积极作用，形成统一的核心价值观，实现“所/厂有战略，部门有愿景，人人有目标”，不断超越自我、超越标杆、超越竞争对手。

一、培养忠诚干净担当队伍

改造队伍、培育积极向上的奋斗文化，是航天专业所/厂改革重组的重点和难点，更是航天专业所/厂适应新期望和新要求的战略性转变。在航天专业所/厂面临命运攸关的转型时刻，重组的首要和关键问题就是干部队伍思想和作风转变。

（一）提高站位、思想引领

树立正确的价值观，通过提高工作效率、工作质量和工作业绩体现个人价值，切实加强学习，提高自身修养，打破思维惯性、摒弃工作陋习、创新工作思路，养成良好的工作习惯。

1. 态度决定一切

讲政治、敢担当。坚持强军首责、以国为重，全面完成党和国家建设航天强国的艰巨使命是最大的政治。担当是要主动工作、主动作为、主动负责，迎头而上并坚决克服困难，正面直视并妥善解决问题。不是被动听从安排，不是消极应付或蛮干、乱干。敢于坚持真理、坚持原则，真心做事、用心做事，做正确的事情并正确地做事。

2. 实干才有出路

个人价值要通过工作业绩来体现，个人价值量体现在为单位创造的价值量。摒弃幻想，放下思想包袱才能轻装前进，正视历史和严酷的现实才能进步。要按照国际一流高科技企业的标准要求自己，挑战自我、直面困难、重建自信。把所/厂改革重组工作调整，看成时代和组织给予自己修为和历练的机遇，作为自身补短板、凸优势、展能力的舞台。

3. 扎实工作作风

努力提升自身的素养、业务能力，才能在改革中立于不败之地，为所/厂发展做出应有的奉献，承担起历史责任。要彻底扭转工作陋习，培养高效务实的工作素养，精练规范的工作习惯和扎实高效的工作作风，大胆创新、敢想敢为。不墨守成规，敢干不盲干。换位思考，言行一致，言出必果。把工作当成一种成长，把学习当成一种习惯。放低心态，虚心学习，学他人之长补己之短。各级干部要充分理解组织意图、坚决执行上级决策，成为领导班子的坚强后卫和补位者。

大力弘扬"正能量"，坚决抵制"负能量"，营造新的、先进的、符合时代潮流的企业文化和生态。旗帜鲜明地与不良风气、陈腐观念斗争到底。不把以往经验当成弥补现有管理瑕疵的"万能钥匙"，少计较眼前局部小利益和个人小得失，把创造新业绩作为体现个人贡献和价值的主要标准。

（二）强化责任、勇于担当

专业所/厂干部职工队伍要在总结和自我反思中不断进步，在学习和借鉴先进中快速提高，营造全员积极向上的创新创业环境和良好文化氛围。

1. 要敢于担责

坚决抵制"拖、靠、绕"，不做含含糊糊、模棱两可、蒙混过关的事。坚持第一次就把事情做对、做好。可借助但不能依靠他人解决自己的问题，自己的工作少依赖他人。把自己当成组织和上级谋事的参谋、事业的助手和冲锋的猛士。

2. 对结果负责

对结果负责就是要高标准实现和超越预定目标。战略部署，全员协同。向下分解目标，层层压实责任。向上逐级负责，增强全员责任心。做到人人有目标，不依赖、不推诿，对自己的工作结果负责。做到人人负责，就是对单位负责，对事业负责。

3. 要关注细节

做事必有规矩，细节决定成败。科研工作中，要秉承“严慎细实”的工作作风，不放过任何一个甚至是细微的错误和疑点。科学技术问题要较真，弄清机理。关注但不拘泥于工作细节，养成良好习惯。言行举止透露人生的态度，待人接物、着装谈吐等要有理有节、不卑不亢，要符合单位的整体形象和价值取向。

4. 辩证看待经验

辩证地看待工作经验。历史上合理的做法不代表现在仍然合理，必须与时俱进、全面创新和超越，做得更好。大部分犯错误的根源在于主观，所谓客观理由实际上大部分也是责任心不强，或者标准不高造成的。要少犯经验主义错误，特别是因主观重视程度不够造成错误。

（三）掌握方法、知行合一

掌握科学的方法论，学会换位思考，培养自身良好的工作习惯，高质量完成各项任务。

1. 掌握知行规律

努力学哲学、用哲学。理性思考，敢干实干。掌握好知与行的规律：发现问题与弊端，查找问题产生的根源和关键因素，寻求真正解决问题的办法和路线图，通过宣传组织来引导团结，推动团队积极付诸实施，在各种困难和风险面前，不断修正主观认识的偏差，坚持真理、坚持实干，直到成功。

2. 善于真诚沟通

真诚沟通是团队协同高质量完成各项任务的基石。真诚、坦率地表达想法和感受，讲真话、讲实话，倾听他人的声音，理解对方的立场，团队成员之间建立起基于信任和理解的关系，从而促进彼此之间的合作与和谐，提高工作效率。通过建立信任，促进合作和解决问题，良好的沟通能力能够帮助取得更好的结果。

3. 勤于多向思考

勤于自我反思。深挖思想根源,举一反三。曾子曰:“一日三省吾身”。“贤者能自反,则无往不善”[①]。“知不足,然后能自反也;知困,然后能自强也”[②]。

善于换位思考。站在航天专业所 / 厂发展的历史高度考虑问题，站在单位和职工的角度看待问题。考虑问题要多方位，分析问题要多角度，汇报问题要系统全面、抓住要害。善于听取不同意见，善于从别人的错误中查找自己的薄弱环节。做人的思想工作时，要设身处地站在对方角度考虑，在痛处取得共鸣，找出路寻求共识，更有说服力。

适时逆向思考。从问题的相反方面寻找或创造条件，深入地进行探索解决问题的方法，面对难问题，找到新办法。问题导向，从论证不可行中找“漏洞”，从而探寻出新的可行路径。将负面考核变成正向激励，引导而非逼迫员工积极向上、向善。

4. 甘于躬行垂范

所 / 厂和处 / 室主要领导必须干字当头。自己如果不特别努力，肯定带不好队伍。要自觉养成良好的工作习惯，形成优良的工作素养，作风上也要

① 袁采 . 袁氏世范［M］. 北京：商务印书馆，1934.

② 礼记 · 学记［M］. 北京：商务印书馆，1935.

严格自律。领导对工作有畏难情绪，职工肯定往后退。领导工作中表现随随便便，职工可能就会恣意放羊。

二、努力创建学习型组织

建立现代企业治理结构，落实各级责任制。创建学习型组织，完善激励机制，激发创新活力。

要坚持以国为重、以质取信、立足航天、放眼未来，坚持忧患兴业、逸豫亡身、居危思危、知难而进。要有“自主有为、开放合作、敢为人先、引领发展”的创新理念，“艰苦奋斗、敢闯新路、坚韧不拔、敢于胜利”的创业精神，“自信上进、虚心学习；广阔视野、开放思维；包容自励、永不停步”的团队素质，“严肃、严谨、严密、严格、细致、较真”的严谨作风，鼓励员工“深厚、大气、开放、包容；青春、进取、谦虚、好学；实在、公道、精明、智慧；自强、敬业、担当、创新”，推崇“诚信待人、互助共进；不断学习、快乐工作；成就事业、享受生活”的和谐文化。

要以开放心态，主动接受和尝试新技术、新理念、新方法、新事物，敢于走出去、找标杆、找先进，敢于超越先进、敢于引领、敢闯新路，不坐井观天。坚持以人为本，以持续发展满足职工不断提高事业成就的追求和美好生活的需求；以产品创新和市场拓展满足优秀员工个人价值实现的诉求；以和谐氛围和高尚文化满足员工的精神追求；以高度的责任感和强烈的主人翁意识保证保密、安全、稳定的实现。要倡导并深化学习改善工程，建立培训学习机制，将学习作为一种习惯，将改善作为一种作风，将培训作为一种激励和制度，并与职务职级晋升挂钩。

要完善激励机制，激发创新活力。人力资源管理的激励机制是管理人的艺术，是运用科学手段、灵活方法调动人的情感和积极性的艺术。既要大力弘扬红色基因文化和航天精神，讲奉献、讲担当，提供不竭精神动力。同时要善于借鉴并灵活运用现代激励理论，讲成就、讲作为，激发人的活力，例如马斯洛的层次需求理论[①]、赫兹伯格激励 - 保健双因素理论[②]、亚当斯的公平理论[③]以及莱曼·波特（Lyman Porter）和爱德华·劳勒（E. Lawler）的激励理论等。企业的活力源于每个员工的积极性、创造性。由于人的需求多样性、多层次性、动机的复杂性，调动人的积极性也应有多种方法。综合运用各种动机激发手段使全体员工的积极性、创造性，以及企业的综合活力，达到最佳状态。

三、用党的创新理论和自我革命精神武装头脑

管人首先要引导思想。毛泽东提出“在一定的物质基础上，思想掌握一切，思想改变一切”。管人必须要管理念，要教育、影响、塑造人。在改造客观世界的同时，造就出一批“大写的人”。他总结出中国共产党三大优良作风，即“理论联系实际、紧密联系群众、批评与自我批评”；新时期，习近平总书记进一步提出用创新理论[④]和自我革命[⑤]精神武装头脑、指导实践、推动工作，为伟大事业、伟大斗争提供根本保障。这些思想为所 / 厂改革重组工作中如何开展队伍和文化建设，提供了理论指导和方法工具包。

---

① 马斯洛的层次需求理论认为人的需求包括五个层次：生理需求、安全需求、社交需求、尊重需求、自我实现。在不同时期，需求结构在动态变化，大致是逐步从低到高、从外部向内部满足。尚未满足的较低层需求总是主宰，只有在满足它之后，紧邻的高一层需求被激活成为主宰。

② 赫兹伯格激励 - 保健双因素理论认为，激励因素会得到满意和激励，保健因素缺失会产生意见和消极行为。激励因素包括工作成就感、信任和赞赏、挑战性和兴趣、责任感、发展前景等，保健因素则主要包括企业政策与行政管理、监督、薪资、工作条件、人际关系等。

③ 亚当斯的公平理论认为个人对自己的报酬的知觉和比较的认知失调，导致当事人的心理失衡。如果报酬公平，当事人会获得满足感，从而获得激励。公平感觉纯粹是主观、心理上的反应。在现实中，人们常常高估自己的投入贡献，低估别人的投入贡献，从而造成观察问题的系统偏差。

④ 2021 年 2 月 20 日，习近平在党史学习教育动员大会上的讲话，“要结合党的十八大以来党和国家事业取得历史性成就、发生历史性变革的进程，深刻领会学习新时代党的创新理论，坚持不懈用党的创新理论最新成果武装头脑、指导实践、推动工作”。

⑤ 习近平 . 深入推进党的自我革命［J］. 求是，2024（24）.

（一）理论联系实际，思想业务齐抓

思想管理必须与实际工作相结合。人的思想觉悟，只有在实践中、在事业奋斗过程中、在与不良风气的斗争中才能得到提高。理论学习、政治教育、思想工作，都必须紧密联系实际，切实解决问题，不能图热闹、走过场、搞形式主义。

把解决思想问题与解决实际问题相结合，双管齐下。不要将思想问题当作实际问题，也不要将实际问题视为思想问题，要注意由实际问题引发的思想问题。思想工作结合业务工作实际一道去做，必须伴随业务工作全过程，渗透到业务工作之中。政治工作与业务工作紧密结合，解决发展难题，避免“两张皮”。用事业和个人成就感，不断强化和巩固思想工作的成果。

（二）提高理念觉悟，贯彻疏导方针

思想通了，一通百通。航天专业所 / 厂的队伍和文化建设要突出“理念领先”的原则，不能生搬硬套西方的行为主义企业文化理论。既要有解决改造世界的动力，也要有提供改造世界的途径和行动指南。一要提高人的理念觉悟，培养专业自信心；二要提高人的认识水平，掌握科学的工作方法。

思想性质的问题要用讨论的方法、说服教育的方法去解决，而不能采用强制的、压服的方法。思想管理不排斥行政措施，但主要是用纪律规范言行。严格要求与耐心说服相结合，疏通和引导相结合，批评与自我批评相结合。既广开言路、集思广益、畅所欲言，又注意引导、循循善诱，保持正确的舆论导向。

（三）发扬斗争精神，营造健康氛围

坚持真理，正确认识航天专业所 / 厂发展现状的历史必然性，要敢于、善于向不符合科学发展规律和市场规律的旧观念、旧规则、旧习惯挑战。弘扬正气，调动一切积极因素，并与各种错误的、消极的思想倾向做斗争。拿

起批评与自我批评的武器，开展积极的思想斗争。“团结—批评—团结”，“惩前毖后，治病救人”。反对“明知不对、少说为佳，明哲保身、但求无过”的自由主义。

思想工作要做到全员参与，人人关心，形成“好人好事有人夸，歪风邪气有人抓”的氛围。让员工在积极、健康的企业文化氛围中潜移默化感受到正确的影响和熏陶，常抓不懈，转变思想和行为方式。

（四）言教身教结合，树立榜样典型

榜样和标杆能够为员工提供具体的参照标准和努力方向，激发员工的竞争意识和进取心。专业所 / 厂需要树立榜样和标杆，比如优秀员工、先进团队等，并对其进行表彰和奖励，以此激发其他员工的工作热情和执行力。

强调真理的力量与人格的力量。管理者要善于讲道理，用真理的力量去感召人。要身体力行，处处起模范带头作用，为部属当榜样、做表率。“喊破嗓子，不如做出样子”。领导者们的模范作用和人格魅力是最好的思想工作。

榜样典型是理念的人格化，树典型就是树旗帜。将值得提倡的精神、必须坚持的原则、需要推广的经验，塑造成看得见、摸得着，切身感受和感同身受的人物或事件，用以教育人、感染人，使之成为人们学习、效仿的榜样。

第三节　航天专业所 / 厂人才队伍与文化建设遵循的思路和要点

紧密围绕“以人为本”和“人才强所”战略，建立健全人才选用、配置、流动、激励机制，推进人才队伍建设，提高人才效能，激发人才活力。守正创新，塑造积极向上的、新的航天专业所 / 厂文化，营造共克时艰、奋斗创业的人文环境。

一、人尽其才不压制，人尽其用不抛弃

稳定是航天专业所 / 厂改革重组的底线和红线。能否有效激发老员工潜力和活力，是关乎改革重组成效的关键。妥善安置人员，是航天专业所 / 厂不可推卸的社会责任担当。要因人分类施策、用心有情操作。

（一）岗位能力再提升

兵不在多而在于精。要实现航天专业所 / 厂的转型升级，必须不断提升全员的业务素质和能力水平。航天专业所 / 厂改革重组过程中，岗位调整和分流安置的只占少数，大多数人员还会在原岗位工作，“在岗提升”是队伍建设中的主要工作。

要按照新时期自立自强、深化改革的新需求、高要求，对标、对表国内外行业标杆，每个干部职工都要自我加压、自我革命，制定新目标、高目标，寻求新突破。所 / 厂和部门也要对员工岗位能力和工作标准进行重新审视和再定位，激励干部职工自发自觉地持续学习，立足本岗再提升，激发二次创业激情。

顺应产品化和去型号化，产品分工、型号分工向专业、产业分工的科研模式转型，实施岗位优化整合。改变以往按产品设岗方式，根据技术和产品发展战略，按技术树和产品树分解，重新组合设立基础性、专业型和复合型技术岗位。加强专业新知识和跨专业、交叉学科学习，增长板、补短板，努力造就一大批专业拔尖人才和复合型人才。职能人员则强化通用性、复合型岗位设置，推行常态化轮岗交流，实现一岗多能、一专多能，锻炼培养出一批高素质、综合性经营管理人才。

采取导学 + 自学方式，建立自主学习和常态化培训机制。鼓励和资助员工参加培训机构线上或线下的公共开放课程学习，在职提升与专业相关的学历教育，在时间、费用上给予扶持政策。

案例专栏

“守摊子”是原有型号设计队伍中一定程度存在的现象和心态。少数专业产品设计师入职后接手老同志退休前负责的定型多年的型号产品，由于设计技术状态已然固化，不再迭代更新，型号任务滚动生产，主要工作是配合生产，处理生产中技术和质量问题。有的员工入职二三十年，只是根据新批次要求对技术条件进行适应性、补充性修改，有的竟然没有画过一张完整的新图纸，甚至连基本的CAD绘图软件都不会用。

所/厂重组后，根据任务量和产品性质，将以配合生产为主的老型号设计队伍进行整合，岗位人员出现冗余，此类职工被岗位“优化”调整。进入新岗位后，一方面，发挥设计师人员科研基础扎实的优势，利用工程经验指导年轻工艺师加快理解和实现设计意图，完善工艺；另一方面，发挥设计师人员创新能力优势，担任非标专用工艺设备的开发，期间自学CAD软件，出色地解决了循环清洗等多个长期依赖手工操作困扰生产质量的难题，个人也找回了久违的成就感，工作积极性和主动性大大提升。

（二）人岗匹配尽其才

既要倡导爱岗敬业、敢于奉献、“哪里需要哪里搬”的螺丝钉精神，个人利益服从集体利益的集体主义精神，也要充分考虑个人追求和事业岗位的匹配性，从而最大限度地激发个性创造力，避免一岗定终身。

新员工入职时，一般是根据其所学专业以及部门缺编情况进行安排。一旦上岗，岗位就相对固定下来，甚至一岗定终身。由于人的性格、特长、爱好、成长经历、身体情况、生活习惯、价值追求、需求关注的差异，会存在岗位需求和个人追求不匹配的现象。多数人能根据环境的变化，对自身做出适应性调整，但也存在一些不可调和现象：一是特长不对口，个人的兴趣爱好、性格特点、事业追求与岗位性质不一致，个人能力得不到充分施展，怀才不遇；二是与团队、部门领导风格、性情差异大，隔阂积累并逐渐上升为对立，沟通困难。这些都会造成员工的工作积极性和激情缺乏，严重的甚至出现心理和情绪障碍，对部门的工作也造成负面的影响。部分单位仍缺少开放灵活的人员流动机制，部门内调岗不涉及人事关系变动还相对容易，但跨部门的调岗就比较难。而且人员的流动权掌握在所/厂和部门领导手中，个人意愿往往被压制。人岗不匹配但转岗困难是造成中青年员工离职的主要原因之一。建立开放的、常态化人员流动机制，给予个人平等双向选择、调整机会，可有效提高人员工作激情和组织活力。

案例专栏

航天13所/230厂采用部门副职交叉任职、内部人才市场、内部公开招聘、内部访问学者机制等措施，鼓励和促进人员交流，把输出人才作为对部门管理的重要评价指标。“流水不腐，户枢不蠹”，通过诸多措施的实施，激发一些多年“躺平”的年轻“老同志”又焕发了新的活力，找到了人生的第二春，成长为科研战线的骨干和领导干部。鼓励员工流动和岗位锻炼，有助于帮助员工找到最适合自身的岗位，对于追求进步的员工来讲，可以加速培养其复合能力。同时，鼓励和促进人员交流可以有效地促进部门间的沟通交流，消除部门文化圈子壁垒，加强了部门间的业务交流，提高了协调沟通效率，增强了所/厂整个大团队的凝聚力。

（三）不抛弃不放弃、做好激励性培训

针对绩效不达标、绩效考核排序靠后或年度考核为基本称职或不称职的员工，采取激励性培训。其中，对入职期限较短的员工，可以按照劳动合同法的要求，进行转岗培训，或者协商一致、解除劳动合同。

在长期计划经济体制影响下，国有单位沉淀了一定数量的“困难户”人员，辞退这些老职工，特别是很难在社会再就业的员工，存在一些管理和情理上的障碍。加强对此类人员的培训是创造和谐社会、提升员工整体素质的一项重要工作。

激励性培训的首要任务是敬业意识和工作态度的培养，要激发员工的上进心，因材施教甚至是“一人一策”。根据员工的身体、专业素质、能力等

现状，对其进行上岗培训，重新激发其事业心和上进心，让其感受到工作的意义、价值和乐趣，看到通过自身努力而进步的希望和方向。

案例专栏

航天 13 所 /230 厂改革重组过程中，个别员工入职后十多年来一直在清闲岗位，身体和精神状态也一直不佳，每年几乎有四分之一的时间在休假，情绪也不高。在重组过程中，其岗位被合并撤销。单位调整其岗位，明确三个月的培训及考核试用期。因为个人愿意留在单位工作，培训时工作态度和理念就发生了极大转变，工作勤勤恳恳，主动加班加点，努力提高自身的技能水平，身体毛病也不治自愈，精神状态饱满，绩效考核达标，半年后顺利转岗，实现了单位和个人的双赢。

二、不拘一格聚人才，倾心培养育人才

人才是创新的根基和核心要素，竞争的根本是高层次人才的竞争。航天专业所 / 厂需要各种各样的优秀技术人才、管理人才、技能人才。吸引人才、培育人才、用好人才是队伍建设的主要任务。

（一）打破常规纳才

领先技术依赖拔尖人才，要立足引进国内外一流人才，在技术和人才竞争赛道的起跑线上赢得先机和主动。在人才招聘时，要主动出击，超前部署，广撒网、多敛鱼，择优而取之。对优秀毕业研究生的招聘，提前到学位攻读中期，采取联合培养、项目合作等方式拉近战友情感、激发事业共鸣，而不仅仅是在毕业季残酷内卷时靠待遇吸引人才。通过承办高端学术会议、顶级期刊论文等方式提高学术影响力，通过媒体宣传提高单位知名度，吸引全球有志之士、社会成熟人才。前沿技术人才更要前瞻布局，在风口来临之前提前做好人才储备，规避人才疯抢时的高昂代价。做好支撑和关联专业人才梯队配置，快速突破，抢占高地。采取客座交流、访问学者等方式开展技术交

流和人才合作，争取天下英才为我所用。

（二）因人施策用才

人才只有留得住、用得好，才能真正发挥其作用。除了要有吸引力、相对丰厚的薪酬、福利等“硬待遇”外，更要注重事业成就渠道、工作保障条件、政策团队环境、生活人文关怀等“软待遇”，用事业留人、用环境留人、用感情留人。针对有特殊需求或困难的优秀人才，要采取一人一策的激励政策，让精英人才能心无旁骛搞科研、踏踏实实做学问、倾心专注干事业。

（三）敢压重担育才

传承航天系统“干中学、学中干”优秀成功经验，敢于让青年才俊挑大梁，给年轻人压担子。建立配套的保障机制、激励机制和容错机制，鼓励精英团队在探索科学未知、勇克工程技术难题的荆棘道路上，敢闯敢拼而无后顾之忧。

三、学习提升不停步，自我管理建团队

学习能力是航天专业所/厂经营、创新、可持续发展的根本基础。科技发展日新月异，不坚持学习，就是逆水行舟，不进则退。在航天专业所/厂的改革重组工作中，学习也是治疗与人相关的疑难杂症的良药，破解改革与重组难题的良策。要将学习当成一种习惯，将学习当成工作不可割裂的一部分。强化团队自我管理，建立学习型组织。

（一）对标先进，超越自我

航天专业所/厂通过改革重组实现科研生产经营管理一体化，肩负着引领专业技术发展，完成航天装备科研任务、单位经营效益和职工收入增长的重任。要对标国际、国内最高水平，不断挑战和超越自我、超越标杆。队伍和文化建设既是创建一流业绩的重要支撑和抓手，也是一流企业水平的重要

表征，一流的企业必然首先要有一流队伍和文化。队伍和文化建设是管理者的主要责任和核心任务，是航天所/厂改革重组的切入点和着力点。

（二）追求卓越，与时俱进

航天专业所/厂在确保优异完成国家、上级和总体单位的各项科研和经营改革任务外，还要自我加压，肩负起引领专业发展的多重使命：技术不断进步追求领先，经营管理精益追求卓越，文化与时俱进追求至臻。蕴育和形成顺应时代发展潮流的优秀企业文化，是航天专业所/厂改革重组的助推器和姿控器。

（三）自主管理，学习组织

航天专业所/厂改革重组要按市场化思路建立现代企业制度，优化和完善人力资源管理和绩效考核制度，着重强化部门、团队的自我管理，建设学习型组织。实现对部门、下属经营实体经营管控方式由行政为主导向战略管控、财务管控和运营管控相结合的差异化混合管控转变，给予项目团队技术路线选择权、项目经费支配权、团队人力资源调配权和绩效考核权。在科学技术突破和市场开拓方面，成立若干相对独立作战单元，培育团队“狼性”文化。

四、守正创新塑文化，自立自强建新功

企业文化对提高组织执行力、员工凝聚力和创造力具有十分重要的作用，是专业所/厂软实力的重要体现，是航天专业所/厂改革重组的重点任务。

（一）敢于斗争，自我加压

一方面，要敢于向消极思想和历史遗留难题做斗争；另一方面，自我加压，敢于并善于站在科技与产业发展新高度，深刻剖析自身与时代赋予航天

人的新使命之间的不足和差距。通过不断学习和持续创新，对历史和现状自我革命，突破自我认知所限，克服本领恐慌，敢于向现实困难挑战，敢于向航天专业科技前沿冲锋，敢于向未知科技和产业新领域进军。

（二）守正创新，新塑文化

准确把握航天精神谱系的内涵精髓，在多元价值观冲击中塑造航天精神和企业文化，坚持传承和发扬红色基因一以贯之，坚持塑造与时俱进的先进航天精神文化一以贯之。创新激励机制，营造创新文化环境，激发队伍内生动力，提高战斗力。吸引国内外优秀人才投身航天事业，持续强化航天人才梯队培养，永葆创新活力。

（三）自立自强，创新创业

秉承“自力更生、艰苦奋斗、大力协同、无私奉献、严谨务实、勇于攀登”的航天传统精神，顺应航天科技发展新趋势，直面美西方全面打压尖端科技和供应链封锁新挑战，坚持科技自立自强精神，到世界航天科技发展新潮头去中流击水。传承航天先辈“敢教日月换新天”的奋斗精神，敢于攻坚克难，不断跨越 S 型曲线，抱定二次创业的斗志，加快技术和产业发展转型升级，促进航天专业技术长远良性发展。

第四节　航天专业所 / 厂重组中人才队伍与文化建设实践探索

毛泽东在《论持久战》中强调了要持久奋斗：“一切事情是要人做的，持久战和最后胜利没有人做就不会出现。”“坐着不动，只有被灭亡，没有持久战，也没有最后胜利。”“干部中一切不经过自己艰苦奋斗、流血流汗，而依靠意外便利、侥幸取胜的心理，必须扫除干净。”“不经艰苦奋斗，不苦战，就不能胜利。”毛泽东认为生于忧患，死于安乐；艰难困苦，玉汝于成；越是艰苦卓绝，越能磨砺人。一时的奋斗是容易的，终身奋斗是不易的。奋斗的过程不是一次完成的，一次战斗胜利了，马上又会有新的战斗。航天专业所/厂改革重组亦然，干部职工应当永不懈怠、永不自满、永攀高峰。

一、人事管理向人力资源开发的转变

航天专业所/厂的人力资源管理要以获得和保持组织的竞争优势作为战略目标，坚持人本管理的指导思想，系统化运用科学方法和人文艺术的权变管理措施，实现由传统的人事管理向现代人力资源开发的转变。

（一）转变人力资源开发理念

以人为本，把人作为最为重要、转化效能最大的资源进行管理和开发，强调人的能动性和创造性，将传统的人事管理向人力资源开发转变。

1. 持续优化人才结构

航天专业所/厂必须持续建设拔尖人才主导、人才梯队动态递补、人才结构持续优化的人才队伍。根据总体战略、技术战略、产品战略、市场战略等，制定与之相协调的人才战略。由第一责任人亲自推动实施，将人才队伍建设纳入部门绩效考核的关键指标。严把入口关，确保新增人员质量，重点引进核心专业拔尖人才、战略性新技术领军人才、复合型人才和社会成熟人才，宁缺毋滥；大幅减少非增值和低增值活动，把事务性、非核心、重复性较强的管理事务由信息化替代或外包，形成精简高效的职能团队；形成常态化人员流动，用人所学、用人所长、用人所愿；建立人员竞争和退出机制，建立管理岗位职级刚性任期制，促进干部年轻化和职业通道间的横向流动。将员工总量和工资薪酬总额资源释放，用于骨干人员的激励和高端人才的引进，持续优化人才团队、知识、年龄结构，不断提高全员知识产出率、劳动生产率、利润贡献率。

案例专栏

所/厂改革重组过程中，航天13所/230厂将高端人才引进作为助力改革发展的重要任务。提出了以“500罗汉”为代表的人才工程，即在10年内引进以博士为主，海外人才、社会成熟人才为补充，在职职工中具有博士、博士后学历的人员达到500人规模的目标，实现博士占员工总数的15%以上，硕士及以上学历人员占员工总数的40%。通过“罗汉计划”“英才计划”等持续引进高端人才，优化人员结构，将所/厂打造成高端人才聚集地、原始创新策源地、技术创新高地。

在人才引进过程中，首先做好应届毕业生的招聘工作，根据技术和产业发展需求，遴选国内重点高校及中国科学院和科研院所对口专业研究生。其次，利用所/厂与各科研院所、高校的科研合作，在联合开展项目研究过程中，定向培养招收优秀毕业生。同时，借助国际合作渠道，招聘国际名牌大学、科研机构的海归研究人员、研究生。此外，引进高校、科研机构社会成熟人才。开拓了人才引进渠道，丰富了人才种类，提高了人才层次。从2014年至2018年，五年时间，队伍规模下降5%以上，航天13所/230厂本级的博士学历人员由51人增加至282人，占到员工总数的12%以上，本科以上学历员工占总人数的72%，硕士及以上学历人员从400余人增加至近800人，管理、保障和技能人员人数下降10%以上，快速提升了所/厂人员的整体素质，重塑了人才队伍结构。

2. 把政治标准放在选拔干部首位

培养选拔干部必须坚持把政治标准放在首位，严把政治关，确保选出来的干部政治上信得过、靠得住、能放心。突出讲担当、重担当的用人导向，大力选拔想干事、能干事、干成事的干部，让领导干部特别是年轻干部经受严格的思想淬炼、政治历练、实践锻炼、专业训练，在复杂严峻的斗争中经风雨、见世面、壮筋骨、长才干，坚决不用不愿做事、不敢扛事、装样子、混日子的干部，真正让有为者有位、能干者能上、优秀者优先，以正确用人导向引领干事创业导向。要把敢于善于斗争作为干部培养选拔的重要标准，注重使用那些具有顽强奋斗精神、过硬工作本领、经过重大任务考验的干部，尤其是愿挑最重的担子、能啃最硬的骨头、善接烫手的山芋的年轻干部，坚决不用那些在重大斗争面前明哲保身、爱惜羽毛、畏首畏尾、怯阵退缩的人。为政清廉是干部做人做事的基本底线，廉洁自律不过关，做人就没骨气，做事就不硬气。要大力培养选拔严于律己、清正廉洁，坚决反对腐败、反对“四风”和特权思想，口碑好、作风优的干部。要突出把好能力关，坚持事业为上、以事择人、人事相宜，切实把那些专业素养好、领导能力强，善于抓改革、促发展、保稳定的干部选出来、用起来。

3. 科学管理与人本管理相协调

科学管理与人本管理相协调，激发人才活力和效能。建立畅通的沟通渠道和民主机制，使员工充分了解组织所面临的竞争机遇和挑战、优势和劣势、战略目标以及实现目标所需做出的努力，形成共同价值观；真正从员工个人利益和职业生涯发展需要出发，为员工提供培训和发展的机会；与员工建立良好的心理契约，积极培育和提高员工的组织归属感、主人翁责任感及组织忠诚度，强化团队合作精神和组织文化建设，营造和谐稳定的发展环境和积极进取、学习型氛围。确立人在管理中的主导地位，使企业的人力资源管理活动主要围绕激发员工的积极性、主动性和创造性来进行和开展。坚持人本化管理理念，更多地实行个性化管理，适度减少教条式控制与约束以给予员工创造性工作的自由度，更多地为员工提供帮助与咨询，更好地为员工提供培训和发展的机会，指导员工进行职业生涯设计，帮助员工在组织中成长与发展，实现员工个人和企业整体的双赢。健全选人用人制度，进一步规范干部选拔任用方式和程序，逐步完善干部的选任、交流、考核评价以及干部选拔任用的责任追究等机制。

4. 岗位和人员动态优化

职责过度细分、岗位臃肿、守摊占位是大企业病的一个典型特征。老的型号研制模式中，一个型号一支队伍，从型号总师、主任设计师，到设计师、工艺师，型号不停产，岗位不撤销。职能岗位因人设岗现象也不少见，看似不可或缺，实际是忙闲不均。个别员工无所事事，闲来就溜号窜岗，无事生非。工作量不饱满，工作缺乏挑战性，个人能力长期得不到提升。必须通过岗位优化以消肿挤庸，提高人员单位产出，才能提高工作效率，进而提高市场竞争力和经营效益。

（二）畅通员工职业发展通道

员工职业管理和发展通道设计，是“以人为本”理念在管理活动中的体现；以心理、智力、技能、伦理等潜能开发为基础，以工作业绩评价、工资待遇、职称职务的变动为标志，旨在促进全面发展需求的工作实践和心灵成长；是按照员工成长发展与企业的发展需要相统一的原则，制定员工职业发展规划并完善使其实现的过程。职业管理的目标是实现双赢，即员工不断成长进步，企业不断发展壮大。

员工职业通道设计是人力资源开发的基础，没有顺畅的职业发展通道，激励机制就会变成刻板的工资奖金，削弱人力资源管理效能。当员工意识到前途渺茫、升职无望时，就会产生失落感，影响工作积极性，这种消极情绪若不加以调节，势必产生离心倾向。专业技能、学识水平和职位较高的员工，追求自我价值实现和社会认同感的意愿较强，对这部分员工来说，物质奖励并非是激发其创造力的最好手段。畅通员工职业发展通道，需要重点把握好以下几点。

1. 合理设置职位等级

设计职业规划表，通过对企业各项工作流程的梳理，形成系统性反映人力资源配备状况的图表。借助该图表，各类人员都可以找到自己的目标。职级设置要与晋升速度相协调，职级设置过少，有可能造成优秀人才较早登顶再无晋升机会。专业技术系列的职级应不少于 10 个，以保证员工在职期间都有晋升空间。职级晋升的最低年限为 3 至 5 年，级别越高晋升的间隔时间越长，晋升的比例越低。员工级别一般应逐级晋升，德才优秀、工作业绩特别突出的可以破格晋升。合理控制晋升比例，低级别晋升比例可以控制在 70% ～ 90%，中级晋升比例控制在 40% ～ 60%，高级别晋升比例控制在 10% ～ 30%。破格晋升数量通常不超过岗位设置职数的 5%。

2. 绩效谈话和发展潜力评估

员工的职位晋升以业务素质和能力提升为前提，通过能力和潜力评估，指导员工自我分析评估。领导与下属要定期进行绩效谈话，了解职工职业发展意愿和目标，共同分析成绩和不足，对改进目标和方向达成一致。主要包括三个方面：想往哪个方向发展——由员工的兴趣、理想、价值观等成就动机决定；适合往哪个方向发展——由员工的智商、情商、知识结构、性格等因素决定；能往哪个方向发展——由外部环境（企业）决定。需要进行冷静思考、仔细权衡，领导和下属要形成共识。

3. 具有挑战性的公平竞争机会

没有挑战性的工作机会，职业发展就是空中楼阁，所谓“井无压力不出油，人无压力轻飘飘”。新入职的员工一开始就从事挑战性工作，对其职业发展有深远影响，所以员工职业规划宜早不宜迟，入职上岗甚至在招聘的面谈环节就已经开始。获得挑战性工作机会需要通过竞争。企业要创造公平的竞争环境，使员工通过努力得到期望的机会，在实践中锻炼提高，伴随企业成长，实现自我价值和企业价值双赢。

4. 职级评定公开公平公正

职级评定标准和办法公开、过程透明、评定结果公平公正。尽可能采取量化积分 + 综合评价相结合的方式。量化积分要素一般包括晋升期内的工作年限、历年年度考评结果、获奖情况、重要技术报告、论文、专利等。采用以投票为主的职级晋升选拔方式时，要严格执行评审纪律，全程留痕，杜绝打招呼、拉选票。要以身作则，对违规行为实行“一票否决”。建立职级缓调和降级机制。岗位考评为基本称职的，推迟半年至一年晋升职级；连续两年考评均为基本称职的，降低职级。岗位考评为不称职的，调整岗位或降低至下一个职级。

案例专栏

航天13所/230厂在改革重组过程中，把员工职业发展通道设计作为一项基础性工程来抓，取得明显成效。其主要做法是：

将所/厂员工按岗位分为三个系列（类别），即管理类、技术类、技能类，分别称为管理师队伍、技术师队伍和技师队伍（简称“三师”）。管理类包括担任领导职务和非领导职务人员。技术类包括技术研究、产品设计、工艺设计人员。技能类包括加工制造、设备运行维护及其他保障人员。人员岗位职责有交叉。如专业研究室主任既是行政管理者又是专业技术带头人，高技能员工既从事操作性工作又承担生产技术攻关任务。对这部分人员允许其以多重身份参与职位评定，薪酬待遇就高不就低。按三个系列设置岗位级别和晋级办法，并制定系列之间的转换规则。

5. 建立横向转换机制

根据企业业务变化和个人诉求，允许调整专业系列，为员工提供多种发展机会，解决“自古华山一条道”问题。横向转换岗位的制度安排可以起到三个方面的作用：一是通过不同岗位历练，培养复合型人才；二是岗位特点与个人能力、兴趣趋于一致，有利于激发员工的积极性；三是人尽其才，有利于激发员工的进取精神和主观能动性。

（三）实行宽带薪酬体系

企业员工的薪酬由岗位薪酬、绩效薪酬、专项激励等组成，对于股份制公司还可采用股权期权等长期激励方式。岗位薪酬与员工职位、级别、工作年限等挂钩。岗位和级别未发生变动的岗位薪酬不变，又称为基本薪酬、级别薪酬或固定薪酬。绩效薪酬俗称奖金，一般按月、季度、半年、全年考核，并根据当期业绩考核结果发放，只与当期贡献强相关，与职级没有直接联系。专项激励是对做出重大贡献的员工或团队一次性给予的特殊奖励。

1. 确定薪酬结构

岗位薪酬与绩效薪酬的比例，根据行业特点和企业具体情况确定。一般而言，市场化竞争相对较弱、经营业绩稳定的企业，岗位薪酬比重较高。该类企业的特点是：主营业务计划性强，工作量比较均衡，上下级收入差距不大，队伍稳定性好，员工忠诚度高；缺点是有可能某些优秀人才被埋没。市场竞争性强、经营业绩呈周期性变化的企业，绩效薪酬所占比例较高。这类企业要获得竞争优势，拼的不仅仅是人才队伍素质，还要善于捕捉瞬息万变、稍纵即逝的市场机会。个人收入与企业当期经营业绩正相关，有助于增强员工的责任心和紧迫感。

员工薪酬制度选择与组织结构有关。梯形组织结构比较适合传统的薪酬体制，扁平化组织结构比较适用宽带薪酬体制[①]。随着企业规模越来越大，等级制薪酬模式的优势较明显。企业进入稳定期后，宽带薪酬体制与等级薪酬体制相结合，具有比较优势。

根据美国薪酬管理学会的定义，宽带薪酬体制是对以等级层次为主、垂直型的传统薪酬结构的改进。一般来说，每个薪酬等级的最高值与最低值之间的区别变动比率不低于100%。典型的宽带薪酬结构只有4个层级，每个薪酬等级的最高值与最低值之间的区别变动比率可达200%～300%。在传统薪酬结构中，薪酬等级区间比率通常只有40%～50%。与扁平化组织结构相适应的宽带型薪酬结构，其最大的特点是压缩职位层级、扩大职位层级对应的级别范围。例如，技术系列的职位分为主任设计师、副主任设计师、主管设计师、设计师四个层级，每个层级对应4至6个级别，不同职位层级的级别有重叠设置。例如，设计师对应的级别为10级至6级，主管设计师层级对应的级别为8级至5级，以此类推。这种制度设计，可有效解决员工职业生

① 宽带薪酬体制是指对多个薪酬等级以及薪酬变动范围进行重新组合，从而变成只有相对较少的薪酬等级以及相应的较宽薪酬变动范围。与传统的薪酬机构相比，宽带薪酬具有以下优势：能够适应企业战略动态调整的需求；支持组织扁平化设计；引导员工重视个人技能和能力的提高；有利于职位轮换与员工职业生涯发展；有利于推动良好的工作绩效；能密切配合劳动力市场上的变化。宽带薪酬扁平化、打破等级、强化技能，能够发挥激励员工的作用。

涯内级别晋升的天花板问题。

推行宽带薪酬的前提条件是：要有明晰的岗位职责和任职资格要求、完善的职称（职位）评定标准和级别晋升办法，既要鼓励冒尖，又要防止同等资历员工的薪酬差距过大。既要保持队伍稳定，又要防止继续吃“大锅饭”。通过规范有效的薪酬管理办法，建立以技术能力和工作绩效为导向的选人用人机制。

2. 宽带薪酬体系设计

宽带薪酬体系设计的核心理念是人事相宜、以岗定级、按级发薪、易岗易薪。

（1）人事相宜，岗位与职责关联

人事相宜有两层含义，其一是指用合适之人做合适之事，这是人力资源管理的基本要义；其二是指员工的素质能力与岗位职责相匹配。“在其位谋其政”，以此确定员工的职级符合度。职位（职称）评定标准是当事人的综合素质和技术业务能力是否与岗位职责要求吻合；级别评定标准是当事人的工作绩效是否符合预期。

（2）以岗定级，职位与级别关联

如前所述，每个职位（职称）对应若干级别。职位体现当事人的学识水平、技术业务能力，以及工作经历和入职年限。级别反映当事人在本职岗位的表现和对企业的贡献。职位与级别关联，严格考评。

（3）按级发薪，级别与薪酬关联

每个级别对应一个薪酬标准（具体数额）。级别晋升有最低年限要求，例如，工程师 10 级（假设为末端级）晋升为 9 级，一般应当满 3 年（自确定为 10 级之日起算），工程师 8 级晋升为 7 级以上的一般应当满 4 年，级别越高最低年限要求越严。由于不同职位的级别重叠设置，即使职位不变，只要努力工作、考评合格（称职）也能晋升级别，甚至与上一个职位的员工平起平坐。这种制度安排，着眼于鼓励员工在本职岗位深耕细作，同时有利于保持人才队伍稳定。

（4）动态调整，易岗易薪

员工薪酬级别定期调整。职位层级晋升的员工，已达到新职位级别区间下限的，可以晋升一个职位带级别；德才优秀、工作业绩特别突出的，可越级晋升至新职位级别区间下限。职位层级向下调整的员工，现级别不能超过新职位级别区间上限，现级别未达到新职位级别区间上限的，是否调整级别根据具体情况确定。

3. 绩效薪酬考核

绩效薪酬是薪酬体系的组成部分，也是激励机制中最活跃的要素。绩效薪酬与员工贡献关联，是对当期绩效的评价和回报。以效益主导的企业，绩效薪酬在薪酬体系中所占比重较大，是员工收入的主要来源。最常见的绩效薪酬及其考核方式有：计时制和计件制（适用于技能人员）；项目承包制（亦称包薪制，适用于创业团队）；年薪制（适用于职业经理人）。无论采用何种考核方式，都需要遵循以下原则：

（1）坚持目标导向

制定考核办法要以企业发展战略和人力资源管理目标为导向，广泛征求意见，得到大多数员工的认同。考核过程透明，考核结果公平、公正，并向当事人反馈。考核办法要相对稳定，不能朝令夕改。规则的生命力在于执行，频繁更换规则会使员工无所适从。

（2）考核结论要有区分度

优秀、称职、基本称职、不称职四个档次的界面要清晰，结论要准确。社会学研究表明，在一个组织中，个体的行为方式不尽相同，如果按好中差分组，两头小中间大的情形居多。与此同理，企业员工绩效考评结果为“优秀”和“不称职”的是少数，“称职”和“基本称职”的是大多数。简而言之，考评结果要求经得起群众的检验，多数员工认可的考核才能真正起到激励作用。

（3）在实践中不断修订完善

保持考核办法相对稳定，不等于一成不变。任何一种规则都不可能十全十美，只有通过实践检验才能发现问题、规避瑕疵或缺陷。企业员工队伍受外部环境的影响较大，同一名员工的思想和行为方式也随环境发生变化。任何一种考核办法即便功能完善，推行较长时间后其正向作用也会逐渐弱化，负面影响会不断叠加。因此，绩效考核办法要根据对象变化和激励效果适时进行局部调整。既要保持政策的连续性，又要与时俱进，在实践中完善，在完善中创新，不断增强考核办法的效度。考核原则和导向轻易不能变，考核的具体评价标准、打分细则可以具化调整，向当期的重点任务倾斜。

（4）建立绩效考评体系

绩效考核办法的制定和推行要与企业管理流程相协调，部门和班组的实施细则要与所 / 厂的规则相衔接，形成一套行之有效的绩效考评体系。所 / 厂出台的绩效考核办法需要涵盖所有专业领域，只能从个性中寻求共性，做出原则性规定，相当于“母法”；部门和班组据此制定实施细则，相当于“子法”。“母法”与“子法”是属种关系（上下级关系），一旦发生冲突，以“母法”解释为准。

（5）考核结果必须向当事人反馈

绩效考核结果只在部门、班组内部通报，考核材料由人力资源部门统一归档。考核结论为优秀的应予以表彰奖励，而考核结论为基本称职或不称职的，坚持由部门、班组主管与当事人当面个别谈话。按照一分为二的原则，实事求是肯定长处、指出不足，帮助其制定改进措施，把交流谈话转化为沟通启发和工作的动力。

（四）综合运用多种激励机制

建立有效的激励机制，如晋升机制、薪酬机制等，可以激发员工的工作热情和创造力。职业发展通道设计、宽带薪酬是激励机制的最重要组成部分，但不是全部。还要综合运用多种激励方式，建立覆盖全员的激励机制。

1. 确立“以人为本”的员工激励机制

激励员工从结果均等转移到机会均等，并努力创造公平竞争环境。激励要公平准确、奖罚分明。健全、完善绩效考核制度，做到考核尺度相宜、公平合理，克服有亲有疏的人情风。在提薪、晋级、评奖、评优等涉及员工切身利益热点问题上务求做到公平，真正做到关心人、尊重人，创造各种条件，促进员工的全面发展。要通过对不同类型员工情况的深入分析，将他们的需求整理、归类，搜集与激励有关的信息，全面了解其需求和工作质量的好坏，持续制定并完善相应的制度政策并有针对性地进行激励。要在广泛征求员工意见的基础上出台一套大多数人认可的、透明的、公平合理、行之有效的激励机制，让员工在开放平等的环境下展示自己的才能，激发员工的竞争意识，充分发挥人的潜能。最大限度地激发员工的积极性。在建立了激励机制之后，必须完善绩效考核机制与之相配套，才能使二者相得益彰。考核政策应相对稳定，严格执行长期坚持，不要频繁变更，公正公平稳定的环境才能形成良好的、安全的发展氛围。

2. 精准分类差异化激励

针对具体人群，精准分类激励。洞悉员工们的“动力阀门”，知道他们的优点及兴趣点，人尽其才：对高热情、高能力人才，给这些人才充分授权，赋予更多的责任；对低热情、高能力人才，一方面肯定其能力和予以信任，另一方面给予具体目标和要求，必要时在报酬上适当刺激，要防止某些所谓“怀才不遇”员工的牢骚和不满感染到其他员工，要与他们及时沟通；对高热情、低能力的员工，充分利用其热情，及时对他们进行系统、有效的培训，提出提高工作能力的具体要求和具体方法，调整员工到其最适合的岗位或职务；对低热情、低能力的员工，激发其工作热情，改变其工作态度，再安排到合适岗位，开展小规模培训，如不转变则按政策解雇辞退。

3. 建立全方位的激励沟通机制

良好的沟通机制能够促进专业所 / 厂内部的信息交流和协同合作，提高工作效率和执行力。专业所 / 厂要重视反馈的激励作用，需要建立多层次、全方位的沟通机制，包括定期的会议、内部通讯、员工反馈渠道等，形成所 / 厂管理层与部门领导、部门领导与普通员工、管理层与普通员工、普通员工之间的多层次交流对话机制。这样员工就会产生被信任和被尊重的感觉，意识到管理层乐于倾听他们的意见，他们所做的一切都在被关注，从而增强管理者和员工之间的理解、相互尊重和感情交流。感情意味着赏识和信任，领导不要吝啬信任和赞誉，尤其是在公共场合，精神激励时时刻刻会催动部下积极的神经。同时，要公私分明、情理分开，对生活困难的员工，也要设置兜底措施，展现单位的人本关爱。

4. 通过职业发展激励实现自我激励

职业发展作为内在激励因素，对员工具有很大的激励作用。要唤起员工的自我管理和自我激励的意识，让员工意识到企业给了自己发展的空间，自己要有意识地对自己的发展负责，独立工作承担责任的同时，也独立承担自我发展的责任，对自己进行激励和提高。让员工有权处理自己业务范围内的事情，同时要授予他们与其职责相适宜的决策权和行动权，使职工个人利益和企业利益紧密结合起来，群策群力，共同为企业的发展而奋斗。这样，员工就会有责任感地去工作，也会在工作中不断提高自己，不断激励自己。企业应充分了解员工的个人需求和职业发展意愿，为其提供适合其要求的晋升道路，使员工的个人发展与企业的可持续发展得到最佳的结合。这样，他们在工作时会乐在其中，热爱自己的工作，千方百计地把工作做得完美出色。对有能力的员工，要给予发挥才能的空间，让员工把所有的潜能都发挥出来。

5. 灵活运用多种激励方式

物质激励与精神激励相结合，长期激励与短期激励相结合，奖励与惩罚相结合，通过各种有效的激励技巧，达到以小博大的激励效果。激励要有足够力度，构造员工分配格局的合理落差。对有突出贡献的予以重奖，对造成巨大损失的予以重罚。“小功不奖则大功不立，小过不戒则大过必生”。适当拉开分配距离，使员工在反差对比中建立持久的追求动力。激励要把握最佳时机，奖惩要及时兑现才能起到最佳效果。做到奖功罚过、奖优罚劣、奖勤罚懒，使先进受到奖励、后进受到鞭策，真正调动起员工的工作热情，形成人人争先的竞争局面。处罚是必须的，千万不可在人情面前打折扣。营造“比学赶帮超”的氛围，设立各个阶段的目标并进行奖惩，引导良性竞争。常用的激励手段主要有：

（1）信任激励

现阶段，航天专业所/厂的人才队伍以“80后”“90后”“00后”员工为主体，他们对包括信任、尊重、荣誉等在内的精神追求胜过物质需求。对这一群体要加大精神激励力度。做思想工作要讲究心理学素养和语言交流艺术，多一些温馨的鼓励，少一些过度挑剔责备。部门和班组主管对青年人才不要吝啬表扬和赏识，有时候“顶头上司”不经意的一番温馨话语，都会增添青年员工的自豪感，使其获得某种心理满足。对他们的缺点或一般性工作失误，以个别谈话方式进行教育。部门和班组主管要多与青年员工谈心交心，换位思考，以诚相待，增进情感互信。

（2）荣誉激励

古今中外的任何组织都很重视荣誉激励。实施荣誉激励需注意两点：一是要注重荣誉的感召力，防止庸俗化；二是要讲究荣誉的授予方式。

（3）情感激励

人都是有思想和情感的。感情激励主要是指管理者与员工的思想交流沟通。以先进理论武装人，以理想信念塑造人，以先进榜样激励人，以真情实感影响人，是企业思想政治工作的精髓。感情激励不是“感情投资”，而是基于信息沟通交流的一种思想工作方法和领导艺术。这项工作做好了，可以起到事半功倍的效果。

（4）培训激励

为职工制定有针对性的、终身的教育规划，将短期专职培训和长期业余培训相结合，让职工根据企业发展不断调整自己的知识结构，不断用新知识武装自己的头脑，以适应企业的发展。为职工提供继续深造的机会，使他们为企业创造更多更好的财富，激发他们热爱企业的精神。通过全方位的培训，使员工的知识技能得到更新，创新能力显著提高。应充分考虑员工的特点，提高其知识技能和创新能力，使员工在自我发展的同时不至于偏离企业的发展方向，激发他们的工作热情和积极性。传帮带是航天的优秀传统，应坚持和发扬。

（5）专项激励

专项激励是对薪酬体系的调节和补充，激励对象一般为在执行重大任务中做出突出贡献的团队或个人，或根据企业管理规章设立的物质奖励与精神激励。专项奖励具有很强的导向性，备受员工关注。实施过程中要把握好以下几点：一是精心设计包括申报、评审等环节在内的规章制度。初评结果在所/厂内部公示，听取员工意见；争议较大的不再进入二次评审；终评结果经所/厂领导办公会审定生效。二是专项激励办法的制定和实施，要坚持系统性思维、体系化设计。奖项设立和奖金额度要与绩效考核体系相协调，避免重复奖励。三是申报项目（含个人）的遴选，要以绩效考核为基础，评审程序公开透明，评审过程客观公正，排除人为因素干扰。四是依照专项激励规则，定期组织实施。同一事项交叉获奖的，奖金额度就高不就低。获得所/厂奖励的团队和个人，可继续申报外部奖励。回报要远近结合，贡献要尽快激励，奖金要加快兑现。

常态化专项考核需要有制度支撑，通过评审程序实施，临时性专项考核则可以直接由决策层临时动议实施。一些单位设有所长/厂长奖、董事长奖等责任人奖励，由责任人提出。在专项奖励实施过程中，要把握以下几个原则：

1）除责任人奖外，其他专项奖励要有规范化的制度支撑，要有申报、评审制度。评审结果作为主要但不是唯一依据，要通过决策程序审查，避免重大疏漏，同时对是否存在否决项进行最终的把关审查。奖励正式发布前要进行公示，一方面起到宣传作用，另一方面广泛征求意见，避免有重大的负面反响。

2）专项奖励作为一种有益补充，要与绩效考核导向相一致。

3）专项奖励要有系统性和体系化考虑，避免成为小部分群体的专属奖励。奖项也要大小兼有，让全员都有争取的机会。

4）多用正激励，慎用负激励。特别是在创新和重组过程中，非主观因素或不努力造成的失误和错误要有容错机制。考核一定要公平公正公开，考核制度一定要具体、可操作。减少人为因素的影响，特别是一定要避免以领导者的个人喜好或情绪而轻易加重或减轻处罚。处罚不是目的，主要作用是对其他同志起到警示作用。鼓励部门内部技术归零和管理归零，主动自我发现和暴露问题。对生产过程中主动发现问题，并对最终产品出厂进度和损失影响较小的、主动双归零的部门可以给予一定的奖励，减轻或免于处罚，以激发部门主动发现问题和改进的氛围，而不是一罚了之；出现问题后推卸责任、回避问题，甚至隐瞒问题、弄虚作假的，要严格惩戒，包括经济处罚和行政处分，维护诚信机制。

案例专栏

航天13所/230厂设置了覆盖全员的多种专项奖励组合（表8-1），制定了每一种奖励事项的管理制度，定期组织申报和实施奖励。一个事项重复申请奖励时，奖金就高不就低。内部奖励不影响外部奖项的申报，外部奖金、项目提成不做扣除。

表8-1 专项奖励

序号	奖项	范围	对象	频度	备注
1	所长奖	全员	个人	1次/年	所/厂领导提名
2	技术进步奖	科研项目、技术创新	团队	1次/年	
3	市场开发奖	市场开发、重大订单	团队	1次/年	
4	飞试成功奖	重大科研试验	团队	1次/年	专项
5	管理贡献奖	职能人员	团队、个人	1次/年	
6	陆元九青年创新奖	所/厂以上（含）重大科技奖45岁以下完成人、技能大奖获得者	个人	1次/年	原奖励不扣减
7	管理创新奖	非领导职务	团队	月、年	等级差额累进
8	技术创新奖	非领导职务	团队	月、年	等级差额累进
9	质量累进奖	一线操作者	个人	月	逐月累加
10	质量考核	全员	团队、个人	项	
11	专利、软著	全员	团队、个人	项	
12	优秀干部	各领域	个人	年	
13	先进团队	各领域	团队	年	
14	先进个人	各领域	个人	年	
15	学习改善奖	非领导干部	团队、个人	双月	含五小成果
16	约束性激励	保卫、保密、消防、安全、考勤等	团队、个人	项	

6. 常态化创新累进奖励

常规的奖励制度存在较大的局限性，问题主要表现在：

1）终审制。常规奖励一般采用一次性当期评选，如果当期落选或者降级当选，原则上今后不能再次申报，这种方式可能导致申报人自觉进行持续和持久创新的动力丧失。而且创新成果评定后，后人也不愿在他人已取得的评定成果上吸收再创新，往往标新立异，另辟蹊径，为创新而创新。

2）按出身地位定贡献排序。奖励层级越高，产品技术越复杂，涉及的技术领域和人员就越多，职务和产品层级往往成为奖励排序的主导性因素。集成创新占据绝对主导地位，基础创新、原始创新的学术价值和激励回报往往被低估或埋没。

3）付出和回报不对等、兑现不及时。成果评定都是事后评价，具有必然的时间滞后性，“前人劳动后人收获”，成果评选当期项目谁负责谁受益，原始性、阶段性贡献不能得到充分回报。

4）产业创新激励不足。科技成果往往在工程化阶段或之前评定，对产业创新的激励机制缺失，这也是大量成果技术得不到应用转化的主要原因。

创新无处不在、无时不在。大多数创新具有渐进性特点，任何重大创新突破都是在前人的基础上不断积累、提升取得的。同时，创新具有群体性特点，重大的创新突破大多是多个人或团队共同努力的结果。针对以上问题，探索、建立常态化创新累进奖励机制，是鼓励团体创新、持续创新的有效手段。

案例专栏

航天 13 所 /230 厂参照 GB/T 22900《科学技术研究项目评价通则》及单位特点，制定了常态化技术创新和管理创新累进奖励管理制度，分别由技术管理部门、综合考核部门组织实施评价和考核。项目奖励等级分 13 级，1 ～ 6 级由部门组织评审，主管部门审定；7 ～ 13 级由所级评审,考评委员会审定。奖励额度从 100 元到 100 万元基本按等比数列确定，累差发放，即本等级奖励额度减去已发放的前一等级额度，以鼓励持续提高和创新，可以随时申报符合的阶段或跳级申报而总奖励额度不变。奖励不影响上级科技进步奖等奖励的申报。项目奖励随时申报，双月进行一次评审和奖励兑现。不同阶段的多个项目可以合并申报更高级别的奖励，奖金额度按累计后的差额发放。制度实施后大大激励了部门进行日常技术和管理创新的积极性。

（五）常态化培训激励机制

培训是一种有效的激励方式。管理是一种严肃的爱，培训就是最大的福利。海尔集团首席执行官张瑞敏曾说过，“没有培训的员工是负债，培训过的员工是资产”。如果把对员工的培训当成一种投资，这应该是最好的投资——它会使人力资源增值，使组织效率提高，使利润翻番，最重要的是，不必冒任何风险。

“问渠那得清如许？为有源头活水来”。企业要长远发展，要不断引进新理念、新技术、新人员，对员工进行培训，不断提高员工的素质和能力。常态化培训是企业长久保持活力和持续发展的重要手段。在全球化浪潮的推动之下，在技术更新换代、日新月异的环境下，要保持员工具有旺盛的生命力，首先就要使员工具有不断学习、不断提高的能力，要比竞争对手学得更快、更好。只有培训可以帮助员工获得迅速成长的能力，使他们获得更多的发展空间，把握更多的机会。

培训是管理者的使命和事业，不能当成任务和负担对待，一定要下力气认真做好培训教师的选择，培训课程的设计，确保培训的效果。企业常态化培训要形成体系，制度化、常态化，要及时总结和发现干部职工与企业战略发展和转型升级要求存在的差距，对不同层次、不同人员采取不同的培训方式、培训内容，定制化开发。专业所/厂可以建立内部培训体系，通过定期组织内部培训、分享会等方式，让员工能够相互学习和交流。同时，可以邀请行业专家或内部优秀员工进行授课，为员工提供更深入的针对性指导。也可以鼓励员工参加外部培训，如专业课程、认证考试等，以提高员工的综合素质和专业技能。对于参加外部培训的员工，专业所/厂可以给予一定的支持和奖励。在企业资源重组、创业转型的时期，常态化的强化培训是十分有效的手段，企业高管要亲力亲为，一个好的企业家，一定是一个善于总结和宣讲的好讲师。

1. 抓好重点培养对象——中层干部

全体干部知识能力的培养是企业发展战略得以贯彻实施的关键。干部培养和培训的重点是企业战略、经营管理知识、先进技术和先进理念文化，可采取理论和实践相结合，注重案例分析和参观交流，校外专业导师（如MBA课程）和内部授课等方式。企业管理层要主动带头，积极参与，包括授课和听课。

既有中层干部的全员教育培训，同时也针对不同群体进行定制化培训，如新聘任干部、专业干部、管理干部、事业部领导、下属公司领导等。培训的频次，一般每人每1～2个月一次，年度培训课时以24～48小时为宜。对特定群体，可以采取集中脱岗培训。培训专题可以结合思想政治工作和科研生产需要同步进行，注重培训质量，既让干部感到本领恐慌，提升自身能力，对工作有所裨益，同时也要注意以新颖、高度、深度等激发其学习的动力和兴趣。采取开放式命题，让干部结合自身工作，提出培训的感想、收获以及对工作的设想，然后将这些工作的设想落实到工作计划中，以工作效果来检验培训效果。

2. 培养攻坚“头狼”——团队带头人

项目团队是企业生产经营、科研生产活动、绩效考核的作战单元，甚至可以看成是一个缩小版的企业。团队带头人的培养既是保证团队内部高效运转，提高团队绩效，从而提高单位绩效的重要环节，同时还是培养专业技术带头人、中层管理人员的“后备军”和“蓄水池”。

团队带头人管理能力的培训既包括国家法律法规和上级有关政策、审计财务制度等工作常识，更要重点加强时间管理、计划管理、项目管理、科学理念和方法论等内容，同时也要适当补充其综合管理意识和基础理论的培训，为其承担更大的系统项目化管理和承担更高的岗位管理打下良好的基础，努力培养有激情、有能力、有悟性、肯学习的复合型人才。

3. 把握企业未来——青年骨干

注重梯队培养，加强青年骨干的培养，促使青年才俊辈出。青年骨干既是技术带头人的后备团队，同时也是真枪实干的主力和尖兵。青年骨干的培养重点是科学方法论、专业新知识、软件工具等，开拓知识面，提升专业能力，加强项目管理、时间管理等实操内容，强化团队意识、人际沟通、合作交流、实践锻炼等综合素质培养。

青年骨干梯队培养决定着单位的长远发展，由于入职年限和资历等限制，在薪酬和精神荣誉奖励方面往往被技术带头人等的光环掩盖，个人的成就体现不充分，也往往成为人员流失的重灾区。为解决此类问题，在加强青年骨干培训的基础上，还采取年度新人、青年核心人才补贴、优秀青年等方式进行激励，提高青年骨干的成就感和待遇。加强对青年同志的人文关怀，开展“五四”青年节、中秋节等节日活动，感情留人、事业留人、待遇留人并举。

4. 匠心成就精品——技能大师

先进尖端产品对技能人员的要求往往是严苛的，特别是在技术认知上不充分、技术手段尚不成熟的研发和试样阶段，需要利用技能工人精湛的技艺和丰富的经验，与技术人员一同开展技术攻关。技能大师的培养是专业所/厂人才队伍不可或缺的重要内容，“工匠精神”也成为现代工业精神的重要组成部分。

鼓励具有专业知识的大学生承担一线技能工作，鼓励在职提升学历教育，在职称评定、干部选拔等方面实行技能、管理与技术岗位的“双轨制”，消除职业发展渠道鸿沟。提高一线操作人员待遇，加大优秀人才评比评优、成果评定等方面的引导和宣传，营造“三百六十行，行行出状元”的爱岗敬业文化氛围。不断提升数字化、自动化制造能力，减少体力劳动的比例和劳动强度。开展先进人机交互装备、先进操作方法、测试方法等研究，提高调试、测试岗位工作的技术含量，提高技能岗位的成就感和获得感。

师带徒是中国航天的优良传统，各单位都有相对成熟的经验。同一专业方向、同一项目团队内以老带新，面对面、手把手传授技艺，共同工作。导师制是在更大范围利用专家资源，跨部门、跨团队培养人才的方式，导师只负责专业技术 / 技能指导，不一定与培养对象全天候一起工作。导师与学员由单位选派或个人双向选择，指导培养期满，单位组织对学员进行考核，向导师发放岗位津贴。

5. 草窝飞出凤凰——工作室机制

工作室形式有多种，常见的有技能工作室（也称大师工作室），还有青年工作室，以及近些年流行的“双创空间”等。工作室的显著特点是有领头人，其确定工作室的工作目标、方向，制定内部工作细则。工作室成员既有相对固定成员，也鼓励客座或流动人员参与，在一定期限内解决一个特定的问题或完成一项任务。工作室与班组的主要差异在于去行政化，提倡技术民主和群众性活动，项目可以根据技术发展和生产难题，自行选定课题。需要资源支持的，部门或单位应给予物力、财力和时间上的支持。

6. 大禹疏通缓压——阳光心理

采用现代心理学方法，开设心理学讲座、“阳光心理咨询室”、“情绪宣泄室”，对职工情绪和心理进行疏导和缓解，避免出现极端不良后果。特别是在重组的过程中，个别职工可能因为对政策的不理解，或者个人利益及工作环境发生个人难以接受的状况，或者工作和生活压力过大时，出现心理或情绪异常。对其进行思想教育工作的同时，采取第三方心理疏导也是一个有益的补充方式。主要的目的是让员工采取妥当的方式面对，学会调整良好心态，解决心理上的困境和思想上的症结。这种方式与思想工作的区别是保持私密性，主要采用的是疏导和引导，而不是简单评判和教育，营造轻松的心理和情绪环境。既可以把其作为培训的一部分，也可以作为工会的日常工作内容。

（六）人员内部动态交流

人员流动之所以成为一种普遍现象，有其内在的必然性。从个人层面看，有利于发挥特长，满足自我需求；有利于学习新知识，丰富经历，增长才干。从企业层面看，人员流动既是压力，也是机遇。常言道："人挪活，树挪死"。适度的流动对企业不一定是坏事。但要注意区分正常流动和非正常流动，正常流动有利于改善队伍结构；非正常流动可以促使企业反思管理工作中的问题，采取改进措施。

人员内部交流是保持活力、提升能力的一个重要手段。要保证内部交流的效果，需要从单位层面采取相应的措施，制定相关制度，建立配套考核和激励政策。既要鼓励正常流动，又要保持业务单元和创新团队主体的相对稳定。人员流动比率控制在 5% 以内。要与日常工作协调、行政管理区分开来，具体包括以下几个方面。

1. 所 / 厂主导

内部交流必须由单位第一责任人或主管人力资源开发的所 / 厂领导亲自主导。在人员和部门确定、交流形式、考核评价方面进行决策，坚持以人为本，体现人文关怀，做好思想引导、情感辅导和心理疏导。既要鼓励正常流动，也要保持整体团队的相对稳定，避免盲目流动，杜绝私下人情关系。

2. 建立机制

建立人员流动的相关制度，建立正确导向和价值取向，确保人员流动的各项工作规范、有序、有效。有效疏导、化解工作问题和矛盾，避免将个人矛盾、私人恩怨与正常工作相混淆。人员流动政策要保持延续性，不能因人而异、因时而异。人员流动必须要形成常态化，频次和力度对效果具有决定性作用。首次流动可以控制在 10% ～ 30%，常态化流动比例控制在 5% 以内。周期一般与单位的绩效考核周期相协调，一般以双月、季度为周期，原则上不要超过半年，年度首次流动可以根据年度考核情况适当增加比例。

3. 考核激励配套政策

针对人员流动，要制定相应的考核配套制度，保证员工的正当权益、职业发展、职位等级和考核不受影响。对内部访问学者、授课专家、传帮带和指导教师、以培养为主的轮岗人员，要给予倾斜性保护政策，以建立正确的人才流动导向，鼓励有利于专业布局优化和能力提升的内部交流。

案例专栏

航天 13 所 /230 厂在改革重组中的考核激励配套政策主要包括以下几类。

（1）轮岗

轮岗是指管理、技术、技能人员从某个部门、岗位进入另一个部门或岗位进行锻炼。与调整工作岗位的区别在于：调岗是根据工作需要和个人能力重新安排工作；轮岗侧重于提高个人能力，轮岗结束原则上回原部门或原岗位工作，也可根据工作需要另行分配。轮岗人员包括中层管理干部、优秀技术 / 技能人才，以及岗位能力不足的员工。前者轮岗是为了增加阅历、培养复合型人才；后者主要是强化能力培训，寻求更合适的工作岗位。轮岗由部门提出或个人申请。借调是轮岗的特殊形式，主要是短期执行专项任务，工作任务结束回原单位。借调期间，由双方共同考核。通过实施轮岗制度和多岗位锻炼，可以让员工全面了解企业的运营流程和各个岗位的职责，提高员工的综合素质和适应能力。同时，也有助于发现员工的潜力和特长，为其提供更合适的发展机会。

（2）内部访问学者

内部访问学者制度，是以人才培养为目标的流动方式。访问学者的选派由部门提出建议、人力资源管理部门统一协调。安排德才优秀、有发展潜力的青年骨干，到专业相同或相近的优势部门，学习先进技术、工艺、技能，改善知识结构，全面锻炼提高。内部访问学者制度具有普适性，重点安排培养对象进入新成立部门或增设的新岗位工作，可实行一人双岗。

（3）内部人才市场

建立内部人才市场有两个好处，一是有利于促进人员有序流动，二是有利于减少人才流失。与工作调动的区别在于，工作调动要调入和调出部门领导都同意，而内部人才市场则简化了审批流程，赋予当事人更多主动权，选择权在接收部门。只要有利于单位建设，部门领导一般都会尊重个人意愿。人力资源管理部门在具体操作时，要把工作做深做细，全面了解员工真实意愿，并对个人诉求保密。人力资源管理部门相当于市场中介，是供需双方的“红娘”。建立供需信息发布平台，屏蔽人员身份，重点介绍教育背景、从业经历、工作诉求等。

二、营造积极向上的企业文化

积极向上、强调执行力的企业文化能够让员工更好地理解和接受专业所／厂的战略目标，能够激发员工的归属感和使命感，从而更好地执行各项工作。深入推进以“航天传统文化新实践、创新文化新培育、市场文化新塑造、制度文化新拓展、人本文化新提升”为主要内容的科学工作作风及企业文化建设。努力摒弃旧的、落后的、违背时代发展的不良文化，积极营造新的、先进的、符合时代潮流的企业文化。提升文化引领力、服务力、竞争力，适应改革发展新需要。

（一）新的先进企业文化特征和内涵

结合建设世界航天强国的新使命、践行社会主义核心价值观的新要求、培育新一代航天员工的新目标，围绕技术创新、体制机制创新、经营管理创新，以思想观念创新为突破口，尊重创新、支持创新、鼓励创新，理解宽容创新失败，积聚创新成果，推动创新发展。增强运用市场配置资源、主动应对市场竞争、积极开拓国内国际两个市场的自觉意识，培育面对市场、适应市场、搏击市场、赢得市场的文化观念，形成全员营销良好氛围。提升干部职工对法律法规和制度条例的尊重和执行，做到遵规守纪、践行承诺。密切干群关系、促进员工成长。加强对员工的人文关怀和心理疏导，提升员工对单位的归属感。领导干部要带队，干部职工都要变革，共同根治大企业病。

要在单位内大力倡导消除滥用同情心、把人情关系凌驾于单位利益之上、“山头作风、小圈子文化”等不良现象；抵制违背时代要求的小股文化紊流，消除无事生非、传闲话等“负能量”传播，直面指出和正面解决问题。反对享乐主义，倡导艰苦创业、学习奋进的优良作风。变革“等、靠、要”，“庸、混、散”等工作作风，抵制“贪图安逸”“要福利不愿付出，要出彩不想出力”“追求眼前小利、个人利益至上”等不良风气，打消一些人得过且过、钻空子、混日子的消极念头。倡导扎实、务实、老实的工作作风，抵制回避问题、无所作为的官僚作风；铲除“要权力不要责任”“推过揽功”等现象存在的土壤；反对不深入一线、不解决实际问题，管理简单化、教条化、照搬照套等工作懒汉行为。全面形成“贤者上、庸者让、劣者下”的干部任用、骨干选拔等选人用人良好氛围。抵制不良意识，树立正确的业绩观。抵制“对别人求全责备，对自己放松要求”“嫉贤妒能、自私自利”“孤陋寡闻、妄自尊大”等排他意识；抵制“目光短浅、小富即安、缺乏自律、宗派团伙”等小农意识；抵制“不谋事、只谋人”“视人际关系重于业绩”等投机意识。航天专业所 / 厂先进文化的特征和内涵见表 8-2。

表 8–2　对航天专业所 / 厂先进文化的理解

序号	特征	文化内涵
1	真抓实干 树立信心	失去自信就会失去机会。信心是干出来的，不是领导给的，要在失误和不足中不断历练和完善自己。要善于在一次次不断克服困难取得一点点小成就或小进步中培养自信。
2	直面危机 应对挑战	必须时刻有危机感，随时准备接受新岗位挑战。在内外部形势快速变化的严峻形势下，必须能接受任何新任务的挑战，即使从来没干过。没有岗位不该干或不能干的任务，只有不能适应时代和市场要求的惯性思维和惰性思维。
3	高优标准 带好队伍	树立远大的目标和高的工作标准，严以律己，严格要求管理队伍，带动队伍整体进步。

续表

序号	特征	文化内涵
4	对标先进 找准差距	多与行业标杆单位进行对比，向行业先进、标杆单位学习，查找自身差距，并积极改进，力争超越先进。
5	开阔胸襟 拓宽视野	树立远大理想和抱负，怀有开阔胸襟和眼界。站得高方能望得远。心胸有多大，天地有多宽。
6	保持定力 共克时艰	目标和方向一旦设定，就要保持战略定力，要有攻坚克难的决心和坚持到底的恒心。
7	战胜恐慌 勇担责任	要有强烈的本领恐慌，干部（特别是副职干部），不能把自己混同于普通群众。必须对自己分管的工作真正全面负起责任，敢于担当，不能点一步、走一步。要讲政治规矩，原则和重要事项要及时向上级汇报，并保持沟通。
8	复杂局面 会弹钢琴	提高应对突发情况的能力，做到坦然处理复杂情况。“兵来将挡，水来土掩”，应对复杂、多变局面应学会“弹钢琴”，分清轻重缓急，努力想办法克服困难，克服抵触情绪。
9	重整行装 再次出发	干部轮岗是常态，如果觉得自己的工作不用再努力了，就需要换岗了。原因有两种：一是自身安于现状，不思进取；二是需要一个更具挑战性或者更能发挥长处的工作。第一种很危险，如不改进就会面临淘汰；第二种很好，给予更广阔的成长空间。
10	雷厉风行 强力作风	积极主动想办法，要从骨子里彻底杜绝“等靠要”惰性思想和“拖耗绕”工作作风。
11	自主推动 争作表率	自主思考，自主工作。要时刻用心研究如何带好队伍，结合形势变化和自身业务，以目标导向谋进步，以问题导向谋提升。
12	简单人际 重树新风	工作是判定干部的唯一标准，重塑简单的人际关系。所、厂两支队伍要做到相互尊重、相互欣赏。不过度揣测领导的心理，不搞团团伙伙、拉帮结派。
13	主动学习 共同进步	学习与工作多头并举、齐头并进。通过学习和实干争取公平的机会和应有的地位。
14	争先创优 多做贡献	待遇要向骨干、实干者、贡献者倾斜，“能者多劳，多劳多得”。按贡献拉大收入差距，贡献小意味着占用和浪费资源。
15	职场礼仪 展现形象	着装、举止、谈吐反映人对生活的态度，言行举止影响工作成效。生活正派、工作严谨才能获得群众的尊重。
16	弘扬正气 传播能量	从部门领导做起、从班组长做起，始终弘扬正气，传播正能量。领导、骨干更要以身作则，重塑积极向上的文化。

（二）用先进价值观统揽企业文化建设

企业文化作为一种思想观念，决定着组织成员的行为方式。先进企业文化能激发员工士气，发掘人的潜能，凝聚集体智慧，为企业创新发展提供精神动力。企业文化建设工作围绕价值观，从制度、行为、形象三个层面依次展开。

1. 精神追求与现实需求相统一

企业文化承载着组织成员的共同愿景，企业文化建设必须把员工的普遍性精神追求与特殊性的现实需求，统一于企业创新发展的生动实践。就个体而言，无论是航天报国的精神追求，还是挣钱养家的现实需求，都应得到一定程度的满足，否则这种组织文化对个体来说就是海市蜃楼，难以形成发自内心的认同。只有当企业的经营理念、发展目标、现实条件与员工的价值取向趋于一致时，员工才能以企业为家，把为企业发展目标而奋斗作为一种精神追求。当物质条件尚不能满足员工的现实需求时，要做好拴心留人的工作，营造公平竞争环境，建立多措并举的综合激励机制，营造既有民主又有集中、既讲纪律又充满活力的组织氛围，让员工在统一目标下保持个性发展。

2. 企业文化与员工思想观念相统一

进入新时期，航天企业文化承载着组织成员的“航天强国梦”，包括理想抱负、进取精神和家国情怀。企业文化建设目标是恒定的，但组织机构是开放的，组织成员始终处于变化之中。人具有双重属性。作为自然人，有七情六欲、喜怒哀乐；作为社会人，不仅人与人之间在思想观念上相互影响，同一个人处在不同的时空环境，其思想观念也会发生变化。然而，企业发展要靠动态变化的人来实现。因此，企业文化建设必须与时俱进，不断进行自我完善，将文化建设融入企业发展战略，转化为组织成员的自觉行动，形成“人人想干事、人人会干事、人人按规矩办事”的文化氛围。

企业文化的恒定性与组织成员精神追求、与现实需求之间的张力，构成了企业文化自我革新的内在动力。只有全面满足职工的精神追求和物质需求，才能得到组织成员的认同。只有不断进行自我完善，始终保持先进性，才能实现恒定目标。

（三）文化建设与人力资源开发相统一

组织文化是推动企业发展的精神动力，“以人为本”是企业经营管理的基本理念。人力资源开发和企业文化建设具有共生和互补效应。人力资源管理对象是组织成员，企业文化本质上是组织成员对共同愿景、行为规范的普遍认知。企业文化建设与人力资源开发同频共振、内外兼修，才能充分激发人的能动性和创造性。坚持企业文化建设与人力资源开发相统一，就必须把企业的价值观融入选人用人标准、贯穿于员工教育培训全过程、纳入绩效考评体系。

1. 把企业文化融入选人用人标准

企业选人用人，一要考查其综合素质和业务能力，二要考查其对企业文化的认同感。“道不同，不相为谋”，价值观与企业文化背道而驰的人，能力再强也不能用，否则后患无穷。“人心齐、泰山移”。只有志同道合，心往一处想、劲往一处使，才能将群体力量发挥到极致。人员招聘过程中，首先要把企业的使命、经营理念、组织文化说清楚，否则即使入职也会因理想信念、道德观念冲突而分道扬镳。

2. 把企业文化贯穿于员工教育培训全过程

春风化雨，润物无声。企业文化对员工的影响力是潜移默化的，教育培训是员工业务能力提升的助推器。入职培训不可或缺，有“系好第一粒扣子”的作用。高水准的入门课，往往使人终身难忘。面向社会招聘的员工，要加大企业文化在入职培训内容中的比重，因为这部分人不同程度带有原企业文化的烙印，让他们朝夕之间达成对航天文化的认同不太现实。只有经过言传身教、持续引导，内化于心、外化于行，才能成为合格的航天人。

3. 把企业文化的要求纳入员工绩效考评体系

岗位绩效考评关乎员工切身利益，直接影响个人感受。考评中务必要坚持价值观导向，公开考核内容和评价标准。不透明的考评是糟糕的，模棱两可的评价会使人不知所措。岗位考评具有多重功效，最直接的作用是奖勤罚懒，鼓励先进、鞭策落后。因此，考评过程必须公开透明，考评评价必须客观公正。对先进员工的表彰奖励自然皆大欢喜，对违纪违规行为的处置则不尽然。通常对违纪违规行为的处置有两种选择，一种是大而化之，“下不为例”；一种是“零容忍”“罚一儆百”。前一种取向看似人性化，但负面效应不可低估。后一种取向虽然“不近人情”，但却有助于抑制歪风、弘扬正气。褒奖和惩戒的表现形式不同，但目的一致，即营造风清气正、干事创业的内部环境。

（四）培养科学工作作风

专业技术人员的科学作风靠点滴养成，在实践中锤炼。我国航天事业初创时期，老一辈航天人开创并实践了以“三严”著称的科学作风。进入新的历史时期，航天人才队伍科学作风培养是一项紧迫的任务，是关乎航天事业可持续发展的大事。首届“七一勋章”获得者、两院院士陆元九先生曾经语重心长地说：“随着老一代航天人陆续退休，大批年轻人进入工作岗位，承担重要职责。很多重点型号已经进入关键阶段，在工作任务繁重、技术难度加大的情况下，年轻的科研人员不但要有坚实的技术基础，还要有严谨务实的科学作风，这样才能提高解决复杂问题的能力，确保完成任务。”

优良的作风和学风是做好科技工作的“生命线”。2004 年，陆元九院士领衔发起并积极推动“航天人才科学作风培养工程”，以惯性导航专业为切入点，亲自指导、精心选择“动基座初始对准技术”“光纤陀螺空间应用技术”“硅微加速度计技术”三个课题组为“试验田”，取得丰硕成果，2008 年在航天科技集团全面推广。该工程的实施，对航天 13 所 /230 厂工程技术人员科研作风养成和综合能力提升起到了“四两拨千斤”的作用，一批中青年骨干人才成长为所 / 厂领导和学术带头人。进入新时期，航天人面临型号工程结构越来越复杂、技术风险控制难度越来越大的挑战，愈发需要大力培养和弘扬科学作风。

技术民主是中国航天创建之初就倡导形成的创新文化，也是中国航天事业发展积累的宝贵经验。发扬技术民主的有效途径是适时召开技术讨论会。一般以课题组为单位，部门主管和所 / 厂领导参加，集中讨论需要解决而尚未实现的技术问题。提前发出会议通知、印发相关资料，以便与会人员做好充分准备。所 / 厂领导和权威专家以普通员工身份参加会议讨论，这一点十分重要。所 / 厂和部门组织的技术讨论会每月 1 至 2 次，专业团队组织的技术讨论会原则上每周 1 次。技术讨论会的形式和功能类似于“头脑风暴”，开好这种会议需要把握下列原则：

1. 明确概念及其内涵

讨论问题要从基本概念出发，模型要准确，机理要清楚，思路要清晰。思路是解决问题的路径，首先要对头绪纷繁复杂的技术问题进行归纳，抽象成几个基本点（概念），即由厚变薄的思维过程。搞清基本概念后，其他问题可以直接或间接推导出来。从工程技术的角度思考某个问题时，每个人头脑里都会有一个模型，其中可能包含若干环节，对各个环节之间的关系要清楚。不同专业的人对同一问题有不同的模型，这是互相交流、互相启发的好机会。

2. 用数据说话

掌握试验方法，对试验结果进行定量分析，用数据说话。型号工程应用的任何产品，都要在掌握有关理论的基础上，精心设计、生产和试验，发现问题，修改设计再试验，不断迭代直至得到期望的数据；要对所有测试数据进行分析处理，将性能方面的信息作为进一步改进设计的依据。认真分析试验数据，正确理解和运用数据处理的统计特性，不能简单照搬照套公式；要深入分析数据隐含的各种信息，通过数据整理与分析发现问题，得出正确结论。

3. 问题由厚变薄

由厚变薄是将复杂问题简单化，使不可能成为可能，但要考虑到问题的方方面面，百密而无一疏。航天型号工程是多学科知识综合集成的复杂巨系统，需要数十至数百个团队的直接参与。要牢固树立全局一盘棋的观念，不能挑三拣四，把好吃的肉留下、难啃的骨头扔给别人。不能一味追求局部优化，应共同研究如何实现整体最优。对复杂的研究对象，要采用定性与定量的综合集成法，经简单计算即可得到量化结果。

4. 鼓励独立思考

与会人员要提前做好准备，会议发言要简明扼要，讲究逻辑性和条理性，切忌漫无边际的空谈。领导干部和权威专家不要抢先发言，以免影响其他与会者的发言思路、产生从众心理。会议主持人的职责是掌握会议节奏，做出会议总结，但不能搞“先入为主”。与会人员要相互尊重，不得打断或反驳他人发言。鼓励青年员工独立思考，勇于自我挑战，敢于发表不同意见。

实践证明，开展技术交流、发扬技术民主，有助于团队成员开阔眼界，扩大视野，增强全局意识，正确处理局部最优和整体最优的关系；有助于培养系统思维能力，掌握牵牛鼻子的方法，从总体上把握型号研制中出现的问题；有助于培养质量意识，把握产品质量问题归零的真谛，在机理没有完全弄清楚之前，绝不放过任何一个细枝末节，避免相同问题重复出现；有助于学习型团队建设，推动自主学习、交互学习、协作学习蔚然成风，强化科学精神、怀疑精神、创新精神、团队精神。

（五）掌握企业文化变革的主导权

企业文化由组织成员的共同价值观和社会行为构成，是各种价值观和行为方式相互作用的结果。文化变革需要应用各种工具，清晰表述组织追求的价值观，还需要建立包括制度、政策、规范和激励在内的运行机制。

文化是一种“软”管理，包括人们的思想、感受和期望等，其影响无处不在。正向文化对组织目标有极大的推动作用，负向文化则会阻碍组织意图的实现。旧的组织文化越是根深蒂固，越是会束缚变革，改造旧文化比创建新文化更为艰难。在所 / 厂改革重组中，要牢牢掌握企业文化变革的主导权。

1. 一把手要高度重视并亲自抓文化建设

文化变革的成效取决于组织最高管理者的态度、行为和决策。微软首席执行官萨提亚·纳德拉（Satya Nadella）曾说："首席执行官是组织文化的负责人。一家公司，若其文化关乎倾听、学习，以及利用个人激情和才能实现公司使命，那么他将无往而不胜。而创造这样一种文化正是首席执行官的首要职责"①。有的企业领导虽然认为创新文化很重要，但却往往将文化变革的实际工作委托给党群工作部门。这是不负责任的，却是在现实中一定程度存在的。思想和文化的主导权是不能轻易下放的，必须由高层直接掌控和推动。企业高层领导要经常自我反思：真正花在文化建设上的时间有多少？组织召开的会议中，有多少是聚焦文化建设的？发布的员工招聘和晋升标准与组织文化契合度如何？只有经常扪心自问才能亲力亲为。在航天专业所 / 厂的改革重组实践中，多家单位高度重视干部队伍和企业文化建设，经常性地开展以中干、骨干为主的大范围的学习教育培训。将作风和文化建设作为常态化内容，在各种专题会、群体活动中反复强调、提要求。

2. 树立期望行为的榜样

企业文化终将体现于人的行为。没有合适的人，就没有文化变革。作为领导者，应该尽一切可能解释文化变革，说服怀疑者、影响观望者。再优秀的人也无法独自工作，需要寻找拥有共同价值观的人一起组建团队。文化变革需要一支部署到位的支持者团队，传递信息，成为行为标兵，带领志同道合的人一起行动。建立新文化，需要招募人才。这些人不但要有相同的价值观，还要具备较强的个人素质和能力，能在新文化中快速成长。组织文化不一定反映所有成员的个人价值观，但个人价值观必须与组织文化保持一致。

---

① ［美］萨提亚·纳德拉. 刷新：重新发现商业与未来［M］. 陈召强，杨洋，译. 北京：中信出版社，2018.

企业文化是共享价值体系，定义了行为的期望和规范。行为是价值观的外在表现，价值观可能是抽象的，但行为是具体的。影响员工行为的最佳方式是领导者率先垂范，并在各个层级、各类人员中树立学习榜样。另外，要旗帜鲜明地同违反契约精神、背离企业文化的行为做斗争。

3. 广泛发动群众

不同文化激烈竞争并占据支配地位时，就变为企业内部的文化冲突。这种冲突表现在业已形成的文化对变革文化的抵触，以及不同部门文化差异的碰撞。企业文化不仅定义了组织中什么重要，还定义了组织中谁更重要，尤其是谁更具影响力。认同组织文化，意味着更容易受到重视，行为方式更容易被别人接受，意味着融入了不成文的“游戏规则”，行为表现也格外突出。反之亦然。

企业创新文化的生存和繁荣，需要认真保护。有效的策略是组建自治团队，运用政策工具打造内部创业创新“示范区”，通过总结经验教训，基本成熟后再予以推广。“新桃换旧符”绝非一帆风顺，专业所 / 厂领导者的责任，就是通过舆论引导和行政措施，为文化变革保驾护航。

三、坚持党建引领队伍和文化建设

事业发展，根本在党。航天专业所 / 厂改革重组和创新发展一定要一以贯之、坚定不移地坚持党建引领。

（一）坚持政治引领

始终把政治建设、思想建设放在首位，着力深化理论武装，增强党的思想引领，航天专业所 / 厂要坚持以习近平新时代中国特色社会主义思想凝心铸魂，教育引导干部职工不断增进对党的创新理论和自我革命精神的政治认同、思想认同、理论认同、情感认同。一是坚持体系化全面系统学，扎实读原著学原文悟原理；二是坚持一体化上下贯通学，把政治学习与专业所 / 厂的党员政治忠诚和党性、党史、党政等主题教育常态化结合起来，与学习贯彻习近平总书记关于国有企业改革发展和党的建设重要论述结合起来；三是坚持长效化反复深入学，教育引导干部职工不忘初心、牢记使命，深刻把握专业所／厂在中国式现代化中的定位作用和使命任务，发挥好科技创新、产业控制、安全支撑“三个作用”。

（二）坚持选人用人正确导向

自觉讲政治，就必须坚持正确的用人导向。为政之要，惟在得人。用一贤则群贤毕至、见贤思齐则蔚然成风。毛泽东同志说过，正确的路线确定之后干部就是决定的因素。选人用人是关键性、根本性问题，必须树立鲜明的正确用人导向[①]。千秋基业在用人、所／厂兴衰在干部，使那些勇于担当、善于作为的管理人才有用武之地；为那些德才兼备、想干事、能干事的专业技术人才搭台子、铺路子，帮助其干成大事。

古人云：“用得正人，为善者皆劝；误用恶人，不善者竞进”。坚持正确的选人用人导向，本质上是为员工指明努力方向，营造风清气正、干事创业的环境。选人用人要坚持群众路线，专业所／厂干部职工都生活在组织和集体之中，谁人几斤几两，大家心里都有杆秤。选拔对象有公信力，群众会举双手赞成，反之会用脚投票。关键是要有正确的选人标准、科学的用人方略，真正把德才优秀、忠诚干净担当的干部选出来、用起来，营造风清气正的创业干事氛围。

把握好选人用人导向，选出组织放心、群众满意、干部服气的干部，就能进一步激励干部担当作为，营造干事创业的良好氛围。用人导向就是努力方向，用人生态直接影响一个单位的政治生态和干事创业环境。用好一个人，激励一大片。实际工作中，选出的是德才兼备、开拓奋斗的好干部，大家心气就顺、干劲就足，就能够形成你追我赶的生动局面；相反，如果褒奖和重用的人不那么有公信力，就可能影响干部队伍士气，影响事业发展。

① 刘维涛．把握好选人用人导向［N］．人民日报，2020.12.22.

（三）坚持党建与中心工作双促进

多年来，尽管航天系统管理体制多次改变，但我们党思想政治工作的优良传统一直传承下来，并发扬光大。其中有3项主要内容：一是重视各级党委的政治核心作用、党支部的战斗堡垒作用、共产党员的先锋模范作用；二是保留精干高效的思想政治工作机构和党群工作队伍；三是工作方法在延续一系列卓有成效的方式方法的基础上，不断改进和创新。主要体现在以下方面。

1. 着眼提高干部职工的政治素质，经常性开展形势任务教育

大力宣传党和国家关于发展航天事业的方针政策，并不断丰富形势任务教育的内容和方法手段。思想政治工作部门、人力资源管理部门和科研生产部门通力合作，在提高各类人员业务技术素质的同时，持续开展弘扬航天精神的教育，使一代又一代新人成为业务强、技术精、政治素质高的航天事业接班人。

2. 坚持以科研生产为中心，确保工作方法的科学性

航天事业创建之初，聂荣臻元帅就明确指出：国防科研机构的思想政治工作"首先要明确目的，结合特点，才能发挥更大的威力"。航天专业所/厂思想政治工作在落实"两个服务"的实践中，始终需要注意处理好3种关系：

一是正确处理政治工作和科研工作的关系，确保科技人员的工作时间；尊重知识分子，充分发挥他们的积极性；政工干部加强业务学习，变外行为内行。

二是正确处理思想政治工作的一般要求和航天系统实际情况的关系，注重创造有利于发扬技术民主、落实技术责任制的良好氛围。

三是正确处理出成果和出人才的关系。高素质人才队伍是创造高质量成果的基本保证。出人才要以出成果来检验，检验人才的标准就是看他能否创造出高质量科技成果和经营业绩，否则就失去了客观标准。航天专业所/厂

在长期实践中，总结出“在实践中学习、在学习中体会、在体会中提高”的原则，将人才培养寓于科研生产任务和各项管理工作全过程。

3. 充分发挥思想政治工作的支撑保证作用

深入实际、深入群众是我们党的优良传统，航天专业所 / 厂的思想政治工作者切实将这一传统发扬光大，长期坚持深入科研生产第一线，紧密围绕型号工程的方案论证、研究设计、试制生产和飞行试验各个阶段的不同任务及其特点，全方位开展思想政治工作，保证研究设计的高质量，保证试制生产任务的完成，保证飞行试验任务的成功。

当今时代，各种社会思潮和文化形态相互碰撞，专业所 / 厂文化建设面临严峻挑战。面对各种社会思潮的冲击，如何传承先辈留下的为祖国、为航天、为国防的奉献精神，如何引领新时期的航天人肩负起建设航天强国的使命，是航天专业所 / 厂文化建设面临的内部挑战。面对尖锐复杂的挑战，必须毫不动摇地加强思想政治工作，抓好经常性教育管理，从点滴抓起，防微杜渐，筑牢全体人员的理想信念根基。

（四）充分发挥党政工团作用

注重发挥党政工团的作用，将党支部、工会和团支部打造成“合”则集聚力量、“分”则各司其职的坚强队伍，同频共振。加强航天专业所 / 厂内各部门与党支部、工会的紧密联系。不断创新丰富工会活动形式，组织丰富多彩的文体活动，形成健康促进、快乐共享的良好环境。抓好基础保障，建好食堂、停车场、充电桩、卫生间、母婴室等基础设施，推进为员工办实事，体现组织关怀关爱。进一步规范团支部建设，探索开展团员青年工作的有效方式，以做深、做新、做实团支部和青年工作为目标，为专业所 / 厂发展打造一支强有力的突击队和生力军。

结　语

一代人有一代人的长征。新阶段新任务，改革创新正逢其时。萧伯纳说过，“人生不是一支短短的蜡烛，而是一支由我们暂时拿着的火炬，我们一定要把它燃得十分光明灿烂，然后交给下一代的人们”[①]。深刻理解和把握好改革、发展和稳定的关系，深刻认识“发展慢就是最大的风险”，航天专业所 / 厂唯有加快改革和创新的步伐，才能实现真正的高质量发展。要主动迎接挑战，勇于变革创新，要有自我革命的勇气、正气和底气，激发转型升级的动力、能力和活力，要保持“不畏浮云遮望眼”的战略清醒，“乱云飞渡仍从容”的战略定力，“咬定青山不放松”的坚韧毅力，更应有“功成不必在我，功成必定有我”的精神境界和历史担当。

一、强化战略思维，正确把握新时期航天专业所 / 厂的发展定位

新时期新形势，新发展格局为航天专业所 / 厂展现了广阔的市场新视野和新平台，对专业所 / 厂而言是重要的历史性机

① SHAW G B. Man and Superman. 1903.

遇，也是严峻挑战。应深刻领会和践行党中央的指导精神，深入研究国家宏观政策、国防和央企改革动向，积极响应国家创新驱动、军民协同创新发展、深化供给侧结构性改革、发展新质生产力等重大发展战略。加强对内外部形势的分析和预判，科学运用市场经济规律，用足“资源”，善借“东风”，谋定而快动，建设国际一流水平的航天专业所 / 厂，支撑中国航天事业的发展。

二、强化系统思维，正确把握新时期航天专业所 / 厂的发展方向

时代潮流浩浩荡荡，历史车轮滚滚向前，如不抢抓机遇、深化变革，航天专业所 / 厂很可能将会沦落成为随时可被替代的普通“加工车间”。作为国防科技工业体系中具有战略意义的高科技研究所，要以保型号成功为核心工作和命脉，以创新为引领发展的第一动力，以科研能力为生存根本。坚持专业技术与信息技术等新技术体系化交叉融合、协调发展，深化主业管理、强化归核聚焦、发展系统级业务、调整产业结构，培育更能凸显优势和特色的产业化项目，推动核心技术和产业向中高端转型。

三、强化创新思维，正确把握新时期航天专业所 / 厂的发展途径

航天专业所 / 厂应是航天核心专业的创新中心。要永远保持强烈的忧患意识和变革意识，瞄准打造“国内领先、国际一流”的专业所 / 厂目标，持续推进所 / 厂理念创新、技术创新、管理创新、文化创新等全方位创新，最大限度地解放和激发蕴藏在航天专业所 / 厂队伍中的创新驱动潜能。紧紧抓住人才这一创新的核心要素，加快培养造就领军型人才队伍。坚持“先天下、纳百川、重实干”，将创新行为落实到创造新的技术经济增长点上，把创新成果转化为实实在在的产业活力。

四、强化超前思维，正确把握新时期航天专业所 / 厂的发展方法

要睁眼看世界，抬头望未来。要努力以“站在未来、回望当下”的视角，

辩证地看待所/厂当前技术水平和发展方向，找准奋斗目标和实施途径。提升抓关键、抓核心、抓未来的能力，抢占先机、预先布局，在加强基础性、关键性技术攻关和产学研模式创新的同时，超前统筹布局前沿性、颠覆性技术新兴领域，持续增强核心竞争力，不断提高所/厂在国内乃至国际的技术地位和话语权，真正做到“关键在手，未来在手”。

五、强化问题导向，以主动扬弃之智求新求变

要敢于正视落后，善于发现不足，不断发现问题、解决问题。要根除“小问题不愿管、无人管，大问题不敢管、人不管”的现象，不回避问题、不放过问题。以勇于开拓的担当精神和重诺守信的契约精神创新发展、加速前进，不断提高站位、提升境界，办法就一定会比困难多，最终闯关夺隘、行稳致远。

六、强化结果导向，以愚公移山之志苦干实干

航天专业所/厂正处于转型升级发展的关键时期，面临着诸多的困难与挑战，把这些过程放在更长远的发展周期来看，只是波浪式前进的新轨迹、螺旋式上升的新弯道。干事业就要面对挑战和风险，就要面对周围的质疑和阻力。“天助自助者，人帮自强人”。事物的发展都是非线性的，只要以必胜的信念潜心实干，坚持“歼灭战”“攻坚战”与“持久战”相结合，积小胜成大胜，就一定能实现战略目标从量变到质变的突破，开辟发展新的天地。

七、虚心学习、勤于修行，打造新时期一流人才

只有既实践又学习的人，才能把事业做到最好、做到极致。“思路决定出路、作为决定地位、格局决定结局”，无论处于人生的哪个阶段，都不能做思想上和行动上的“懒汉”。航天专业所/厂改革与重组需要真正奋斗的

人、学习的人、实干的人。既要跟得上形势在竞争中积累实战经验，也要耐得住寂寞在岗位上不断雕琢匠心；既要懂政治、懂管理，也要懂技术、懂市场。唯有处变而不胆怯，受挫而不短志，狠抓内功、不断修行，才能历练成为堪当大任的栋梁之才。

八、树立新风、弘扬正气，坚持营造风清气正的文化氛围

“人情风”“懈怠风”“拉关系”“走后门”，是企业衰败的主要根源之一。坚持从严治企、正风肃纪，加强作风建设和选人用人的各种考核，做到公开公正、知行合一，秉承和弘扬新的价值观和企业文化。只有坚持领导干部身先士卒、率先垂范，坚持以实干者、开拓者、奋斗者为本，让正能量入脑入心，让诚信明理蔚然成风，才能众人拾柴火焰高，持续发展、基业长青。

九、坚持党建引领，把好选人用人关口

围绕航天专业所 / 厂发展需要，坚持五湖四海，配好班子用好干部，及时把那些愿干事、真干事、能干事、干成事的干部发现出来、任用起来。坚持事业为上、以事择人，为事业选、为事业用，切实把最优秀的干部放到最重要的岗位上，把最能拼的干部派到最关键的战场上，及时大胆选拔使用政治过硬、肩膀过硬、能力过硬、业绩过硬的干部。

十、与时俱进、永攀高峰，创建学习型组织

创建学习型组织，充分发挥每个成员的创造性能力，努力形成一种弥漫于群体与组织的学习气氛，凭借着学习，使个体价值得到体现，组织绩效得以大幅度提高。要在全体成员中树立起“与时俱进、永攀高峰”的信念和共同愿景，使航天专业所 / 厂不断学习、不断进取，自我更新、自我超越，从而提高组织的竞争力。

参考文献

［1］埃里克·冯·希普尔．数字时代的用户创新［M］．陈劲，王楠，译．北京：机械工业出版社，2024.

［2］加里·皮萨诺．变革性创新：大企业如何突破规模困境获得创新优势［M］．何文忠，桂世豪，周璐莹，译．北京：中信出版社，2019.

［3］杰里·加斯顿．科学的社会运行［M］．顾昕，等译．北京：光明日报出版社，1989.

［4］迈克尔·哈默．超越再造——世界快变下的企业竞争力策略［M］．沈志彦，孙康琦，楚卿子，译．上海：上海译文出版社，2007.

［5］迈克尔·哈默．企业革命的宣言书［M］．王珊珊，胡毓源，徐荻洲，译．上海：上海译文出版社，2007.

［6］约瑟夫·本·戴维．科学家在社会中的角色：一项比较研究［M］．刘晓，译．郑州：生活·读书·新知三联书店，2020.

［7］斯帕纽洛，等．航天项目管理方法与工具［M］．周建平，译．北京：国防工业出版社，2013.

［8］约翰·贝赞特．创新的方法：一家百年企业的创新管理实践［M］．陈劲，庞宁婧，译．北京：机械工业出版社，2024.

［9］《当代中国》丛书编辑委员会．当代中国的科学技术事业［M］．北京：当代中国出版社，1991.

［10］包为民．以科技创新开辟发展新领域新赛道［J］．科技导报，2024，42（1）：1-2.

［11］布莱恩·哈维．中国航天——伟大的跨越式发展［M］．许永建，等译．北京：中国宇航出版社，2021.

［12］蔡曙山．大科学时代的基础研究、核心技术和综合创新［J］．人民论坛·学术前沿，2023（9）：16-35.

［13］陈美．中央企业创新行为研究［M］．北京：中国经济出版社，2020.

［14］陈占夺．企业管理的中国模式：中国特色现代企业制度［J］．现代国企研究，2022（5）：25-30.

［15］闯出航天电子发展特色路——航天电子专业改革重组20周年发展回眸［EB/OL］．中国航天科技集团有限公司官网，2023-03-29.

［16］丁友刚．中国企业重组案例：中央企业专辑［M］．大连：东北财经大学出版社，2009.

［17］顾诵芬，史超礼．世界航天发展史［M］．郑州：河南科学技术出版社，2000.

［18］郭宝柱．航天工程管理的系统观点与方法［J］．中国工程科学，2011，13（4）：43-47.

［19］航天科技九院13所多举措提升质量管理工作［EB/OL］．http：//www.sasac.gov.cn/n2588025/n2641611/n4518442/c7796469/content.html，2017-08-28.

［20］黄奇帆．重组与突破［M］．北京：中信出版社，2024.

［21］蓝海林．中国企业集团成长与重组研究［M］．北京：经济科学出版社，2013.

［22］李成智．中国航天科技创新［M］．济南：山东教育出版社，2015.

［23］李会平．共和国7个科技规划回放［J］．创新科技，2006（3）：20-21.

［24］李文婷，王森，丑金玲，等．基于科技创新平台的航天协同创新管理模式［J］．国防科技工业，2022（12）：67-69.

［25］李政，孙哲，杨思莹．中央企业自主创新报告（2020）［M］．北京：社会科学文献出版社，2020.

［26］列宁全集（第31卷）［M］．北京：人民出版社，1992.

［27］刘登锐，田如森，杨利伟．中国航天简史［M］．北京：中国宇航出版社，2024.

［28］刘纪原．中国航天事业发展的哲学思想［M］．北京：北京大学出版社，2016.

［29］刘纪原，李洪，梁小虹，等．以航天哲学思维提升企业战略管理能力的探索与实践［J］．中国航天，2014（S1）：10-17.

［30］刘纪原．21世纪航天技术的发展趋势及对策［J］．中国航天，1996（11）：7-8.

[31] 刘纪原 . 辉煌的中国航天科技工业 [J]. 航天工业管理，1999（1）：3-7.

[32] 刘纪原 . 中国航天 50 年创业发展之路 [J]. 国防科技工业，2006（9）：15-17.

[33] 刘纪原总经理谈当前急需做好的四项工作 [J]. 质量与可靠性，1995（3）：1-3.

[34] 刘文炳 . 中央企业国际竞争力研究 [M]. 北京：中国经济出版社，2011.

[35] 刘兆世 . 航天与系统工程 [M]. 北京：中国宇航出版社，2006.

[36] 栾恩杰，孙家栋 . 首次月球探测工程中的系统工程理念 [J]. 国防科技工业，2008（1）：17-20+35.

[37] 栾恩杰 . 航天系统工程运行 [M]. 北京：中国宇航出版社，2010.

[38] 栾恩杰 . 建设航天强国战略研究先行 [J]. 国防科技工业，2015（11）：12-13.

[39] 栾恩杰 . 中国航天发展政策和展望 [J]. 航天工业管理，2001（10）：2-5.

[40] 栾恩杰 . 中国航天进入创新驱动的发展期 [J]. 国防科技工业，2016（10）：23-27.

[41] 马斯洛 . 动机与人格 [M]. 许金声，等译 . 北京：中国人民大学出版社，2007.

[42] 马志伟 . 加快推进航天质量文化建设 [J]. 航天工业管理，2004（6）：37-39.

[43] 毛泽东选集（第 1-4 卷）[M]. 北京：人民出版社，1991.

[44] 建国以来毛泽东文稿（第 11 册）[M]. 北京：中央文献出版社，1996.

[45] 毛泽东著作选读（下册）[M]. 北京：人民出版社，1986.

[46] 享利·明茨伯格，布鲁斯·阿尔斯特兰德，约瑟夫·兰佩尔 . 战略历程（修订版）[M]. 魏江，译 . 北京：机械工业出版社，2006.

[47] 聂荣臻 . 集中力量加速研制地对地导弹 // 聂荣臻科技文选 [M]. 北京：国防工业出版社 1999.

[48] 聂荣臻元帅回忆录 [M]. 北京：解放军出版社，2005.

[49] 潘教峰，鲁晓，王光辉 . 科学研究模式变迁：有组织的基础研究 [J]. 中国科学院院刊，2021，36（12）：1395-1403.

[50] 潘教峰，张凤 . 以科技发展战略研究引领未来创新发展方向 [J]. 中国科学院院刊，2016，31（8）：922-928.

[51] 潘教峰 . 科技革命与我国战略选择 [J]. 时事报告，2017（9）：20-27.

[52] 潘教峰 . 新时期我国科技创新发展战略思考和建议 [J]. 政策瞭望，2019（7）：49-52.

[53] 齐平 . 中央企业重组与国际竞争力提升研究 [M]. 北京：经济科学出版社，

2015.

［54］钱伟长．钱伟长文选（第五卷）［M］．上海：上海大学出版社，2004.

［55］钱学森．现代科学的结构——再论科学技术体系学［J］．哲学研究，1982（3）：19-22.

［56］卿寿松，贾纯锋，张迪．钱学森与中国航天质量管理［J］．质量与可靠性，2021（3）：1-5+10.

［57］全面深改蹄疾步稳 创新发展勇立潮头［N］．中国航天报，2017-09-15.

［58］任树芳．改革创新勇挑重担 航天精神薪火相传——访国际宇航科学院副主席刘纪原［J］．航天工业管理，2019（10）：4-9.

［59］斯拜，等．战略远见：制定前瞻性战略的战略决策工具［M］．彭莉科，译．北京：机械工业出版社，2003.

［60］索胜军．研发流程再造：基于 IPD 的研发与质量管理实践［M］．北京：企业管理出版社，2023.

［61］谈凤奎．市场机制与航天质量管理浅析［J］．质量与可靠性，1998（4）：4-7.

［62］万劲波，张凤，潘教峰．开展“有组织的基础研究”：任务布局与战略科技力量［J］．中国科学院院刊，2021，36（12）：1404-1412.

［63］汪长明．钱学森为什么能成为战略科学家［N］．学习时报,2020-12-30（006）.

［64］王礼恒．我国航天的成就与发展［J］．中国工程科学，2008，10（12）：10-12+35.

［65］王礼恒．中国航天的科学管理［J］．中国航天，2007（3）：3-8.

［66］王礼恒．中国航天系统工程［J］．航天工业管理，2006（10）：60-64.

［67］王巍．2020—2022 年度宇航领域科学问题和技术难题解读［M］．北京：中国宇航出版社，2023.

［68］王巍，郭世亮，唐琼．深远的起飞——新中国航天事业创建的启示［M］．北京：科学出版社，2022.

［69］王巍．着力推进航天科技自立自强，全面开启科技强国建设新征程［J］．前瞻科技，2022，1（1）：6-8.

［70］魏巍．聂荣臻传［M］．北京：当代中国出版社，1994.

［71］武衡．科技战线五十年［M］．北京：科学技术文献出版社，1994.

［72］习近平．努力成为世界主要科学中心和创新高地［J］．求是，2021-03-15.

［73］习近平．让工程科技造福人类、创造未来——在 2014 年国际工程科技大会上

的主旨演讲［EB/OL］. 新华网 .http：//www.xinhuanet.com/hr/2014-06/03/m_1110966948.htm，2014-06-03.

［74］习近平 . 习近平谈治国理政（第 3 卷）［M］. 北京：外文出版社，2020.

［75］习近平 . 关于《中共中央关于制定国民经济和社会发展第十四个五年规划和二〇三五年远景目标的建议》的说明［J］. 经济，2020，323（12）：18-22.

［76］习近平：高举中国特色社会主义伟大旗帜 为全面建设社会主义现代化国家而团结奋斗——在中国共产党第二十次全国代表大会上的报告［EB/OL］. http：//www.gov.cn/xinwen/2022-10/25/content_5721685.htm.

［77］习近平：决胜全面建成小康社会 夺取新时代中国特色社会主义伟大胜利——在中国共产党第十九次全国代表大会上的报告［EB/OL］. http：//www.gov.cn/zhuanti/2017-10/27/content_5234876.htm.

［78］习近平在中国科学院第二十次院士大会、中国工程院第十五次院士大会、中国科协第十次全国代表大会的讲话，2021 年 5 月 28 日 .

［79］亚当·斯密 . 国富论［M］. 唐日松，译 . 北京：华夏出版社，2004.

［80］杨琳，刘纪原 . 中国航天走向世界——访刘纪原［J］. 百年潮，2017（12）：10-21

［81］于景元 . 钱学森科学历程中的三大创造高峰［N］. 科技日报，2009-11-12（003）.

［82］于俊道 . 聂荣臻交往纪实［M］. 北京：中国社会科学出版社，2017.

［83］袁家军 . 航天产品工程［M］. 北京：中国宇航出版社，2011.

［84］袁家军 . 航天工程精细化质量管理［J］. 中国工程科学，2011，13（8）：36-42.

［85］袁家军 . 实施精细化质量管理 加速实现航天质量管理能力的新跨越［J］. 质量与可靠性，2009（1）：1-4.

［86］詹·法格博格，戴维·C. 莫利，理查德·R. 纳尔逊 . 牛津创新手册［M］. 柳卸林，等译 . 北京：知识产权出版社，2009.

［87］张国航 . 中国航天体制的建构路径研究［M］. 北京：中国宇航出版社，2020.

［88］张钧 . 当代中国的航天事业［M］. 北京：中国社会科学出版社，1986.

［89］张龙，王斌，王莉，等 . 军工总体院所科技创新体系化管理机制改革的实践与思考［C］// 中国企业改革与发展研究会 . 中国企业改革发展优秀成果 2018（第二届）上卷 . 中国电子科技集团公司电子科学研究院，2018：349-359.

［90］赵小津，王卫东，等．航天科研生产管理评估［M］．北京：中国宇航出版社，2014.

［91］中共中央文献研究室．建国以来重要文献选编（第3册）［M］．北京：中央文献出版社，2011.

［92］中国创造的航天质量管理经验［J］．中国质量与品牌，2004（Z1）：24-31.

［93］中国航天科技集团公司．航天质量管理方法与工具［M］．北京：中国宇航出版社，2017.

［94］中国航天科技集团公司．航天科技人才成长之路——高层次科技人才培养规律［M］．北京：中国宇航出版社，2011.

［95］中国载人航天发展战略研究方法总结［N］．中国航天报，2004-06-23.

［96］中华人民共和国国民经济和社会发展第十四个五年规划和2035年远景目标纲要．http：//www.gov.cn/xinwen/2021-03/13/content_5592681.htm.

［97］做航天尖兵为梦想导航——航天科技集团九院13所改革重组的行与思［J］．国防科技工业，2016（11）：46-47.